山东省职业教育规划教材

供中等职业教育各专业使用

计算机应用基础

主　编　窦家勇　靳　鹏

副主编　朱玉业　冯书站　李　强

编　者　（按姓氏汉语拼音排序）

　　　　车荣花（聊城幼儿师范学校）

　　　　陈会平（山东省烟台护士学校）

　　　　程宪强（聊城幼儿师范学校）

　　　　窦家勇（滨州职业学院）

　　　　冯书站（山东省莱阳卫生学校）

　　　　靳　鹏（泰山护理职业学院）

　　　　李　强（高唐县职业教育中心学校）

　　　　李　勇（泰安市岱岳区职业教育中心）

　　　　林　美（山东省烟台护士学校）

　　　　仇　茹（日照市卫生学校）

　　　　瞿新吉（山东省青岛第二卫生学校）

　　　　王秀梅（威海市卫生学校）

　　　　杨春燕（威海市卫生学校）

　　　　张玲玲（临沂市商业学校）

　　　　张新华（山东省莱阳卫生学校）

　　　　朱玉业（滨州职业学院）

科学出版社

北　京

内 容 简 介

本教材内容主要包括计算机基础知识、Windows 7 操作系统、文字处理软件 Word 2010、表格处理软件 Excel 2010、演示文稿软件 PowerPoint 2010、应用网络资源、多媒体应用七部分。采用"任务—实现—知识点"的编写顺序，按照"知识融于技能、技能巩固知识"的设计理念，使学习者在完成任务的同时，提高使用计算机处理问题的能力。

本教材适用范围较广，既可作为中等职业教育各专业学生的计算机应用基础教材，也可以作为计算机培训机构、自学者学习用书。

图书在版编目（CIP）数据

计算机应用基础 / 窦家勇，靳鹏主编. —北京：科学出版社，2018.8
山东省职业教育规划教材

ISBN 978-7-03-057456-5

Ⅰ. 计… Ⅱ. ①窦… ②靳… Ⅲ. 电子计算机-职业教育-教材
Ⅳ. TP3

中国版本图书馆 CIP 数据核字（2018）第 105942 号

责任编辑：张映桥 / 责任校对：张凤琴
责任印制：赵 博 / 封面设计：图阅盛世

科 学 出 版 社 出版
北京东黄城根北街 16 号
邮政编码：100717
http://www.sciencep.com

石家庄众旺彩印有限公司 印刷
科学出版社发行 各地新华书店经销

*

2018 年 8 月第 一 版 开本：787×1092 1/16
2018 年 8 月第一次印刷 印张：16
字数：379 000

定价：**39.80 元**
（如有印装质量问题，我社负责调换）

Preface 前 言

随着中国社会进入新时代，新知识、新技术、新业态不断涌现，计算机技术也不例外，而且其更新和发展速度更快。为了适应新形势、新变化，科学出版社精心挑选了来自山东省不同院校、经验丰富的16名一线教师组成编写队伍，开展全省中等职业教育公共基础课《计算机应用基础》教材的编写工作，目的是为学生传授更加符合新时代背景的知识与技能。

早在2016年，省教育厅组织制定了《山东省中等职业教育〈计算机应用基础〉课程标准》。该标准规定的教学目标、教学内容、教学方法等，为本教材的编写提供了依据。本教材从中职学生学习和工作的实际出发，采用"任务—实现—知识点"的编写顺序，按照"知识融于技能、技能巩固知识"的设计理念开展编写工作，以期让学习者在完成任务的同时，提高使用计算机处理问题的能力。本教材主要内容包括计算机基础知识、Windows 7操作系统、文字处理软件Word 2010、表格处理软件Excel 2010、演示文稿软件PowerPoint 2010、应用网络资源、多媒体应用这七部分。

在编写过程中，编者遵循了实践性、灵活性、趣味性、前瞻性原则。所谓实践性，即采取项目方式组织内容，采取的项目或案例与学生的学习、实习实训和就业创业紧密结合，有较强的课堂操作性，便于教师组织教学，有利于学生开展自主学习、合作学习和探究性学习。所谓灵活性，即以学生为主体，坚持项目与学生的日常生活、实践活动、习惯养成相结合，各校可以结合实际灵活运用。所谓趣味性，即注意丰富教材的趣味性，案例力求生动有趣，使学生通过学习能够愉快地获取较为全面、切实有用的计算机应用知识。所谓前瞻性，即编写中兼顾必修内容和选修内容，吸收行业新技术、新成果。

本教材的第1章由泰安市岱岳区职业教育中心李勇、滨州职业学院朱玉业共同编写，第2章由高唐县职业教育中心学校李强编写，第3章由山东省莱阳卫生学校冯书站（第1、2节）、张新华（第3、4节）、山东省青岛第二卫生学校瞿新吉（第5、7节）、临沂市商业学校张玲玲（第6节）编写，第4章由威海市卫生学校王秀梅、杨春燕（第1节）、泰山护理职业学院靳鹏、滨州职业学院窦家勇（第2、5节）、日照市卫生学校仇茹（第3节）、临沂市商业学校张玲玲（第4节）编写，第5章由滨州职业学院朱玉业（第1、2、4节）、窦家勇（第3、5节）编写，第6章由聊城幼儿师范学校车荣花（第1、2节）、程宪强（第3、4节）编写，第7章由山东省烟台护士学校陈会平（第1、2节）、林美（第3、4节）编写。本教材编写体例由朱玉业设计，由副主编朱玉业、冯书站、李强统稿，主编窦家勇、靳鹏审稿并定稿。

本教材适用范围较广，既可作为中等职业教育各专业学生的计算机应用基础教材，也可以作为计算机培训机构、自学者学习用书，建议使用过程中采取边学边练、学做一体的使用模式。

本教材在编写过程中，受到各编者所在学校领导的高度关注，各位编者付出了辛勤努力，在此表示感谢！在此，还要特别鸣谢滨州职业学院摄影协会的秦虹老师，她为本书提供了大量的摄影作品作为实验素材！同时，限于编者水平，本教材在内容及文字方面如有不足之处，希望使用者批评指正，以便本教材在修订时完善和提高。

如有问题，请致信：sdbzyuye@163.com，谢谢！

本书编委会

2018 年 8 月

Contents 目录

计算机基础知识

第1章

情境引入

　　随着中国社会进入新时代，新知识、新技术、新业态不断呈现，计算机技术也不例外，而且其更新和发展速度更快。计算机不仅可以决定货架上的产品数量和种类，还可以左右你的出行计划以及未来工作方向。那么，计算机的"前世今生"是怎样的呢？让我们跟着中职新生"鲁滨"同学一起走进计算机应用基础课堂，领略计算机的发展历程，学习计算机技术的综合应用，为走上工作岗位做好准备！

第1节　计算机的发展

任务 1-1　了解计算机的前世和今生

（一）任务描述

　　自从1946年2月14日，由美国军方定制的世界上第一台电子计算机（ENIAC）在美国宾夕法尼亚大学莫尔学院问世以来，短短70余年的时间，计算机家族从最初的这台功能单一（以计算为主，主要组成元件为电子管，大小为80英尺×8英尺，重达28吨，功耗为170千瓦，运算速度为每秒5000次的加法运算，造价约为487000美元）的计算机，发展到了以超大规模集成电路为主要组成器件的第四代电子计算机。计算机的种类层出不穷，领域也有了不同的分类方法和分类标准。今天的电子计算机已经不再是原来意义上的计算机了，计算机的发展趋势也逐步趋向超高速、超小型、平行处理和智能化发展。量子、光子、分子和纳米技术的应用，使得具有感知、思考、判断、学习以及一定的自然语言能力的计算机逐步走到台前，拉开了人工智能时代的大幕。

　　目前，以人工智能为核心的第五代电子计算机正以惊人的速度迅猛发展。2016年3月，人工智能围棋程序"阿尔法围棋"（以下简称 Alpha Go）与韩国围棋九段棋手李世石进行比赛，最终结果是人工智能 Alpha Go 以总比分4比1战胜人类代表李世石。Alpha Go 采用神经网络技术，通过深度学习的方式再次让人类在视觉识别、棋类竞技等项目上败给机器。随着这些算法应用到计算机视觉、自动驾驶、自然语言理解等领域，Alpha Go 及其带来的人工智能革命必将改善我们所有人的生活。因此，了解计算机的前世今生和来世，对我们学习计算机的应用很有必要。

【操作要求】

1. 详细了解计算机的发展过程。

2. 了解计算机的分类和计算机发展的几个阶段。

（二）任务实现

1. 打开"素材\第1章\第1节\计算机的前世今生.pdf"，通过观看演示文稿文件了解计算机从"手工—机械—电子"时代到今天的人工智能时代所经历的几个阶段，以及计算机发展史上的重大事件和在计算机的发展过程中做出重要贡献的科学家。

2. 打开"素材\第1章\第1节\不朽的丰碑.pdf"，通过阅读文字和浏览图片，了解15件在计算机发展史中具有里程碑意义的重大事件。

3. 记录并回顾计算机发展过程中的人和事。

（三）相关知识点

1. 计算机的特点

（1）运算速度快：现代计算机系统的运算速度已达到每秒万亿次，微型计算机也可达每秒亿次以上，这使得大量复杂的科学计算问题在短时间内能够得以解决已经成为可能。

（2）计算精确度高：一般计算机可以有十几位甚至几十位有效数字，计算精度可达千分之几，甚至百万分之几，这是以前的任何计算工具所不能企及的。

（3）逻辑运算能力强：计算机具有逻辑运算功能，能对信息进行比较和判断。计算机能把参与运算的数据、程序以及中间结果和最后结果保存起来，并能根据判断的结果自动执行下一条指令以供用户随时调用。

（4）存储容量大：计算机内部的存储器具有记忆特性，可以存储大量的信息。这些信息不仅包括各类数据信息，还包括加工这些数据的程序。

（5）自动化程度高：由于计算机具有存储记忆能力和逻辑判断能力，所以人们可以将预先编好的程序纳入计算机内存，在程序控制下，计算机可以连续、自动地工作，不需要人的干预。

2. 计算机的分类

根据计算机的用途，人们通常把计算机分为通用计算机和专用计算机两类。

（1）通用计算机：人们按照计算机的规模或系统功能可以将计算机分为巨型机（超级计算机）、大型机、小型机、工作站、微型机等类型。最常用的微型机即个人计算机，又称 PC 机（Personal Computer），常见的有台式机、笔记本电脑、一体机和平板电脑等。

（2）专用计算机：是指为完成某类任务而专门设计的一类计算机，它在硬件和软件上都具有专门性。

第2节　计算机的组装与维护

"鲁滨"在了解了计算机的发展历程后，想自己组装一台电子计算机，用于学习和处理日常事务。由于不了解计算机的软硬件组成和工作原理，他向老师求助，希望通过系统学习后完成愿望。下面是老师根据他的需求设计的组装计算机硬件、安装计算机软件和计算机的维护三个学习任务，帮助他实现愿望。

任务 1-2　组装计算机硬件

（一）任务描述

1. 了解计算机硬件系统的组成。

2. 组装计算机的硬件。

（二）任务实现

1. 打开"素材\第1章\第2节\计算机的硬件.pdf"，通过阅读文件和浏览实物图片，了解计算机中都有哪些硬件，并辨认不同的硬件图片和实物。

2. 准备组装计算机的工具

（1）十字螺丝刀：这是必须准备的工具，现在绝大多数主板机箱和板卡都使用十字螺丝刀来固定的。

（2）镊子：用于夹取各种螺丝、跳线和比较小的零散物品。在安装过程中，螺丝常会掉入机箱内部，用手又无法取出，这时就可以使用镊子将其取出。

（3）硅脂：在安装 CPU（Central Processing Unit）时，CPU 的背面必须涂抹散热硅脂（也称导热硅脂）。因散热硅脂能够加大 CPU 与散热风扇的接触面，加速散热。

3．组装计算机

（1）CPU 的安装：如图 1-1、图 1-2 所示。

图 1-1　安装 CPU 第一步

图 1-2　安装 CPU 第二步

在 CPU 的表面涂抹散热硅脂。涂抹时应注意表面要均匀，硅脂无需太多，防止散热器压下后散热硅脂被挤压到 CPU 外面。放正散热风扇，扣好卡扣，将风扇电源接口插上。如图 1-3、图 1-4 所示。

图 1-3　安装 CPU 风扇第一步　　　　　　图 1-4　安装 CPU 风扇第二步

（2）内存条的安装：内存条的金手指上有一个缺口，相应的主板内存插槽里有一个凸起，将这个缺口对准凸起按入内存条，按紧后卡扣会自动扣好。如图 1-5 所示。

（3）电源的安装：风扇和电源接口不在同一面，安装时将电源接口这一面朝外，将 5 颗螺丝口与机箱对齐，然后拧紧螺丝。如图 1-6 所示。

1. 对准防呆缺口插入卡槽
2. 锁紧两端卡扣

图 1-5 安装内存条

图 1-6 安装电源

（4）主板和显卡的安装：先要将金黄色的螺丝卡座安置在机箱上，然后再将主板螺丝孔对准螺丝卡座放在上面，然后拧紧螺丝。如图 1-7、图 1-8 所示。

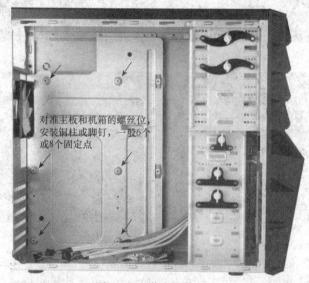

对准主板和机箱的螺丝位，安装铜柱或脚钉，一般6个或8个固定点

图 1-7 安装主板第一步

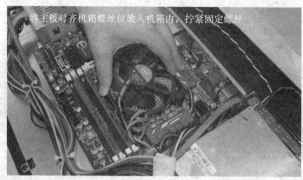

将主板对齐机箱螺丝位放入机箱内，拧紧固定螺丝

图 1-8 安装主板第二步

（5）硬盘的安装：将硬盘从机箱内部放在固定架上放好，拧紧螺丝。如图 1-9 所示。

（6）接线：接线时，应先接主板电源接口。现在的主板的电源插座上都有防错标识，插错时是插不进去的。主板供电接口分两部分：20/24PIN 供电接口和 4/8PIN 电源接口，20/24PIN 供电接口一般在主板的外侧，对准插好如图 1-10 所示；辅助的 4/8PIN 电源接口在主板的处理器插槽附近，也是对准插好。如图 1-10、图 1-11 所示。

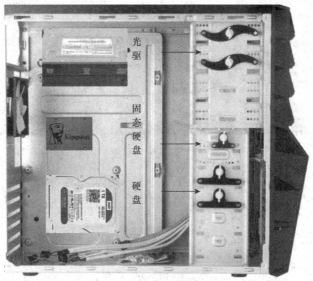

图 1-9 安装硬盘

图 1-10 安装供电接线

完成上面的安装后，把机箱前置面板上的开关、信号灯与主板左下角的一排插针相连。再连接电源信号灯、电脑开关、重启开关，其中电脑开关和重启开关在连接时无需注意正负极，电源信号灯需要注意正负极，一般彩色线（一般为红线或者绿线）表示正极，白线或者黑线表示负极。如图 1-12 所示。

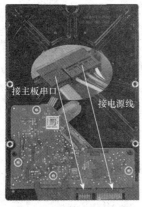

图 1-11 安装硬盘接线　　　　图 1-12 安装其他跳线

（7）安装外部设备：各个接口的安装如图 1-13 所示。

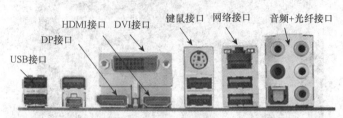

图 1-13　外部设备接口

（8）启动计算机：安装完毕后，启动计算机。

（三）相关知识点

1．计算机的硬件系统及工作流程

计算机硬件系统由运算器、控制器、存储器、输入设备和输出设备 5 个基本部分组成。计算机在工作时，数据由输入设备输入，并存于存储器中。在运算处理过程中。数据被 CPU 从存储器读入到运算器中进行运算，运算的结果再存入存储器，指令也以数据形式存于存储器中。运算时指令由存储器送入控制器，由控制器产生控制流，控制各部件的工作，同时控制数据流的流向，对数据进行加工处理。最后控制器根据程序中的输出指令，通过输出设备输出结果。

（1）主板：又叫主机板或母板，它安装在机箱内，是计算机最基本的也是最重要的部件之一。主板一般为矩形电路板，上面安装了组成计算机的主要电路系统，一般由 BIOS 芯片、I/O 控制芯片、CPU 插座、扩充插槽、各种接口、供电接插件等部件件组成。

（2）CPU：即中央处理器，是计算机的心脏，是完成各种运算和控制的核心，也是决定计算机性能的最重要的部件。中央处理器主要包括运算器、控制器和高速缓冲存储器（Cache）及实现它们之间联系的数据（Data）、控制及状态的总线（Bus）。

（3）存储器：是计算机用于存储信息的部件。计算机中的存储器按用途可分为主存储器（内存）和辅助存储器（外存）。内存指主板上的存储部件，用来存放当前正在执行的数据和程序。外存通常是磁性介质或光盘等，能长期保存信息。

1）主存储器（内存）：由插在主板内存插槽中的若干内存条组成。内存直接与 CPU 交换信息，所以内存的质量好坏与容量大小会影响计算机的运行速度。内存从能否写入的角度来分，可以分为 RAM（随机存取存储器）和 ROM（只读存储器）这两大类。

2）辅助存储器（外存）：是 CPU 通过 I/O 接口电路才能访问的存储器，其特点是存储容量大、速度较低。外存储器用来存放当前暂时不用的程序和数据。CPU 不能直接用指令对外存储器进行读/写操作，如要执行外存储器存放的程序，必须先将该程序由外存储器调入内存储器。现在微机中常用硬盘、U 盘、移动硬盘、光盘作为外存储器。

（4）输入输出设备：基本的输入设备有鼠标，键盘等。基本的输出设备有显示器、打印机等。其他输入输出设备还有声卡、网卡及音箱等。

2．处理器和主板的搭配

电脑分两个平台，英特尔和 AMD。这里不说处理器分两个品牌而说电脑分两个平台，是因为主板和处理器是需要搭配的。英特尔处理器一定要搭配英特尔芯片组的主板，AMD 处理器一定要搭配 AMD 芯片组的主板，同时接口一定要兼容。目前，英特尔的接口是 LGA1151，AMD 的接口是 AM4。如图 1-14，图 1-15 所示。

图 1-14 英特尔接口

图 1-15 AMD 接口

3. 组装计算机的注意事项

（1）防止静电：人体携带的静电会对计算机板卡上的芯片及电子元件产生一定的危害，严重时甚至可能烧坏芯片。为防止人体静电对电子元件造成损伤，在安装前必须消除身上的静电。操作者可佩戴防静电手环，也可以用手摸一摸接地金属设备。

（2）轻拿防损：要轻拿轻放计算机的各个部件，特别是 CPU、内存、硬盘等设备。要避免碰撞计算机，更不得使其从高处跌落，以免损坏设备。

（3）保护主板：主板是计算机硬件中最大的一块电路板，该电路板的内部有多层的电子线路板。因此，在安装过程中，要保持主板的平整，防止局部用力过大导致主板变形。

任务 1-3　安装计算机软件

（一）任务描述

组装好的计算机如果不安装软件，就是"裸机"，它是不能为我们一般用户工作的，要给它安装系统软件和应用软件才能使用。请按照要求给鲁滨的"裸机"安装计算机系统软件 Windows 7，并模仿系统软件的安装过程安装一个应用软件，比如腾讯即时通软件——QQ 等。

（二）任务实现

打开"素材\第 1 章\第 2 节"文件夹下的"Windows 7 安装教程.pdf"，认真阅读，并根据教程进行操作系统 Windows 7 旗舰版的安装。

1. 获取安装盘，购买或者网上下载安装文件。推荐使用微软的 Windows 7-USB-DVD-tool 工具。

2. 设置电脑从光盘或者 U 盘启动，开始安装系统。由于不同主板的 BIOS 设置不一样，这里只做简单介绍。一般开机时按 F1 或 Del 键是进入 BIOS 设置界面，按 F12 或 ESC 是快速设置开机启动顺序，我们只需选择相对应的设备进入即可。如图 1-16 所示。

图 1-16 设置启动顺序

3. 开始从系统盘安装 Windows 7。如图 1-17 所示。

4. 接下来进入安装过程。如图 1-18 所示。

5. 进行分区、格式化硬盘等准备工作。如图 1-19 所示。

6. 开始安装，根据计算机配置时间略有不同。如图 1-20 所示。

7. 完成安装，计算机会重新启动两次以确认软硬件。如图 1-21 所示。

8. 为首次使用计算机做准备。如图 1-22～图 1-25 所示。

图 1-17 系统准备安装

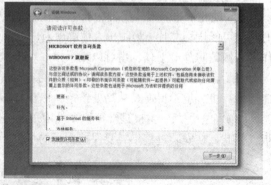

图 1-18 系统开始安装

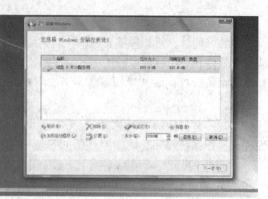

图 1-19 对硬盘分区和格式化

图 1-20　开始安装

图 1-21　完成安装

图 1-22　基本设置（一）

图 1-23　基本设置（二）

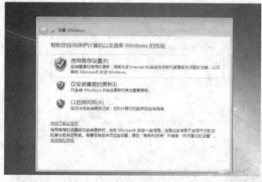

图 1-24　基本设置（三）

图 1-25　基本设置（四）

9. 安装成功，进入桌面。如图 1-26 所示。

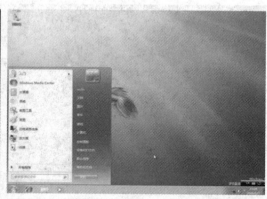

图 1-26　进入桌面

10. 进行桌面图标和驱动的安装。安装成功后，可以使用计算机。如图 1-27 所示。

11. 最后，可根据需要模仿上面的安装步骤，安装应用软件。当应用软件安装完毕后，就可以使用计算机处理私人事务了。

（三）相关知识点

计算机软件是计算机系统的灵魂，用户通过软件来使用和管理计算机。计算机软件有很多，从用户的角度一般分为系统软件和应用软件两大类。

1. 系统软件

系统软件泛指那些为了有效地使用计算机系统、给应用软件开发与运行提供支持、或者能为用户管理与使用计算机提供方便的一类软件。系统软件有各类操作系统（如 Windows、Linux、

图 1-27　对桌面和计算机驱动的设置

UNIX）、程序设计语言处理系统（如 C 语言编译器）、数据库管理系统（如 ORACLE、Access 等）、常用的实用程序（如磁盘清理程序、备份程序）等。

系统软件的主要特征是它与计算机硬件有很强的交互性，能对软硬件资源进行统一的控制、调度和管理。它并不是专为解决某种具体应用而开发的。在通用计算机系统中，系统软件是必不可少的。通常在购买计算机时，计算机供应商必须提供给用户一些最基本的系统软件，否则计算机将无法使用。

2. 应用软件

应用软件泛指那些专门用于解决各种具体应用问题的软件。由于计算机的通用性和应用的广泛性，应用软件比系统软件更丰富多样、五花八门。按照应用软件的开发方式和适用范围区分，应用软件可再分成通用应用软件和定制应用软件两大类。

（1）通用应用软件：通用软件是软件公司设计开发的通用公共软件。例如文字处理软件、信息检索软件、游戏软件、媒体播放软件、网络通信软件、个人信息管理软件、演示软件、绘图软件、电子表格软件等。

（2）定制应用软件：定制软件是为满足不同领域用户的特定应用要求而专门设计开发的软件。例如学校教务和学生管理系统、酒店客房管理系统、超市的销售管理和市场预测系统等等。

3. 计算机系统

一个完整的计算机系统包含硬件系统和软件系统，其具体组成如图 1-28 所示。

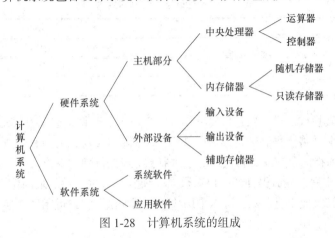

图 1-28　计算机系统的组成

4. 计算机的性能指标

计算机功能的强弱或性能的好坏，不是由某项指标决定的，而是由它的系统结构、指令系统、硬件组成、软件配置等多方面的因素综合决定的。对于大多数普通用户来说，可以从以下几个指标来简要评价计算机的性能。

（1）CPU类型：是指微机系统所采用的CPU芯片型号，它决定了微机系统的档次。

（2）字长：是指CPU一次最多可同时传送和处理的二进制位数，它直接影响到计算机的功能、用途和应用范围。如Pentium是64位字长的微处理器，即数据位数是64位，而它的寻址位数是32位。

（3）主频：是指计算机的CPU在单位时间内发出的脉冲数目，它在很大程度上决定了计算机的运行速度。主频的单位是兆赫兹（MHz），如P4的主频在1GHz以上，而Intel酷睿i7 3770K处理器主频为3.5GHz。

（4）运算速度：是指计算机每秒能执行的指令数。其单位有MIPS（每秒百万条指令）、MFLOPS（秒百万条浮点指令）。

（5）存取速度：是指存储器完成一次读取或写存操作所需的时间，称为存储器的存取时间或访问时间。连续启动两次读或写操作所需间隔的最小时间，称为存储周期。对于半导体存储器来说，存取周期为几十到几百毫秒之间。它的快慢会影响到计算机的速度。

（6）主存容量：是指一个主存储器所能存储的全部信息量。主存容量的基本单位是字节，用B来表示。此外，还可用KB、MB、GB、TB和PB来衡量。

（7）兼容性：是指一台设备、一个程序或一个适配器在功能上能容纳或替代以前版本或型号的能力，它也意味着两个计算机系统之间存在着一定程度的通用性，这个性能指标往往与系列机联系在一起。

5. 计算机中的数制和数制转换

进制是进位计数制，是人为定义的带进位的计数方法。"十进制"是我们日常生活中最常用的进位计数制，用"1、2、3、4、5、6、7、8、9、0"十个数码来表示所有的数。进位规则是"逢十进一"，借位规则是"借一当十"。计算机内部所有的数据都是以二进制的形式来进行存储和处理的。

"二进制"数据是用0和1两个数码来表示的数。它的基数为2，进位规则是"逢二进一"，借位规则是"借一当二"。

表1-1　十进制与二进制对照表

十进制	0	1	2	3	4	5	6	7	8
二进制	0	1	10	11	100	101	110	111	1000
十进制	9	10	11	12	13	14	15	16	17
二进制	1001	1010	1011	1100	1101	1110	1111	10000	10001

（1）十进制数转换成二进制数：可以采用"除2取余法"将十进制整数转换成二进制整数。具体方法是通过列竖式将十进制数连续除以2，将每次除以2得到的商和余数分别记录下来，直到商等于0为止，所得的余数就是转换成的二进制数。最先得到的一位余数是转换成二进制数的最低位，按照顺序排列，最后得到的一位余数是转换成的二进制数的最高位。

（2）二进制数转换成十进制数：可以采用"按权相加法"将二进制数转换成十进制数。具体方法是把二进制数首先写成加权系数展开式，然后按十进制加法规则求和，这种做法称为"按权相加法"。

任务 1-4　计算机的维护

（一）任务描述

鲁滨的计算机已经开始运行了，但是要想延长他的计算机使用寿命、保持高效率地运行，必须学会对计算机硬件进行外观灰尘的清理。同时，还要对计算机软件进行清理和杀毒等日常的维护。

【操作要求】

1．计算机硬件维护——清理外观灰尘。

2．计算机软件维护——查杀病毒。

（二）任务实现

1．计算机硬件维护

（1）打开"素材\第 1 章\第 2 节\灰尘对计算机的影响.pdf"，通过阅读文件了解灰尘对计算机的影响。

（2）在断开计算机电源的情况下清理外部设备灰尘。

1）准备清理计算机所需工具，螺丝刀、硅胶、毛刷、橡皮等。如图 1-29 所示。

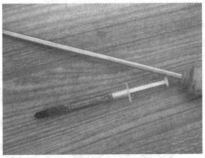

图 1-29　清理计算机所需工具

2）把电脑断电，拔掉电脑机箱后的连接线。放倒机箱，拧下机盖的螺丝，可以看到机箱内的灰尘情况。如图 1-30 所示。

图 1-30　打开主机箱

3）在机箱中间的位置是 CPU 风扇，长时间不清理容易满是灰尘。扭动四个半圆卡扣，取下风扇用毛刷进行清理。把 CPU 风扇取下后，下面的硅脂擦掉，重新打上一些。如图 1-31 所示。

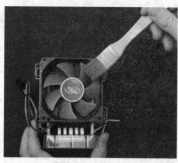

图 1-31　清理 CPU 及风扇

4）从主板取下内存条，用橡皮擦去内存条金手指上的灰尘。如图 1-32 所示。

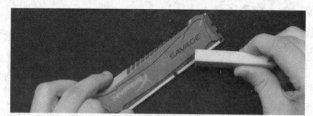

图 1-32　清理内存金手指

5）给主板清理灰尘，最简单的就是用强风吹风机吹一下，如果不具备条件的话，也可以用刷子来清理各个插槽，边刷边用气吹清理干净。插槽是最容易进灰的，很多人清理灰尘时没有清理插槽内部，从而导致重新安装硬件后无法开机。如图 1-33 所示。

图 1-33　清理主板灰尘

6）清理电源和主机箱其他部分的灰尘。检查主板等硬件上的螺丝的松紧，保证不会松动，避免产生较大噪声。重新连接所有电源线和数据线。

2．软件的维护

应使用安全防护软件进行计算机清理和病毒查杀。具体方法如下。

（1）启动电脑管家准备对计算机软件清理和查杀病毒。如图 1-34 所示。

（2）单击全面体检，等待安全项目的检查。如图 1-35 所示。

（3）单击"一键修复"可进行计算机问题修复。单击"病毒查杀"可进行计算机病毒的查杀。如图 1-36 所示。

图 1-34 启动电脑管家

图 1-35 电脑管家全面体检结果

图 1-36 病毒查杀结果

（4）查杀结束后，单击"立即处理"按钮进行病毒的查杀。经常对计算机进行体检和查杀病毒是良好的使用习惯。

（三）相关知识点

1. 计算机病毒的定义

编制或者在计算机程序中插入的破坏计算机功能或者破坏数据，影响计算机使用并且能够自我复制的一组计算机指令或者程序代码被称为计算机病毒（Computer Virus）。计算机病毒具有潜伏性、破坏性、复制性和传染性。

2. 计算机病毒的分类

按照计算机病毒的特点及特性，计算机病毒的分类方法有多种。

（1）按照计算机病毒攻击的系统分力：攻击 DOS 系统的病毒、攻击 Windows 系统的病毒、攻击 UNIX 系统的病毒、攻击 OS/2 系统的病毒。

（2）按传染方式分为：引导型病毒、文件型病毒和混合型病毒。

（3）按连接方式分为：源码型病毒、入侵型病毒、操作系统型病毒、外壳型病毒。

（4）按破坏性可分为：良性病毒、恶性病毒。

3. 计算机病毒防治措施

以防为主，防治结合。具体做法如下。

（1）发现计算机病毒应立即清除，将病毒危害减少到最低限度。发现计算机病毒后的解决方法：安装实时监控的杀毒软件或防毒卡，定期更新病毒库；定期查杀病毒，以便查杀新出现的病毒。

（2）经常运行 Windows Update，安装操作系统的补丁程序。

（3）安装防火墙工具，设置相应的访问规则，过滤不安全的站点访问。

（4）使用外来存储媒介之前，要先用杀毒软件扫描，确认无毒后再使用。

（5）不随意打开来历不明的电子邮件或附件，以防其中带有病毒程序而感染计算机。

4. 计算机硬件的维护

计算机硬件的维护主要有以下几点注意事项。

（1）任何时候都应保证电源线与信号线的连接牢固可靠。

（2）定期清理光盘驱动器的激光头，时间期限可定为三个月、半年等。

（3）计算机应经常处于运行状态，避免长期闲置不用。

（4）开机时应先给外部设备通电，后给主机通电。关机时应先关主机，后关各外部设备，开机后不能立即关机，关机后也不能立即开机，中间应间隔 10 秒以上。

（5）光盘驱动器正在读写时，不能强行取出光盘，平时不要触摸裸露的盘面。

（6）在进行键盘操作时，击键不要用力过猛，否则会影响键盘的使用寿命。

（7）针式打印机的色带应及时更换，当色带颜色已很浅，特别是发现色带有破损时，应立即更换，以免杂物沾污打印机的针头影响打印针动作的灵活性。

（8）注意经常清理机器内的灰尘，擦拭键盘与机箱表面，计算机不用时要盖上防尘罩。

（9）在通电情况下，不要随意搬动主机与其他外部设备。

5. 计算机软件的维护

对计算机软件的维护主要有以下几点。

（1）对所有的系统软件应做备份：当遇到异常情况或某种偶然原因，使系统软件受损时，就必需重新安装软件系统，如果没有备份的系统软件，将使计算机难以恢复工作。

（2）对重要的应用程序和数据也应该做备份。

（3）经常注意清理磁盘上无用的文件，有效地利用磁盘空间。

（4）避免进行非法的软件复制。

（5）经常检测计算机软件，防止计算机系统传染上病毒。

（6）为保证计算机正常工作，在必要时应利用软件工具对系统区进行保护。

第3节　使用常用的外围设备

任务1-5　正确使用常用的外围设备

（一）任务描述

"鲁滨"在学习和工作中经常需要使用键盘、鼠标等外围设备，他用得不是很熟练，因此他很想提高效率，比如提高打字速度和正确使用打印机、复印机、扫描仪等常用办公设备。那么，他如何正确使用常用的外围设备并提高效率呢？可以通过完成以下两个任务来实现。

1. 熟练使用键盘和鼠标。

2. 正确使用打印机、复印机和扫描仪。

（二）任务实现

1. 键盘的操作

正确的坐姿和标准的指法是提高输入速度的保证。打开"素材\第 1 章\第 3 节\键盘的操作.pdf"，通过阅读文本和图片，熟悉正确的键盘的操作姿势和标准指法的要领，并在电脑键盘上反复练习。

2. 鼠标的操作　基本操作包括（以右手操作为例）：指向、单击、双击、三击、拖动、右击等。打开"素材\第1章\第 3 节\鼠标的正确使用方法.pdf"，熟悉鼠标的握法和基本操作并反复练习。

3. 打印机使用方法

（1）先单击"预览"文档，看打印设置是否符合要求，如图 1-37 所示。

（2）打印时单击"打印"按钮，在弹出的窗口左侧设定打印"页面范围"为需要的内容，在右侧设定份数，可点选"手动双面打印"进行内容的双面打印。选择"打印机名称"，选择相应的打印机或者使用默认打印机。如图 1-38 所示。

单击窗口下方的"确定"，开始打印，查看打印出的页面是否符合要求。双面打印时，还要按提示将打印出的纸取出（如超过一张纸张按从上到下第1、3、5…顺序重新排好），空白面向上，页眉朝里，再放入放纸处。然后单击弹出窗口"确定"。

图 1-37　选择打印预览

4. 复印机的使用方法

（1）先对复印机进行预热。现在的办公设备一般都有睡眠功能，所以在复印前，一般应让设备有个预热过程，按设备上的任意键都能将设备唤醒。如果是专业复印机还有专用的"预热"功能。如图 1-39 所示。

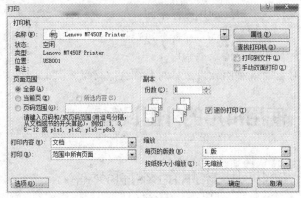

图 1-38　打印对话框　　　　　　　　　图 1-39　预热复印机

（2）机器预热完毕后，首先应该查看操作面板的各项显示是否正常。主要包括以下几项：可以复印信号显示、纸盒位置显示、复印数量显示为"1"、复印浓度调节显示、纸张尺寸显示。一切显示正常才可进行复印。

（3）打开复印机上盖，将要复印的一面朝下，文件头朝左，根据稿台玻璃刻度板的指示及当前使用纸盒的尺寸、横竖方向放好原稿，与刻度线对齐，盖上复印机盖子。如图 1-40 所示。

（4）设定好复印份数及设定复印浓度和原稿画质。如图 1-41 所示。

（5）按启动键，开始复印。

图 1-40　复印机稿台　　　　　　　图 1-41　设定复印浓度和原高质量

（三）相关知识点

1．打印机

打印机作为一种极为重要的输出设备，越来越普及，逐步成为办公自动化必不可少的设备之一。常见的打印机有针式打印机、喷墨打印机、激光打印机 3 种。

（1）针式打印机：通过打印针对色带的机械撞击，在打印介质上产生小点，最终由小点组成所需打印的对象。

（2）喷墨打印机：其基本原理是带电的喷墨雾点经过电极偏转后，直接在纸上形成所需字形。

（3）激光打印机：激光源发出的激光束经由字符点阵信息控制的声光偏转器调制后，进入光学系统，通过多面棱镜对旋转的感光鼓进行横向扫描，于是在感光鼓上的光导薄膜层上形成字符或图像的静电潜像，再经过显影、转印和定影，便在纸上得到所需的字符或图像。

2．复印机

复印机是能将书写、绘制或印刷的原稿实现复印并等倍、放大或缩小的复印品的设备。复印机复印的速度快、操作简便，与传统的铅字印刷、蜡纸油印、胶印等印刷方式的主要区别是无需经过其他手段而能直接从原稿获得复印品。复印机复印在份数不多时较为经济。

3. 扫描仪

扫描仪是计算机外部仪器设备,是一种能通过捕获图像并将其转换成计算机可以显示、编辑、储存和输出的数字化输入设备。

本 章 小 结

本章主要介绍了计算机的发展史和计算机的硬件组成、软件组成、计算机系统的组成。同时,也介绍了计算机系统的组装和维护、常用的计算机外围设备的使用等。通过对本章的学习,学习者应能初步认识计算机,了解计算机发展历史,熟悉计算机系统组成,会识别计算机的主要硬件,能安装并使用计算机的常用外部设备。

自 测 题

一、单项选择题

1. 键盘、鼠标是（　　）。

A. 输出设备　　　　B. 存储器

C. 寄存器　　　　　D. 输入设备

2. 计算机的发展方向是微型化、巨型化、多媒体化、智能化和（　　）。

A. 功能化　　　　　B. 系列化

C. 模块化　　　　　D. 网络化

3. 通常所说的 PC 机是指（　　）。

A. 中型计算机　　　B 大型计算机

C. 小型计算机　　　D. 微型计算机

4. 一台完整的计算机应该包括:运算器、控制器、（　　）、输入设备、输出设备。

A. 硬盘　　　　　　B. 内存

C. 存储器　　　　　D. 显示器

5. 计算机软件系统应包括（　　）。

A. 管理软件和连接程序

B. 系统软件和应用软件

C. 程序和数据

D. 数据库软件和编译软件

二、多项选择题

1. 计算机的特点主要有（　　）。

A. 速度快、精度低

B. 具有记忆和逻辑判断能力

C. 能自动运行、支持人机交互

D. 适合科学计算、不适合数据处理

2. 下列属于计算机性能指标的有（　　）。

A. 字长　　　　　　B. 运算速度

C. 字节　　　　　　D. 内存容量

3. 关于计算机硬件系统组成,下列说法正确的是（　　）。

A. 计算机硬件系统由控制器、运算器、存储器、输入设备、输出设备五个组成部分

B. CPU 是计算机的核心部件,它由控制器和运算器等组成

C. RAM 为随机存储器,其中的信息不能长期保存,关机即消失

D. ROM 中的信息能长期保存,所以又称为外存储器

4. 下列外部设备中,属于输入设备的是（　　）。

A. 鼠标　　　　　　B. 扫描仪

C. 显示器　　　　　D. 麦克风

第2章 Windows 7 操作系统

情境引入

"鲁滨"想用计算机搜索一下自己所学专业的就业前景。打开计算机以后，屏幕上出现了一串串字符，没有正常启动。于是"鲁滨"向比他高一年级的同学求援。同学看了计算机以后说是 Windows 7 操作系统出问题了。好学的"鲁滨"急切地想了解关于操作系统的知识，学会 Windows 7 的常用操作，以便更好地使用计算机。

第1节 认识 Windows 7

Windows 7 是目前受到计算机用户广泛青睐的操作系统。通过该操作系统可以实现计算机硬件与软件资源的管理和控制。Windows 7 具有界面友好、多媒体功能强大、网络功能丰富、支持众多新型硬件、安全性能高、账户管理和使用方便等特点。

任务 2-1 启动和关闭 Windows 7

（一）任务描述

学会 Windows 7 的启动和关闭，熟悉 Windows 7 桌面、"开始"菜单和任务栏。

【操作要求】

1. 启动 Windows 7，观察启动过程。
2. 熟悉 Windows 7 桌面、"开始"菜单和任务栏。
3. 关闭 Windows 7，观察关机过程。

（二）任务实现

1. 启动 Windows 7

（1）打开显示器等外围设备电源，按下主机上的电源按钮。

（2）观察电源指示灯。如果电源指示灯亮起，说明开始启动。

（3）观察显示器屏幕，直到出现 Windows 7 登录窗口。如图 2-1 所示。

（4）选择用户，输入登录密码，单击继续按钮。如图 2-2 所示。

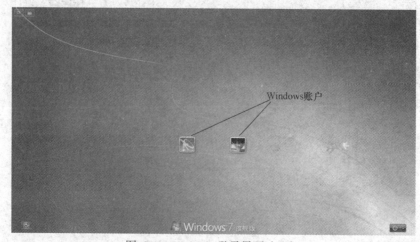

图 2-1 Windows 登录界面（一）

（5）启动完成后显示 Windows 7 桌面。如图 2-3 所示。

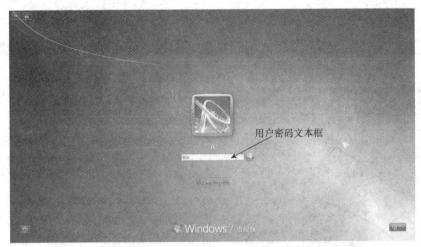

用户密码文本框

图 2-2 Windows 登录界面（二）

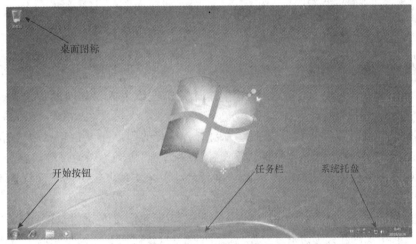

桌面图标

开始按钮 任务栏 系统托盘

图 2-3 Windows 7 桌面

2. 熟悉 Windows 7 桌面、"开始"菜单和任务栏

（1）观察 Windows 7 桌面布局，熟悉"开始"菜单、任务栏和桌面图标的位置和功能。

（2）单击"开始"菜单图标，观察"开始"菜单。如图 2-4 所示，熟悉固定程序列表、常用程序列表、所有程序链接、搜索框和快捷按钮的位置和功能。

（3）观察屏幕最下方的任务栏，熟悉快捷链接，熟悉正在运行的程序和系统托盘的位置和功能。如图 2-5 所示。

3. 关闭 Windows 7

单击"开始"→"关机"，即可关闭计算机。

4. 关机菜单

重新开机，单击"开始"，找到 "关机"右侧按钮并单击，如图 2-6 所示，在弹出的菜单中分别单击"切换用户""注销""锁

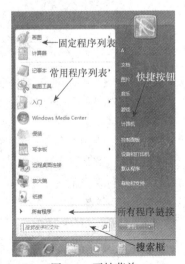

固定程序列表

常用程序列表

快捷按钮

所有程序链接

搜索框

图 2-4 开始菜单

定""重新启动"和"睡眠",观察不同执行结果。

快捷链接图标　　正在运行的程序图标

图 2-5　任务栏

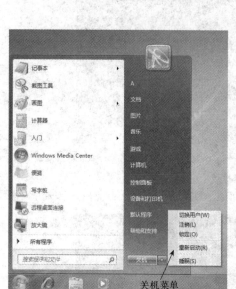

图 2-6　关机菜单

（三）相关知识点

1. Windows 7 版本

Windows 7 操作系统由微软公司（Microsoft）开发，2009 年 10 月在我国发布。该系统分入门版（Starter）、家庭普通版（Home Basic）、家庭高级版（Home Premium）、专业版（Professional）、企业版（Enterprise）（非零售）、旗舰版（Ultimate）等多个版本，它由 Windows 9x、Windows XP 等操作系统发展而来。继 Windows 7 之后，微软公司又推出了 Windows 10 这种更高版本的操作系统。

2. 计算机启动方式

（1）冷启动：在计算机关机的情况下，按机箱上开机按钮启动计算机，这种启动方式是冷启动。冷启动过程中，计算机先给主板和其他设备送电，然后启动 BIOS、检测硬件，再启动操作系统。

（2）热启动：在计算机工作状态下，关闭所有打开的程序和 Windows 7 操作系统，重新启动 Windows 7 操作系统，这种启动方式是热启动。热启动可以通过依次单击"开始"→"关机"右侧按钮，在弹出的菜单中单击"重新启动"来实现。热启动时计算机不进行硬件检测。

（3）复位启动：当计算机出现异常，进入"死机"状态时，需要通过复位启动方式重新启动计算机。在台式机主机开关按钮附近，有一个很小的复位按钮，按一下此按钮，计算机即可重新启动。

任务 2-2　调整 Windows 7 窗口

（一）任务描述

通过"记事本"程序，练习对窗口的调整操作。

【操作要求】

1. 进行窗口的移动、缩放操作。

2. 进行窗口的最大化（恢复）、最小化操作。

3. 进行窗口的关闭操作。

（二）任务实现

1. 打开窗口

依次单击"开始"→"所有程序"→"附件"→"记事本"，打开"记事本"程序窗口。如图 2-7 所示。

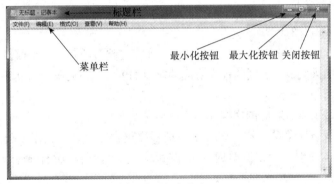

图 2-7　记事本窗口

2．移动窗口

将鼠标移到标题栏，按下左键，移动鼠标，拖拽窗口随之移动，将窗口移到合适的位置后松开左键，或者将鼠标移到标题栏，右击，在弹出的快捷菜单中单击"移动"，再按键盘上的方向键移动窗口，将窗口移到合适的位置后按回车键确认。如图 2-8 所示。

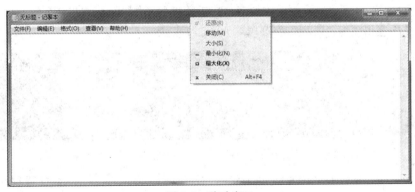

图 2-8　移动窗口

3．改变窗口大小

把鼠标移动到窗口的垂直边框，鼠标指针变为水平双向箭头，按下左键，水平拖拽，可改变窗口宽度；把鼠标移动到窗口的水平边框，指针变为垂直双向箭头，按下左键，垂直拖拽，可改变窗口高度。

把鼠标移动到窗口边框的某个角上，鼠标指针变为斜向箭头，按下左键并拖拽，同时改变窗口宽度和高度。或者将鼠标移到窗口标题栏，右击，在弹出快捷菜单中单击"大小"，再按键盘上的方向键，可以调整窗口的高度或宽度。调到到合适大小时，按回车键或鼠标左键确认。

4．最小化/恢复窗口

单击最小化按钮，窗口最小化；单击任务栏上的"记事本"图标，恢复窗口。

5．最大化窗口

单击最大化按钮或者双击标题栏，使窗口最大化，铺满屏幕。还可以将最大化按钮变为还原按钮：单击还原按钮或者双击标题栏，窗口恢复到最大化前的大小。

6．关闭窗口

单击关闭按钮关闭窗口，或者在键盘上按 Alt+F4 快捷键，或者鼠标单击"菜单"→"退出"，均可以关闭窗口。

（三）相关知识点

1．Windows 7 窗口组成

在 Windows 中，当运行某一个程序的时候，计算机就自动开启一个窗口。我们执行的所有操作都可以在窗口中来完成。不同的程序对应的窗口的内容、布局虽会有所不同，但绝大多数窗口均包含以下几个部分。

（1）标题栏：显示窗口对应的文档和程序的名称。

（2）菜单栏：像餐厅菜单一样，Windows 把程序包含的命令（操作）按类别组合排列在一起。执行某个操作的时候，单击其对应的菜单标题，显示该类别所有命令（操作），单击执行相应操作。

（3）最小化、最大化（恢复）和关闭按钮：是在标题栏最右端，用来对窗口进行大小调整的按钮。当窗口最大化的时候，最大化按钮变为恢复按钮。

（4）滚动条：当窗口内容超出工作区显示范围的时候，通过窗口右侧的滚动条调整工作区域。

2．Windows 7 窗口排列

Windows 7 默认当前工作窗口显示在桌面最前端，其他窗口无规律排列。当用户打开多个窗口，而且需要全部处于显示状态时，需要对窗口进行排列操作。鼠标右击任务栏空白区域，在弹出的快捷菜单中会出现窗口排列操作菜单。如图 2-9 所示。

图 2-9　窗口排列操作菜单

（1）层叠窗口：鼠标右击任务栏空白区域，在弹出的菜单中单击"层叠窗口"，所有打开的窗口将自桌面左上角向右下方依次排列，实现窗口层叠排列。这时候每个窗口的标题栏和左边框都是可见的，可以方便地进行切换。层叠效果如图 2-10 所示。

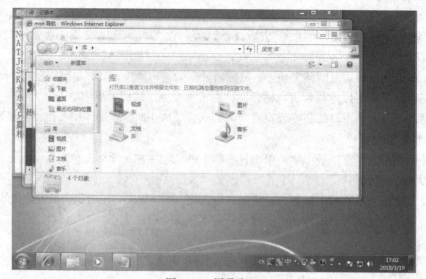

图 2-10　层叠窗口

（2）堆叠显示窗口：鼠标右击任务栏空白区域，在弹出的菜单中单击"堆叠显示窗口"，所有打开的窗口将自上而下依次排列，实现窗口堆叠排列。所有窗口水平方向尽可能伸展，堆叠效果如图 2-11 所示。

（3）并排显示窗口：鼠标右击任务栏空白区域，在弹出的菜单中单击"并排显示窗口"，所有打开的窗口将自左而右依次排列，实现窗口并排排列。所有窗口垂直方向尽可能伸展，如图 2-12 所示。

如果打开的窗口在 4 个或 4 个以上，堆叠或并排显示窗口的时候，计算机会自动调整窗口排列方式，以便于用户查看。

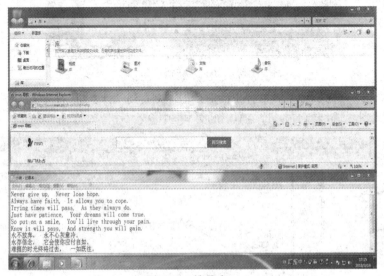

图 2-11　堆叠窗口

图 2-12　并排窗口

任务 2-3　录入中英文字符

（一）任务描述

通过"记事本"程序，完成"素材/第 2 章/第 1 节/小诗.PDF"中的内容录入。如图 2-13 所示。

Never give up, Never lose hope.（永不放弃，永不心灰意冷。）
Always have faith, It allows you to cope.（永存信念，它会使你应付自如。）
Trying times will pass, As they always do.（难捱的时光终将过去，一如既往。）
Just have patience, Your dreams will come true.（只要有耐心，梦想就会成真。）
So put on a smile, You'll live through your pain.（露出微笑，你会走出痛苦。）
Know it will pass, And strength you will gain.（相信苦难定会过去，你将重获力量。）

图 2-13　中英文字符录入内容

【操作要求】

1. 完成素材内容的录入。

2. 将输入的文字保存到 D 盘，并命名为"小诗.txt"。

（二）任务实现

1. 打开记事本，录入图 2-13 中的中英文字符。录入英文字符的时候注意区分大小写。录入汉字的时候，单击"任务栏"系统工具托盘中的键盘图标，在弹出的快捷菜单中选择其中一种中文输入法。如图 2-14 所示。

图 2-14　切换输入法

2. 单击"文件"→"保存"，在弹出的对话框左侧找到"计算机"→"（D：）"。

3. 单击"找到'文件名（N）：'"，在其后的文本框中输入"小诗"，单击"保存"。如图 2-15 所示。

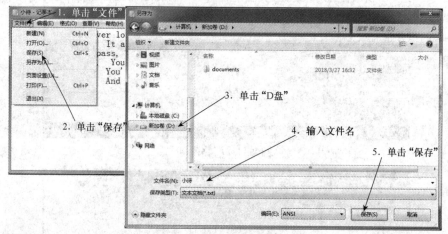

图 2-15　保存文档

（三）相关知识点

1. 中文输入法

Windows 自带的中文输入法有微软拼音、智能 ABC 等。我们也可以根据个人习惯下载安装搜狗拼音输入法、QQ 输入法、五笔字型输入法等中文输入法。

输入汉字时，需要切换到中文输入状态，然后选择一种中文输入法，也可以使用"Ctrl"+"Shift"快速切换输入法或者通过"Ctrl"+"空格键"快速进行中英文切换。

2. 对话框

为了计算机与用户交互方便，Windows 设置了对话框这种特殊的窗口。用户可以从对话框获取信息，也可以在对话框中输入信息传递给计算机。如图 2-16 所示。

（1）标题栏：位于对话框最上方，标明该对话框的名称，右侧有关闭按钮，有的对话框还有帮助按钮。

（2）选项卡：对话框内容较多的时候，Windows 将相关内容集中在一起，构成一个个选项卡，并通过在每个选项卡加上标签来进行区分。

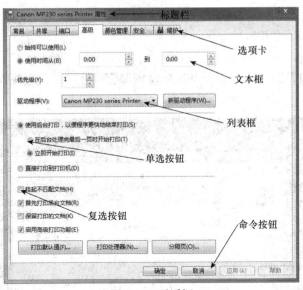

图 2-16 对话框

（3）文本框：是用于用户手动输入某项内容。一般在文本框右侧会有一个向下的箭头，单击箭头可以打开下拉列表，便于用户查看输入过的内容。

（4）列表框：有的对话框在选项组下面会列出众多的选项，用户可以从中选取，但是其内容通常不能更改。

（5）命令按钮：对话框中用以确认、取消、应用或进入下一级对话框的带有文字提示的按钮。

（6）单选按钮：通常是一个小圆圈，后面带有说明文字。需要选择该项的时候，单击小圆圈，小圆圈中间出现黑点，表明该选项被选中。一个选项组包含的多个单选项，但只能选择其中一个。

（7）复选按钮：通常是一个小正方形，后面带有说明文字。需要选择该项的时候，单击小正方形，小正方形中间出现"√"，表明该选项被选中。用户可以根据需要做出选择，可同时选中多个复选项。

第 2 节　使用 Windows 7

在计算机系统中，通常将数据和信息以文件的形式进行存放。用户可以建立文件，也可以复制、移动、删除文件。为便于对文件的管理，一般将某一类型或有关联的一类文件集中存放在一个文件夹内。

任务 2-4　管理文件和文件夹

（一）任务描述

练习并熟练掌握文件夹的建立以及文件的复制、更名和删除等。

【操作要求】

1. 在"D:"盘上新建个人文件夹，以自己的姓名命名，例如，"鲁滨个人文件夹"。

2. 将上节课建立的"小诗"文件复制到该文件夹内，并将文件名称改为"我的小诗"，然后删除原来的文件。

（二）任务实现

1. 右击"开始"按钮，单击"打开 Windows 资源管理器"，打开资源管理器窗口。如图 2-17 所示。

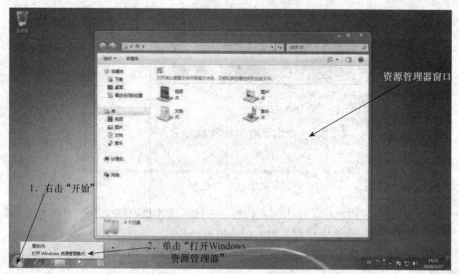

图 2-17　打开资源管理器

2. 单击进入"D:"盘，将鼠标移到资源管理器主窗口上并右击，在弹出的菜单中找到"新建"，将鼠标移到该处，在弹出的二级菜单中找到"文件夹"并单击。如图 2-18 所示。

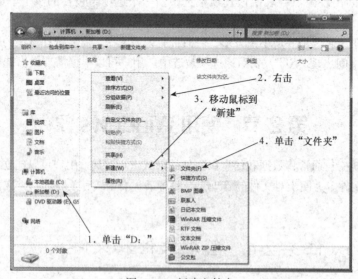

图 2-18　新建文件夹

3. 在资源管理器主窗口增加一个文件夹，文件夹名称显示为蓝底白字"新建文件夹"，输入"***个人文件夹"，在空白区域单击，确认文件夹新名称。

4. 找到"D:"盘上的"小诗.txt"，右击，在弹出的菜单中单击"复制"。如图 2-19 所示。

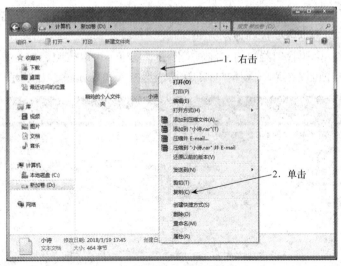

图 2-19 文件复制

5．双击打开新建的个人文件夹，在空白区域右击，在弹出的菜单中单击"粘贴"，如图 2-20 所示。文件"小诗.txt"即被复制到个人文件夹。

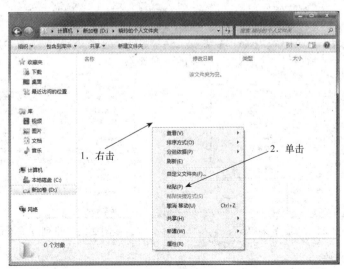

图 2-20 文件粘贴

6．在"小诗.txt"文件名上右击，在弹出的菜单列表中单击"重命名"，文件名显示为蓝底白字，进入可编辑状态。输入"我的小诗"后，在空白区域单击，确认文件新名称。

7．单击资源管理器左上角后退按钮，右击"小诗.txt"，单击"删除"，如图 2-21 所示。单击"是"确认删除。

（三）相关知识点

1．资源管理器

用户可以用资源管理器来管理计算机的软硬件资源。在资源管理器主窗口空白区域右击，弹出快捷菜单，如图 2-22 所示。

（1）查看：资源管理器中的文件、文件夹等内容，可以有列表、小图标、中图标、大图标、超大图标多种显示方式，还可以以详细信息方式显示。显示的详细信息包括名称、修改日期、类型和大小。用户可以根据需要选择显示方式。

（2）排列方式：资源管理器中的文件、文件夹等内容，可以按照名称、修改日期、类型、大小排序进行显示，还可以在菜单选择排序的递增或递减方式。如图 2-23 所示。

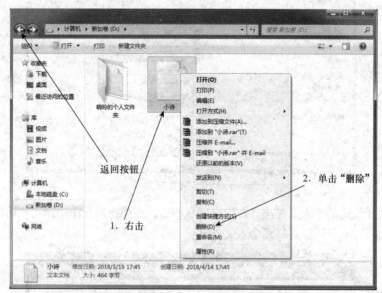

图 2-21　文件删除

图 2-22　查看子菜单

图 2-23　排列方式子菜单

2．文件和文件夹

（1）文件和文件夹的命名

存储在介质上的一组信息的集合构成一个文件，它可以是文本、图片、视频、程序等。为了区分不同的文件，需要用户给每一个文件取一个名字。文件名一般由名字（前缀）和扩展名（后缀）构成，中间用"."分隔。扩展名多用以说明文件的类型。例如，文件名"mypicture.bmp"，其中 mypicture 是文件名前缀，bmp 是文件名后缀，后缀表明这是一个 BMP 格式的图片文件。

用户可以根据自己的习惯给文件命名。Windows 7 支持长文件名，允许文件名长达 255 个字符。除去"/""\""<"">"":""|""*"及引号外，可以包括其他任何字符和汉字，甚至包括空格和"."。常见文件类型及对应的扩展名见表 2-1。

表 2-1　常见的文件类型及扩展名

扩展名	文件类型	扩展名	文件类型
COM	可执行二进制代码文件	BMP	标准位图文件
EXE	可执行程序文件	JPG	压缩格式的图形文件
SYS	系统文件	PSD	Photoshop 的图形文件
INF	安装信息文件	GIF	交换格式压缩图形文件
INI	系统配置文件	MID	MIDI 乐器数字化接口文件
DRV	设备驱动程序文件	WAV	音频文件
HLP	帮助文件	AVI	影像文件
HTML	超文本文件	MPEG	MPEG 格式音视频文件
TIF	TRUETYPE 字体文件	DOC、DOCX	Word 文件
TXT	文本文件	XLS、XLSX	Excel 电子表格文件
RTF	丰富文本格式文件	PPT、PPTX	PowerPoint 演示文件
RAR	压缩文件	MDB、ACCDB	Access 数据库文件

为管理方便，通常把一类具有相关性的文件集中存放到一个文件夹中，文件夹的命名规则和文件相同。

（2）文件和文件夹的选择

1）选择一个：用鼠标单击文件或文件夹即可选中，选中后文件或文件夹背景变为浅蓝色。

2）选择不相邻的多个：在资源管理器窗口中，按住 Ctrl 键，依次单击需要选中的文件或文件夹，释放 Ctrl 键，即可选中不相邻的多个文件或文件夹。

3）选择相邻的多个：单击需要选中的第一个文件或文件夹，按下 Shift 键，单击需要选中的最后一个文件或文件夹，释放 Shift 键，即可选中相邻的多个文件或文件夹。

4）选择全部：在文件夹窗口中按 Ctrl+A 键，也可以在窗口空白区域按住鼠标左键，通过移动鼠标，使鼠标移动出现一个变化的浅蓝背景矩形框，让矩形框足够大，覆盖所有文件或文件夹，放开鼠标左键，也可以将文件或文件夹全部选中。

第 3 节　管理和应用 Windows 7

用户可以根据个人需要或爱好对计算机进行设置，例如，个性化桌面设置，更改用户密码，调整系统日期和时间，进行网络设置，增删硬件设备等。这些设置一般都要通过控制面板来实现。

任务 2-5　设置 Windows 7

（一）任务描述

使用控制面板，建立一个新的用户账户；添加"微软拼音 ABC 输入风格"并修改计算机日期和时间。

【操作要求】

1. 新建一个标准用户，账户名为 user1，并设置用户密码为 key*7501*。

2. 将默认输入语言改为"英语（美国）-美式键盘"，并在已安装的服务中添加"微软拼音

ABC 输入风格"。

3. 将计算机日期设为当前日期，时间设置为当前时间。

（二）任务实现

1. 添加用户账户

（1）依次单击"开始"→"控制面板"，在控制面板窗口中找到"用户账户和家庭安全"包含的"添加或删除用户账户"快捷链接并单击。如图 2-24 所示。

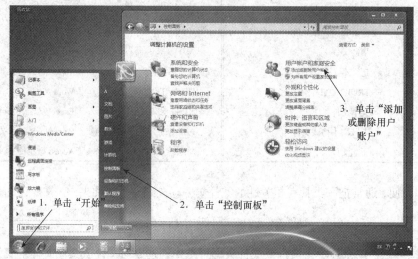

图 2-24　添加用户

（2）在账户管理窗口中找到"创建一个新账户"快捷链接并单击，在建立新账户窗口中"新用户名"文本框中输入"user1"，在单选框中单击选择"标准用户"，单击"创建账户"确认。如图 2-25 所示。

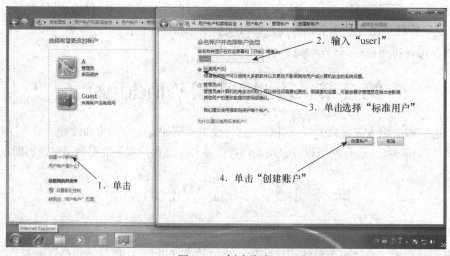

图 2-25　创建账户

（3）在随后弹出"管理账户"对话框，单击 user1 账户图标，弹出 user1 账户管理窗口，单击"创建密码"，在密码设置窗口"新密码"文本框中输入密码"key*7501*"，在"确认新密码"文本框再输入一遍。单击"创建密码"，成功后，关闭"创建密码"对话框。如图 2-26 所示。

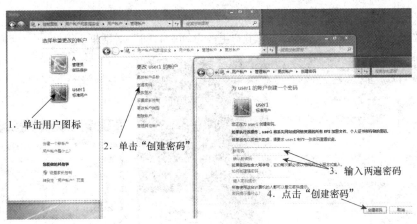

图 2-26　创建密码

2．设置默认输入法

（1）在任务栏系统工具托盘中找到"CH"或"EN"按钮，右击，在弹出的菜单中单击"设置…"。

（2）在弹出的"文本服务和输入语言"对话框中，单击"默认输入语言"列表框向下的箭头，单击"英语（美国）-美式键盘"。

（3）单击"添加"按钮，弹出"添加输入语言"对话框，拖拽添加语言复选框右侧的滚动条，移到最底部，单击"中文（简体）—微软拼音 ABC 输入风格"选项前面的小正方形，小正方形里出现"√"，单击"确定"退出对话框，关闭"文本服务和输入语言"对话框。如图 2-27 所示。

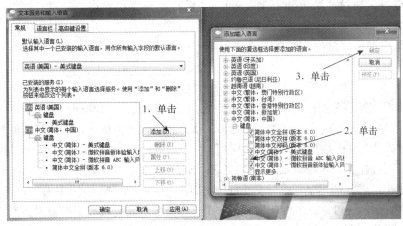

图 2-27　添加输入语言

3．设置日期和时间

（1）在任务栏系统工具托盘中找到时间或日期按钮，右击，在弹出的菜单中单击"调整日期/时间"，单击"更改日期和时间"，如图 2-28 所示。或者单击系统托盘时间或日期按钮，弹出"日期和时间对话框"，再单击"更改日期和时间"。

（2）在日期窗口上端是年月调整，单击左向箭头可后退一个月，单击右向箭头可前近一个月，月份确定后，再单击正确的日期，如图 2-29 所示。也可以先单击年份，弹出月份选择项，进行快速大范围选择。

（3）双击"时"的位置，输入正确的小时，以同样的方法输入分和秒，也可以单击上下微调按钮进行微调。单击"确定"确认，退出"更改日期和时间"对话框。

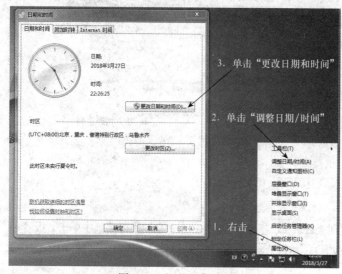

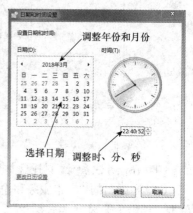

图 2-28　调整日期和时间　　　　　　　　　图 2-29　日期和时间设置

（三）相关知识点

1. Windows 7 控制面板

控制面板是 Windows 7 操作系统自带的查看及修改系统设置的图形化工具。除了以上我们用过的功能外，通过"系统和安全"，可以查看你的计算机状态。通过"网络和 Internet"，可查看网络状态，设置计算机上网 IP 地址。通过"外观和个性化"，可设置桌面主题、更改桌面背景、调整屏幕分辨率。通过"硬件和声音"，可以查看设备和打印机，并可添加打印机等硬件设备。

2. 用户账户

Windows 7 支持多个用户共享一个操作系统。根据权限大小，Windows 7 账户可以分为管理员账户、标准账户和来宾账户三种类型。管理员账户可以对计算机进行最高级别的控制，但应该只在必要时才使用。标准账户适用于日常应用，在不影响到其他用户的情况下可以执行管理员账户下的几乎所有操作。来宾账户则主要针对需要临时使用计算机的用户。

不同的用户可以分别建立账户，设置各自的用户名和密码，拥有不同的权限，访问许可范围内的文件和文件夹，还可进行个性化设置。由于管理员账户具有最高级别权限，为安全起见，建议通过建立标准用户账户使用计算机。

任务 2-6　使用画图程序绘图

（一）任务描述

利用"画图"程序，绘出如图 2-30 所示图形，并输入文字"Star"。

【操作要求】

1. 所绘图中的五角星边框为红色，内部为青绿色，外接圆颜色为黑色。
2. 输入的文字颜色用颜色选取器选取，与五角星内部颜色一样，大小为 16 磅。

3．以 Star.png 为名保存到图片库。

（二）操作步骤

1．单击"开始"→"所有程序"→"附件"→"画图"，打开画图程序。

2．在"形状"选项中单击选择"☆"，在"颜色"选项中选择红色，将鼠标移到窗口绘图区，按住 Shift 键不放，按下鼠标左键，向右下方移动鼠标，等大小五角星合适的时候，松开鼠标左键，松开 Shift 键，这样就画好一个正五角星。如图 2-31 所示。

图 2-30　样图

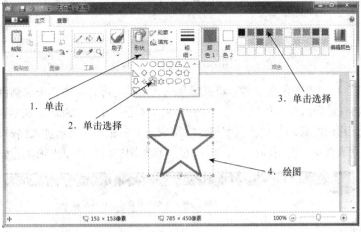

图 2-31　绘图（一）

3．在"工具"栏选择填充工具，在"颜色"选项中选择青绿色，将鼠标移到五角星内部并单击，即可完成五角星内部颜色填充。如图 2-32 所示。

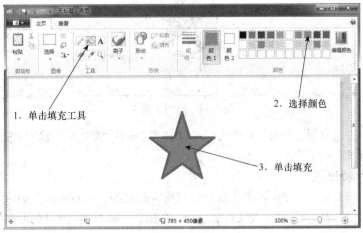

图 2-32　绘图（二）

4．在"形状"选项中单击选择"○"，在"颜色"选项中选择黑色，将鼠标移到五角星左上角合适位置，按住 Shift 键不放，按下鼠标左键，向右下方移动鼠标，等圆形略大于五角星的时候，松开鼠标左键、松开 Shift 键。这时候，圆形外面有一个正方形虚线框，表明正方形处于可调整状态。按键盘上的上、下、左、右方向键反复调整圆形位置，将鼠标移到圆形外面正方形虚线框上带□的位置，按下鼠标左键缓慢移动鼠标，调整圆形大小，让五角星顶端尽可能与圆弧重合。如图 2-33 所示。

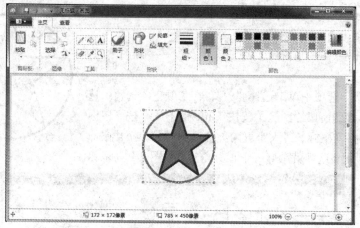

图 2-33　绘图（三）

5. 在"工具"栏单击颜色选取器，将鼠标移到五角星内部并单击，选取颜色。在"工具"栏选择文本工具，再在绘图区空白位置单击，在弹出的文本框中输入"Star"，鼠标移到"Star"后面，按下鼠标左键使光标向左移动扫过所有字符，字符变为反白显示，表示进入编辑状态。在"字体"工具栏字体大小列表项单击向下箭头，单击"16"，在绘图空白区域单击确认。如图 2-34 所示。

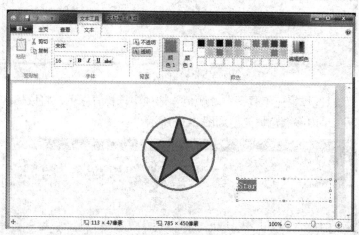

图 2-34　绘图（四）

6. 单击窗口左上角保存图标，在弹出的窗口中"文件名"文本框中输入"Star"，"保存类型"选择"PNG"，单击"保存"。

（三）相关知识点

（1）库：为方便用户在计算机中快速查找到所需的文件，Windows 7 引入了"库"管理方式，即将位于不同位置的散落的一类文件显示为一个集合，而不改变文件的存储位置。如图 2-35 所示。

（2）新建库：打开资源管理器可以看到计算机中有四个默认库，即文档、音乐、图片和视频，但用户可以新建库用于其他文件集合。

（3）增加或删除包含文件夹：可以增加或删除库收集包含的文件夹。

（4）更改默认保存位置：默认保存位置确定的是将项目复制、移动或保存到库时的存储位置，可以通过其"属性"对话框更改。

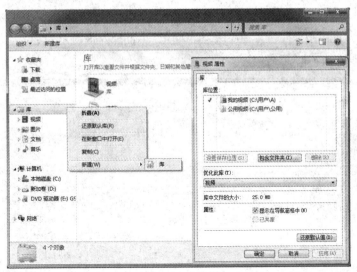

图 2-35 库操作

任务 2-7 使用写字板编辑文档

（一）任务描述

利用 Windows 写字板程序，编辑"素材/第 2 章/第 3 节/永不放弃.rtf"文档，效果图如图 2-36 所示。

永不放弃

Never give up, Never lose hope. （永不放弃，永不心灰意冷。）

Always have faith, It allows you to cope. （永存信念，它会使你应付自如。）

Trying times will pass, As they always do. （难捱的时光终将过去，一如既往。）

Just have patience, Your dreams will come true. （只要有耐心，梦想就会成真。）

So put on a smile, You'll live through your pain. （露出微笑，你会走出痛苦。）

Know it will pass, And strength you will gain. （相信苦难定会过去，你将重获力量。）

Star

图 2-36 样例

【操作要求】

1. 设置文档的页面大小为 A4、方向为横向、页边距均为 30mm。

2. 设置标题文字为黑体、大小为 20 磅、居中放置。

3. 设置正文为宋体、大小为 16 磅、左对齐放置、字体颜色为鲜红色。

4. 设置行间距为 1.5 倍。

5. 在文档最后插入任务 2-6 所绘的图片，图片居中放置。

6. 以"永不放弃.rtf"为文件名保存到文档库。

（二）操作步骤

1. 单击"开始"→"所有程序"→"附件"→"写字板"，打开写字板程序。如图 2-37 所示。

2. 单击写字板主菜单图标，单击"页面设置"，打开页面设置对话框，选择纸张大小为 A4，纸张方向为横向，页边距全部输入 30，单击"确定"。如图 2-38 所示。

3. 输入图 2-36 所示的文字。

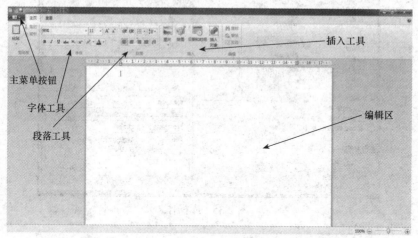

图 2-37　写字板程序

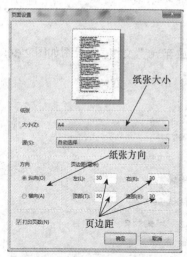

图 2-38　页面设置

4. 将鼠标移到题目文字开始处，按下鼠标左键，向右拖拽，选中题目所有文字，释放鼠标左键。依次单击字体选项，选择"黑体"，在字体大小选项中，选择"20"，单击居中按钮。

5. 以同样的方式选中正文，依次单击字体选项，选择"宋体"，在字体大小处选项选择"16"，单击左对齐按钮，单击字体颜色按钮，选择正红色，单击行间距按钮，选择"1.5"。

6. 将鼠标移到文字下面一行，单击插入"图片"按钮，再在资源管理器窗口中找到图片，双击。之后单击选中插入的图片，并单击居中按钮。

7. 单击窗口左上角保存按钮，选择"文档"，在"文件名"文本框中输入"永不放弃"，单击"保存"按钮。

（三）相关知识点

Windows 7 操作系统为用户提供了大量的实用程序，除了以上我们已经学习过的"记事本""画图"和"写字板"外，还有"计算器""截图工具""录音机"等，这些程序大多都位于"开始"菜单的"附件"中。利用这些程序，我们就可以实现简单的文字处理、图像处理、计算和录音等。

⌂ 本 章 小 结

通过本章的学习，同学们对 Windows 7 操作系统有了系统的认识，掌握了 Windows 7 的基本操作，学会了通过资源管理器对文件和文件夹进行各种管理操作，学会了用中英文输入法输入文字，熟悉了控制面板、画图、写字板、记事本等的使用方法，并能对 Windows 7 进行简单的个性化设置。在本章中，Windows 7 的很多其他功能还没有涉及，有余力的同学可以进一步探索和学习。

自测题

一、单项选择题

1. Windows 7 是（　　　）。

A. 数据库软件　　　B. 应用软件

C. 系统软件　　　　D. 中文字处理软件

2. 在 Windows 7 中,将打开的窗口拖拽到屏幕顶端,窗口会（　　　）。

A. 最小化　　　　　B. 消失

C. 最大化　　　　　D. 关闭

3. Windows 7 中,文件的类型可以根据（　　　）来识别。

A. 文件大小　　　　B. 文件扩展名

C. 文件用途　　　　D. 文件存放位置

4. 要选定多个不连续的文件或文件夹,要先按住（　　　）键,再选定文件。

A. Alt　　　　　　B. Shift

C. Ctrl　　　　　D. Tab

5. 在 Windows 7 中,下列文件名正确的是（　　　）。

A. pc file. txt　　　B. abc/. 123. pic

C. A1<B1. C　　　　D. file*00. DOC

二、多项选择题

1. Windows 7 的个性化设置包括（　　　）。

A. 主题　　　　　　B. 用户名

C. 屏幕保护　　　　D. 窗口颜色

2. Windows 7 中可以完成窗口切换的方法是（　　　）。

A. 同时按 Alt+Tab 键

B. 同时按 Win+Tab 键

C. 单击要切换窗口的任何可见部位

D. 单击桌面上要切换的程序按钮

3. Windows 7 操作系统中,属于默认库的有（　　　）。

A. 文档　　　　　　B. 音乐

C. 图片　　　　　　D. 视频

4. Windows 7 启动应用程序的方式有（　　　）。

A. 双击程序图标　　B. 通过"开始"菜单

C. 通过快捷方式　　D. 通过"运行"窗口

5. Windows 7 窗口主要组成部分包括（　　　）。

A. 标题栏　　　　　B. 菜单栏

C. 状态栏　　　　　D. 工具栏

三、操作题

1. 用写字板程序输入图 2-39 所示文本,并编辑成图示的格式,在 D 盘上新建 My-file 文件夹,以 CZ1. RTF 文件名保存。

2. 在"D"盘上新建 Sharing 文件夹,将上题建立的文件 CZ1. RTF 复制到该文件夹,重新命名为 LX. RTF,再将上题所建文件夹 My-file 和文件 CZ1. RTF 删除。

3. 新建 USER001 标准用户,设置用户密码为 001**user ,选择喜欢图片作为账户图片。将计算机默认输入法设为微软拼音 ABC 风格。

"工匠精神"的基本内涵

其一,敬业。敬业是从业者基于对职业的敬畏和热爱而产生的一种全身心投入的认认真真、尽职尽责的职业精神状态。中华民族历来有"敬业乐群""忠于职守"的传统,敬业是中国人的传统美德,也是当今社会主义核心价值观的基本要求之一。

其二,精益。精益就是精益求精,是从业者对每件产品、每道工序都凝神聚力、精益求精、追求极致的职业品质。所谓精益求精,是指已经做得很好了,还要求做得更好,"即使做一颗螺丝钉也要做到最好"。正如老子所说,"天下大事,必作于细"。

其三,专注。专注就是内心笃定而眼中细节的耐心、执着、坚持的精神,这是一切"大国工匠"所必须具备的精神特质。从中外实践经验来看,工匠精神都意味一种执着,即一种几十年如一日的坚持与韧性。

其四,创新。"工匠精神"强调执着、坚持、专注甚至是陶醉、痴迷,但绝不等同于因循守旧、拘泥一格的"匠气",其中包括着追求突破、追求革新的创新内蕴。这意味着,工匠必须把"匠心"融入生产的每个环节,既要对职业有敬畏、对质量够精准,又要富有追求突破、追求革新的创新活力。

图 2-39 操作题三（1）图

第3章 文字处理软件 Word 2010

情境引入

"鲁滨"以前曾使用过 Word 文字处理软件,但只是简单地用它来保存文字,对 Word 中的许多功能仍然陌生。譬如,怎样美化文字和段落、怎样在文档中插入图片和表格、怎样使整个页面更加美观等,因此,他认为有必要对 Word 的使用和操作进行进一步地了解和学习。

第1节 创建 Word 文档

Word 2010 是 Microsoft Office 2010 办公套件的组件之一,是一款应用广泛、功能强大的文字处理软件,它可以轻松地完成文字录入、编辑、排版、图文混排、表格插入等操作,还可以进行邮件合并等提高办公效率。Word 2010 与 Word 2003、Word 2007 等以前的版本相比,功能得到了改进和提高,界面更加友好、更加简单易用。

任务 3-1 创建 "社团纳新宣传" 文档

(一) 任务描述

在个人文件夹中建立文件名为 "社团纳新宣传.docx" 的新文档,逐步熟悉 Word 2010 界面窗口。

【操作要求】

1. 创建一个空白新文档。

2. 输入 "素材\第 3 章\第 1 节\社团纳新宣传.pdf" 文件中的内容。

3. 把文件保存在个人文件夹中,文件名为 "社团纳新宣传.docx"。

(二) 任务实现

1. 单击 "开始" 按钮→"所有程序"→"Microsoft Office"→"Microsoft Word 2010" 命令,即可建立一个空白文档,将文档命名为 "文档 1.docx",如图 3-1 所示。

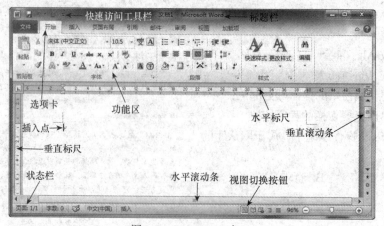

图 3-1 Word 2010 窗口

2. 熟悉 Word 2010 界面窗口。在窗口中熟悉 "快速访问工具栏、插入点、垂直滚动条" 的位置。单击"开始"选项卡，在功能区中找到"字体"组，寻找"加粗"、"字体颜色"两个按钮位置。

3. 打开"素材\第 3 章\第 1 节\社团纳新宣传.pdf"，将文件中的内容准确地输入到"文档 1.docx"中。

4. 单击"文件"→"另存为"，打开"另存为"对话框，如图 3-2 所示。文件保存位置选择上一章中创建的个人文件夹，在"文件名"中输入"社团纳新宣传"，在"保存类型"中选择"Word 文档"，单击"保存"按钮。

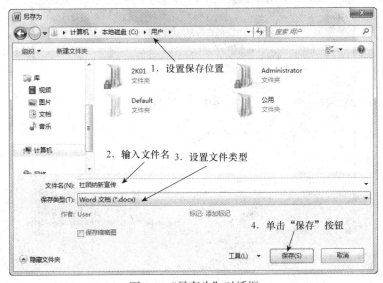

图 3-2 "另存为"对话框

5. 单击 Word 窗口右上角的"关闭"按钮。

（三）相关知识点

根据以上学习内容我们学会了 Word 2010 的简单用法，但要想熟练地编辑文档还需要详细了解这个软件的使用方法。

1. Word 2010 的启动与退出

（1）启动 Word 2010

1）方法一：通过"开始"菜单。在"开始"菜单中找到 Word 2010 程序。

2）方法二：通过快捷方式。双击桌面或任务栏上的 Word 快捷图标。

3）方法三：通过已有的 Word 文档。双击已有的 Word 文档，打开这个文档，同时也启动了 Word 2010 程序。

如果桌面上没有 Word 2010 快捷方式图标，可按照下列方法来建立：单击"开始"→"所有程序"→"Microsoft Office"，右击"Microsoft Word 2010"→"发送到"→"桌面快捷方式"命令。

（2）退出 Word 2010

1）方法一：单击 Word 窗口右上角的"关闭"按钮。

2）方法二：选择"文件"选项卡中的"退出"命令。

3）方法三：按下快捷键 Alt+F4。

4）方法四：双击 Word 窗口左上角控制按钮。

2．新建 Word 文档

（1）方法一：使用启动 Word 的前两种方法中的任何一种，均可以新建 Word 文档。

（2）方法二：在要新建的位置上右击鼠标，在快捷菜单中选择"新建"→"Microsoft Word 文档"。

（3）方法三：在已经打开的 Word 文档中，单击"文件"→"新建"→"空白文档"→"创建"即可，如图 3-3 所示。

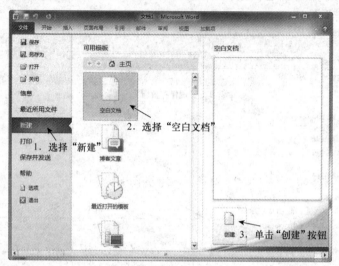

图 3-3 "新建"对话框

3．打开 Word 文档

（1）方法一：双击要打开的 Word 文档。

（2）方法二：在打开的 Word 窗口中，选择"文件"→"打开"命令，弹出"打开"对话框，找到相应的文件，单击"打开"按钮。

4．保存文档

（1）方法一：选择"文件"→"保存"命令。

（2）方法二：单击"快速访问工具栏"中的"保存"按钮。

Word 2010 文档默认的扩展名是".docx"。如果文件是第一次被保存，会弹出"另存为"对话框。

图 3-4 "常规选项"对话框

5．保护文档

如果文件很重要，要限制他人查看，可为文件设置打开密码。如果他人可以看，但不能修改，可以不设置打开密码，而设置修改密码。

设置方法是在"另存为"对话框中，选择"工具"下拉列表中的"常规选项"，打开"常规选项"对话框。如图 3-4 所示。

在"打开文件时的密码"的文本框中输入打开密码，在"修改文件时的密码"的文本框中输入修改密码。

6．删除字符

在 Word 中要删除某个字符，可以按"Delete"键或"Backspace"键。两者的区别是：按一下"Delete"键可删除插入点右边一个字符；按一下"Backspace"键可删除插入点左边一个字符。
如果删除的内容较多，可先选定要删除的文本，然后按"Delete"键。

7．添加快速访问工具

快速访问工具栏中默认的工具按钮可保存、撤销、重复和自定义快速访问工具栏。用户可以根据自己的需要改变。单击"自定义快速访问工具栏"按钮，从打开下拉列表中选择要添加的工具命令，即可在快速访问工具栏中添加相应的命令按钮。

8．Word 2010 文档的视图模式

视图就是在 Word 窗口中显示文档的方式，Word 2010 文档的视图模式包括以下几种。

（1）页面视图：在该视图中，可以编辑页眉页脚，插入页码，调整页边距，进行图片、图形的插入和处理，文档的排版等，适于版面设计。页面视图中显示文档的页面与打印所得的页面相同，即"所见即所得"。

（2）阅读版式视图：在该视图中，文档以分栏样式显示，隐藏了功能区，适于阅读长篇文档，也可以进行文本的输入与编辑。按 Esc 键结束或单击"关闭"按钮即可从阅读版式视图切换回来。

（3）Web 版式视图：在该视图中可以在 Word 中查看当前文档在 Web 浏览器中的显示效果。

（4）大纲视图：该视图适于审阅、编辑文档标题的层级结构。

（5）草稿视图：在该视图中，不显示页边距、页眉和页脚、图片等，仅显示标题和正文。

转换视图模式可以通过视图切换按钮来实现，也可以单击"视图"选项卡中的"文档视图"组中的按钮来完成。

任务 3-2 编辑"社团纳新宣传"文档

（一）任务描述

对任务 3-1 中完成的"社团纳新宣传.docx"进行编辑处理。

【操作要求】

1．在第 7 段后面添加一段，内容为"我们的口号是'用心观察，处处精彩！'"。

2．将文章最后两段移动到第 11 段之前，使原来的第 11 段变为第 13 段。

3．将文中所有的"协会"换成"社团"。

4．在"联系电话"后插入"☎"符号。

5．把修改后的文件仍保存在个人文件夹中，文件名不变。

（二）任务实现

1．打开个人文件夹中的"社团纳新宣传.docx"，将插入点移动到第 7 段最后按回车键，输入"我们的口号是'用心观察，处处精彩！'"。

2．选中最后两段，单击"开始"选项卡→"剪贴板"组→"剪切"按钮，将插入点移动到第 11 段开头，单击"剪贴板"组中的"粘贴"按钮。

3．单击"开始"→"编辑"→"替换"按钮，打开"查找和替换"对话框，如图 3-5 所示。在"替换"选项卡"查找内容"文本框中输入"协会"，在"替换为"文本框中输入"社团"，单击"全部替换"按钮，关闭该对话框。

4．将插入点移动到第 16 段"联系电话"后，单击"插入"选项卡→"符号"组→"符号"

按钮→"其他符号"，打开"符号"对话框，如图 3-6 所示。在对话框中选择"☎"，单击"插入"按钮，关闭对话框。

图 3-5 "查找和替换"对话框

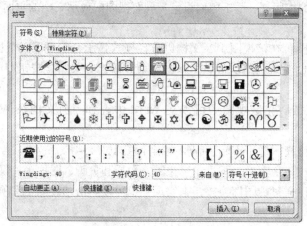

图 3-6 "符号"对话框

5. 单击快速访问工具栏中的"保存"按钮。

（三）相关知识点

通过完成上面的任务，我们进一步学习了 Word 软件更多的功能。

1. 移动插入点

移动插入点的方法有以下两种。

（1）用鼠标移动：将"Ｉ"形鼠标指针移动到指定位置后，单击。

（2）用键盘移动：用键盘上的光标移动键和组合键完成，如表 3-1 所示。

表 3-1 用键盘移动插入点

按键名	功能	按键名	功能
←	左移一个字符	PageUp	移动到前一页当前光标处
→	右移一个字符	PageDown	移动到后一页当前光标处
↑	上移一个字符	Ctrl+PageUp	移动到前一页的顶端
↓	下移一个字符	Ctrl+PageDown	移动到后一页的底端
Home	移到行首	Ctrl+Home	移到文档首
End	移到行末	Ctrl+End	移到文档尾

2. 选定文本

在 Word 中要进行某个操作，要遵从"先选定，后操作"的原则。Word 常用的文本选定方法如表 3-2 所示。

表 3-2　选定文本的方法

选定文本	操作方法
选择任意文本	从要选的文本起始处按住左键拖动至末尾，或把光标放在起始处，按住 shift 键，在文本末尾处单击
选定一词	双击词语
选定一句	按住 Ctrl 键在句子任意位置单击
选定一行	在该行左侧选定区单击
选定一段	在选定区双击或段落内三击
选定多行	在选定区按下左键从上向下拖动
选择全部文档	选定区三击，或 Ctrl+A，或单击"开始"功能区→"编辑"→"选择"→"全选"
选定不连续的文本	先选定一个文本块，再按住 Ctrl 键拖动鼠标选定其他文本块
选定矩形区域	按住 Alt 键，按下左键拖动鼠标

3．复制（移动）文本

（1）方法一：通过功能区按钮。选定要复制的文本，单击"开始"选项卡→"剪贴板"组→"复制（剪切）"按钮，将插入点移动到目标位置，单击"粘贴"按钮。

（2）方法二：鼠标拖动法。选定文本，按住 Ctrl 键（移动时不按），使用鼠标左键拖动该文本，当鼠标指针移动到目标位置后松开鼠标。

（3）方法三：通过快捷菜单。选定文本后右击，在快捷菜单中选择"复制（剪切）"，将插入点移动到目标位置后右击，选择"粘贴"。

（4）方法四：通过组合键。选定文本，按"Ctrl+C（Ctrl+X）"，将插入点移动到目标位置，按"Ctrl+V"。

4．查找与替换文本

查找文本的方法为单击"开始"→"编辑"→"查找"按钮，在出现的"导航"窗格中输入要查找的文本即可。

Word 还可以对带格式的文本进行查找和替换。方法是按照操作过程第 3 步所示，打开"查找和替换"对话框，单击"更多"→"格式"→"字体"，可以设置查找或替换文本的格式。

5．插入符号

Word 2010 提供了一个符号集，可以输入键盘和软键盘无法输入的符号。

6．撤销与恢复

当文档编辑排版发生误操作时，可以通过单击"快速访问工具栏"上的"撤销"按钮（或快捷键"Ctrl+Z"），撤销最近的一步或多步操作。单击"恢复"按钮，可以恢复撤销过的一步或多步操作。

第 2 节　文本的格式化

通过学习第 1 节，我们已经可以熟练地进行文字的录入和简单的编辑了，但要使文档更加美观大方、布局合理，还要学会文本的版式设置。Word 2010 提供了字符格式、段落格式、页面格式以及分栏等版式的设置，本节我们将学习字符格式和段落格式的设置方法。

任务 3-3　美化"社团纳新宣传"文档——
设置字符格式（一）

（一）任务描述

对个人文件夹中"社团纳新宣传.docx"进行字符格式设置。

【操作要求】

1. 第一段作为标题段，将该段中的"摄影"字体设置为华文彩云，字号为 72 磅，加粗，倾斜。

2. 将标题段中"社团纳新宣传"字体设置为华文行楷，字号为小初号，加双下划线。

3. 将正文各段所有文字字体设置为幼圆，字号为 12 磅。

4. 将正文第 7 段中的文字"用心观察，处处精彩！"字体设为黑体，字号为二号，加粗，倾斜，颜色为橙色，强调文字选择颜色 2，深色 25%。

5. 将"附:"设为黑体，三号。

6. 以原文件名保存在个人文件夹中。

（二）任务实现

1. 选择标题段中的"摄影"二字，单击"开始"选项卡→"字体"组→"字体"右侧的下拉按钮，从列表框中选择"华文彩云"。用相同的方法从"字号"列表框中选择"72"，然后分别单击"加粗"按钮和"倾斜"按钮。

2. 用第 1 步所述的方法，将标题中的"社团纳新宣传"的字体设置为华文行楷，字号为小初号。单击"下划线"右侧的下拉按钮，在列表框中选择"双下划线"。

3. 用相同的方法，将正文所有文字设置字体为幼圆，字号为 12 磅。

4. 用相同的方法，将正文第七段中的文字"用心观察，处处精彩！"的字体设置为黑体，字号为二号，加粗，倾斜。单击"字体颜色"右侧的下拉按钮，在主题颜色中选择"橙色，强调文字选择颜色 2，深色 25%"。

5. 用同样的方法，将"附:"设为黑体、三号。

6. 单击快速访问工具栏中的"保存"按钮。

（三）相关知识点

在上面的任务中，我们用功能区中的按钮设置字体、字号、字形、颜色，下面我们详细地介绍字符的这些属性。

1. 字体

Word 2010 提供了多种字体，常用中文字体有宋体、仿宋、楷体、黑体、隶书和幼圆等，西文字体有 Times New Roman 等。

2. 字号

指字符的大小。Word 2010 的字号有两种单位，分别是"号"和"磅"。以"号"为单位，从初号到八号，初号最大，越往后字越小。以"磅"为单位时，用数字表示，数字越大字越大。

Word 2010 默认的字体格式：汉字为宋体、五号；西文为 Times New Roman、五号。

3. 字形

指有关字符形状的一些属性，如加粗、倾斜等。

4．字符颜色

Word 2010 将字体颜色分为主题颜色、标准色、其他颜色和渐变色，默认字符颜色为黑色。

5．其他

在"开始"选项卡"字体"组中还有一些其他按钮，将鼠标指针移动到按钮上就会出现这个按钮的功能名称，如"上标""下标"等。

任务 3-4　美化"社团纳新宣传"文档——设置字符格式（二）

（一）任务描述

对照个人文件夹中的"社团纳新宣传.docx"，练习使用对话框进行字符格式设置。

【操作要求】

1．将正文第 8 段的中文字体设为华文行楷，西文字体设为 Arial Black，大小均为 16 磅。

2．将标题中的"摄影"设置文字效果，文本填充为渐变填充，预设颜色为熊熊火焰，映像设置为紧密映像，偏移量 8pt。

3．将正文第 7 段中的文字"用心观察，处处精彩！"加着重号，设文字效果映像为全映像，偏移量 4pt，发光为橙色、8pt，强调文字颜色设置为 2，将字间距加宽 3 磅，位置提升 2 磅。

4．把正文第 12～第 15 段的文字全部加粗,字符间距加宽 3 磅。

5．将正文第 9 段文字"让飞扬的青春……起航！"设置字体为华文行楷，字号为小二号，字间距加宽 0.5 磅，添加黄色文字底纹。

6．给标题添加文字底纹，底纹的颜色为"蓝色，强调文字颜色 1，淡色 60%"。

7．以原文件名保存在个人文件夹中。

（二）任务实现

1．选中正文第 8 段文字"摄影社团……join us"，单击"开始"选项卡"字体"组右下角的对话框启动器。打开"字体"对话框，如图 3-7 所示。在"中文字体"列表中选择"华文行楷"，在"西文字体"列表中选择"Arial Black"，"字号"选择"16"，单击"确定"按钮。

2．选定标题中的"摄影"二字，用第 1 步所述方法打开"字体"对话框，单击"文字效果"按钮，打开"设置文本效果格式"对话框，如图 3-8 所示。选择"文本填充"→"渐变填充"→"预设颜色"→"熊熊火焰"。单击"映像"→"预设"→"紧密映像，8pt 偏移量"，关闭该对话框，单击"确定"按钮。

3．选中"用心观察，处处精彩！"，用第 1 步所述方法打开"字体"对话框，在"着重号"列表框中选择"·"。用第 2 步所述方法设置映像为"全映像，4pt 偏移量"。在"发光和柔化边缘"中选择"橙色，8pt 发光，强调文字颜色 2"，关闭该对话框。

4．单击"字体"对话框中的"高级"选项卡，如图 3-9 所示。在"间距"的下拉列表中选择"加宽"，在右侧"磅值"文本框中输入"3 磅"，以同样方法在"位置"中选择"提升"，"磅值"中输入"2 磅"，单击"确定"按钮。

5．用上述方法将正文第 12～第 15 段的文字加粗,字符间距加宽 3 磅。

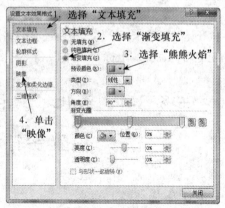

图 3-7 "字体"对话框   图 3-8 "设置文本效果格式"对话框

6. 选中"让飞扬的青春……起航!",用上述方法,将中文字体设为华文行楷,字号为小二号,字间距加宽 0.5 磅。

7. 单击"开始"选项卡→"段落"组→"下框线"右侧下拉按钮→"边框和底纹",打开"边框和底纹"对话框,如图 3-10 所示。单击"底纹"选项卡→"填充"→"黄色",在"应用于"中选择"文字",单击"确定"按钮。

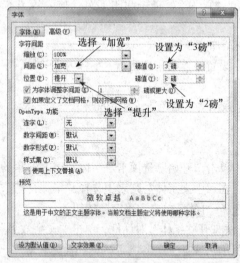

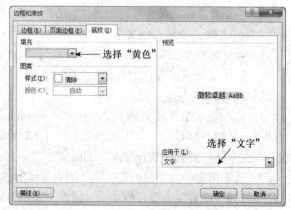

图 3-9 "字体"对话框"高级"选项卡   图 3-10 "边框和底纹"对话框

8. 用第 7 步的方法,给标题添加"蓝色,强调文字颜色 1,淡色 60%"文字底纹。

9. 单击快速访问工具栏中的"保存"按钮。

(三)相关知识点

本次任务练习了字符格式的高级设置,主要学习了"字体"对话框的应用和文字底纹的添加方法。下面我们详细介绍这些对话框的功能。

1. "字体"对话框的"字体"选项卡

在这个选项卡中,除了可以设置字形、字号、字体颜色以外,它可以将选定文字中的中文和西文分别设置为不同的字体。还可以为文字加着重号和其他效果,如上标、删除线等。

2．"字体"对话框的"高级"选项卡

可以设置字符的缩放、间距加宽和紧缩以及位置的提升和降低。

3．"字体"对话框中的"文字效果"按钮

单击该按钮，打开"设置文本效果格式"对话框，从中可以设置字符的很多效果，如文本填充、文本边框、轮廓样式、阴影、映像、发光和柔化边缘、三维格式等。

4．"边框和底纹"对话框

"边框和底纹"对话框中包括边框、页面边框、底纹 3 个选项卡。

（1）"边框"选项卡可以设置边框的效果、框线的样式、颜色和宽度，指定添加的边框是应用于文字还是段落。

（2）"页面边框"选项卡和"边框"选项卡类似，不再赘述。

（3）"底纹"选项卡可以设置底纹的填充颜色、图案的样式和图案的颜色，指定添加的底纹是应用于文字还是段落。

任务 3-5　美化"社团纳新宣传"文档——设置段落格式（一）

（一）任务描述

对个人文件夹中的 "社团纳新宣传.docx"进行段落格式的设置。

【操作要求】

1．将标题设置为居中对齐。

2．将"***学校摄影社团"和"×年×月×日"两段设为右对齐。

3．在正文第 1～第 5 段前添加项目符号"◇"。

4．给文档最后 4 段添加编号"1、2.……"。

5．将正文第 10、第 11 两段添加阴影边框，边框样式为单实线，颜色为橙色，强调文字颜色 2，宽度为 1 磅。添加段落底纹，颜色为"橙色，强调文字颜色 2，淡色 80%"，样式为 5%。

6．保存修改后的文档，保存位置和文件名均不变。

（二）任务实现

1．选中标题段文字或者把插入点放在标题段，单击"开始"选项卡→"段落"组→"居中"按钮。

2．用第 1 步的方法将"***学校摄影社团"和"×年×月×日"两段设置为右对齐。

3．选中正文第 1～第 5 段，单击"开始"→"段落"→"项目符号"下拉按钮，展开列表如图 3-11 所示，选择"◇"。

图 3-11　"项目符号"对话框

4．选中文档最后 4 段，单击"开始"→"段落"→"编号"下拉按钮，在如图 3-12 所示列表中选择"⚏"。

5．选中正文第 10、第 11 两段，用任务 3-4 中第 7 步所述的方法打开"边框和底纹"对话框。

6．单击"边框"选项卡，在"设置"中选择"阴影"，边框样式为"单实线"，颜色为"橙色，强调文字颜色 2"，宽度为"1 磅"，在"应用于"中选择"段落"。单击"底纹"选项卡，填充选择"橙色，强调文字颜色 2，淡色 80%"，样式为"5%"，并在"应用于"中选择"段落"，

图 3-12 "编号"对话框

单击"确定"按钮。

7. 单击快速访问工具栏中的保存按钮。

（三）相关知识点

这次任务主要练习用"开始"功能区的"段落"组按钮设置段落格式。

1. 段落对齐方式

Word 2010 提供了 5 种对齐方式：左对齐、居中、右对齐、两端对齐和分散对齐。Word 2010 的默认对齐方式为两端对齐。

2. 项目符号

Word 2010 项目符号的下拉列表中列出了最近使用的项目符号，可以直接选用，也可以选择"定义新项目符号…"，在弹出的对话框中进行选用，如图 3-13 所示。

3. 编号

编号按钮的用法与项目符号类似，如图 3-14 所示，不再赘述。

图 3-13 "定义新项目符号"对话框

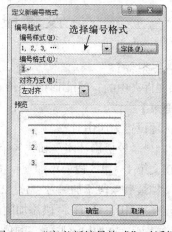

图 3-14 "定义新编号格式"对话框

4. 边框和底纹

给段落添加边框和底纹的方法与上一任务中讲述的方法相同，只要在"应用于"列表中选择"段落"即可。

任务 3-6 美化"社团纳新宣传"文档—— 设置段落格式（二）

（一）任务描述

针对个人文件夹中的"社团纳新宣传.docx"文件，前面学习了如何用功能区按钮设置段落格式，下面练习用对话框设置段落格式。

【操作要求】

1. 正文各段首行缩进 2 字符。

2．将正文第 1～第 6 段的行间距设为固定值 18 磅。

3．将正文第 1 段的段前间距设为 0.5 行，第 5 段的段后间距设为 0.5 行。

4．设置从"本社团活动内容"到文档结尾的行间距为 18 磅。

5．将"***学校摄影社团"一段设置右缩进 5 字符。

6．将"×年×月×日"一段设置右缩进 3 字符。

7．将"附："这段的首行缩进去掉。

8．把修改后的文件保存到个人文件夹中，文件名不变。

完成后的效果图如图 3-15、图 3-16 所示。

图 3-15　效果图（一）　　　　　图 3-16　效果图（二）

（二）任务实现

1．选中正文的所有段落，单击"开始"选项卡"段落"组右下角对话框启动器，打开"段落"对话框，如图 3-17 所示。在"特殊格式"的下拉列表中选择"首行缩进"，在"磅值"中输入"2 字符"，单击"确定"按钮。

2．选定正文第 1 至 6 段，用第 1 步所述的方法打开"段落"对话框，"行距"选择"固定值"，"设置值"输入"18 磅"，单击"确定"按钮。

3．选中正文第一段（或把插入点放在第一段），用上述方法在"段落"对话框中，将段前间距设置为"0.5 行"。用同样的方法，把正文第 5 段的段后间距设置为 0.5 行。

4．选中从"本社团活动内容"到文档结尾，用上面所述的方法把行距设置为固定值"18 磅"。

图 3-17　"段落"对话框

5．选择"***学校摄影社团"，用上述方法打开"段落"对话框，在"右侧"的缩进文本框中输入"5 字符"，单击"确定"按钮。

6．用第 5 步所述方法，将"×年×月×日"一段设置右缩进 3 字符。

7．选中"附："，打开"段落"对话框，在"特殊格式"下拉列表中选择"无"，单击"确定"按钮。

8．单击快速访问工具栏中的保存按钮。

（三）相关知识点

在段落对话框中，除了可以设置对齐方式外，还可以精确地设置段落的缩进和间距。

1．缩进

缩进有 4 种方式，分别为首行缩进、悬挂缩进、左缩进和右缩进。

2．行距

一般情况下，Word 2010 会根据用户设置的字体大小自动调整段落内的行距。在"行距"的列表框中包括：单倍行距、1.5 倍行距、2 倍行距、最小值、固定值、多倍行距 6 种，以满足用户的需要。

（1）单倍行距：设置每行的高度为可容纳这行中最大的字体，并上下留有适当的空隙，这是 Word 2010 的默认值。

（2）1.5 倍行距：设置每行的高度为这行中最大字体高度的 1.5 倍。

（3）2 倍行距：设置每行的高度为这行中最大字体高度的 2 倍。

（4）最小值：设置 Word 自动调整高度以容纳最大字体。

（5）固定值：设置成固定行距，Word 不能调节。

（6）多倍行距：允许行距设置成小数倍数。

3．段间距

段间距指相邻两个段落之间的距离，分为段前间距和段后间距。

4．格式的复制

如果要将一部分文字（或段落）的格式复制到另一部分文字（或段落）上，使它们具有相同的格式，可以使用"格式刷"按钮。

格式复制的方法：选定已经设置了格式的文本（或段落），单击"开始"选项卡→"剪贴板"组→"格式刷"按钮，待鼠标指针变为刷子形状，将指针移动到要复制格式的文本（或段落）开始处按下左键，拖动鼠标至文本（或段落）结束处，松开左键即可。

上述方法只能复制一次，若双击格式刷按钮，即可连续多次复制。取消"格式刷"功能，可再次单击格式刷，或按"Esc"键。

第 3 节　在文档中插入并编辑表格

表格是一种简洁明了的表达方式。一个简单的表格往往比一大段文字更直观、更具有说服力。Word 2010 提供了比较完备的表格功能，不仅可以快速创建表格、对表格进行编辑和格式化，还可以实现文本与表格间的相互转换，对表格中的数据进行简单计算和排序。

任务 3-7　制作"社团纳新报名表"

（一）任务描述

新一轮的学校社团纳新活动开始了，请你帮助摄影社团"滨职拍客"制作一个社团纳新报名表。在个人文件夹中新建 Word 文档"社团纳新报名表.docx"，并按以下要求进行操作并保存，效果如图 3-18 所示。

【操作要求】

1．插入一个 11 行 5 列的表格。

2．设置表格第 1、3 列列宽为 2.5 厘米，第 7、8、9 行行高为 3.5 厘米。

3．根据效果图 3-18 进行单元格的合并。

4．输入表格中的所有文字，并将字体设置为微软雅黑、字号为小四号、加粗。

5．设置表格居中，设置第 7、8、9 行的第 2 列单元格文字和第 11 行的单元格文字靠上并两端对齐，第 10 行第 2 列单元格文字靠下右对齐，其余单元格文字中部居中。

6．设置表格外侧框线为 3 磅、深蓝色、粗细线，内框线为 1 磅、深蓝色、单实线。

7．根据效果图 3-18 设置相应单元格底纹为"橙色，强调颜色 6，淡色 80%"。

8．在表格上方插入标题"摄影社团纳新报名表"，并设置字体为华文琥珀、字号为二号、居中对齐，字符间距加宽为 2 磅。

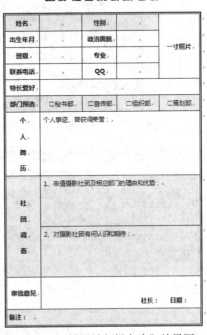

图 3-18　"社团纳新报名表"效果图

（二）任务实现

1．新建 Word 文档，并以文件名"社团纳新报名表.docx"保存在个人文件夹中。

2．单击"插入"选项卡→"表格"组→"表格"→"插入表格"命令，打开"插入表格"对话框，如图 3-19 所示。设置表格列数为"5"，行数为"11"。

3．选定表格的第 1 列和第 3 列（配合 Ctrl 键），单击"表格工具-布局"选项卡→"表"组→"属性"按钮，打开"表格属性"对话框，如图 3-20 所示。设置列宽为"2.5 厘米"。

4．选定表格的第 7～9 行，用上述方法打开"表格属性"对话框，如图 3-21 所示。设置行高为"3.5 厘米"。

5．选定表格第 5 列的 1 至 4 个单元格，单击"表格工具-布局"选项卡→"合并"组→"合并单元格"按钮，将单元格合并。采用相同方法依次合并其余单元格，效果如图 3-18 所示。

6．在表格相应的单元格中输入文字，然后选定整个表格，利用"开始"选项卡→"字体"组中的命令，将所有文字设为微软雅黑、小四号、加粗。

7．选定整个表格，单击"表格工具-布局"选项卡→"表"组→"属性"，打开"表格属性"对话框，如图 3-22 所示。设置表格对齐方式为"居中"。

图 3-19　"插入表格"对话框

图 3-20　设置列宽

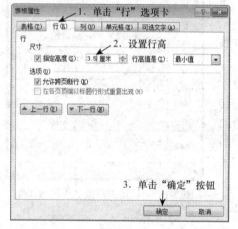

图 3-21　设置行高

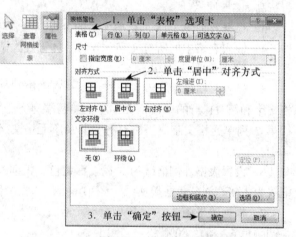

图 3-22　设置表格对齐方式

8. 选定整个表格，单击"表格工具-布局"选项卡→"对齐方式"组→"水平居中"按钮，如图 3-23 所示，设置表格中所有文字中部居中。采用相同方法，将第 7、8、9 行的第 2 列和第 11 行的单元格文字，设置对齐方式为"靠上两端对齐"，将第 10 行第 2 列单元格文字，设置对齐方式为"靠下右对齐"。

图 3-23　设置表格中文本对齐方式

9. 选定整个表格，单击"表格工具-设计"选项卡，在"绘图边框"组"笔样式"列表中选择"粗细线"、在"笔划粗细"中选择"3 磅"、"笔颜色"选择"深蓝色"，在"表格样式"组的"边框"列表中选择"外侧框线"，如图 3-24 所示。

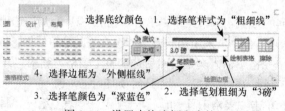

图 3-24　设置表格边框和底纹

10．用第 9 步所述的方法，设置表格内框线为 1 磅、深蓝色、单实线。

11．按住"Ctrl"键，依次选择需要添加底纹的相应单元格，单击"表格工具-设计"选项卡→"表格样式"组→"底纹"按钮，在下拉列表中选择"橙色，强调颜色6，淡色80%"。

12．将插入点放在第一个单元格开头，按回车键，在表格上方插入一行，输入文字"摄影社团纳新报名表"，设置字体为华文琥珀、字号为小四号，字间距加宽为"2 磅"。

13．单击快速访问工具栏中的"保存"按钮。

（三）相关知识点

在上面的任务中，我们可以看到"摄影社团纳新报名表"的制作主要是通过插入表格、编辑表格和格式化表格这三大步来完成的。

1．插入表格

（1）方法一：用网格快速创建表格。单击"插入"选项卡→"表格"组→"表格"按钮，打开下拉列表，如图 3-25 所示。鼠标在"插入表格"框内向右下角拖动，确定行数和列数后，松开鼠标，表格自动插入到当前光标处，最多可以创建 10×8 大小的表格。

（2）方法二：使用"插入表格"对话框创建表格。方法见操作过程第 2 步。

（3）方法三：手工绘制表格。单击"插入"选项卡→"表格"组→"表格"→"绘制表格"命令，可以手工绘制复杂的不规则表格。

图 3-25　"表格"下拉列表

2．编辑表格

（1）表格的选取

1）选定单元格：将光标移到某单元格左下角，当鼠标指针变成向右上方的黑色箭头时，单击就可选定该单元格。

2）选定行：将光标移到表格某一行左侧的选定区，单击就可选定该行。按下鼠标，向上或向下拖动即可选择多行。

3）选定列：将光标移到表格某一列的上边线，当鼠标指针变成向下的黑色箭头时，单击就可选定该列。按下鼠标，向左或向右拖动即可选择多列。

4）选定整个表格：将光标移到表格内时，单击表格左上角"表格移动控制点"，就可选定全表。

当光标移到表格内时，在表格左上角会出现"表格移动控制点"，拖动"表格移动控制点"可以改变表格的位置。在表格右下角会出现"表格大小控制点"，拖动"表格大小控制点"可以快速缩放表格。

（2）改变行高与列宽

1）方法一：使用鼠标拖动法调整行高（或列宽）。将鼠标放在要调整行的下边线（或列的右边线）上，当鼠标指针变成双向箭头时，按住鼠标向上下（或左右）拖动，即可调整行高（或列宽）。这种方法适合快速调整不要求精确数值的行高或列宽。

2）方法二：使用"表格属性"对话框设置行高或列宽。方法见操作过程第 3 步。

3）方法三：使用"自动调整"命令。选定表格，单击"表格工具-布局"选项卡→"单元格大小"组→"自动调整"按钮，如图 3-26 所示，在下拉列表中可选择根据内容或者窗口自动调整表格。

4）方法四：平均分布各行（或各列）。选定要平均分布的多行或多列，单击"表格工具-布局"选项卡→"单元格大小"组→"分布行"（或"分布列"），即可平均分布各行（或各列）。

（3）合并或拆分单元格：在简单表格的基础上，通过单元格的合并或拆分可以制作出比较复杂的表格。

1）合并单元格：方法见操作过程第5步。

2）拆分单元格：可选定要拆分的单元格，单击"表格工具-布局"选项卡→"合并"组→"拆分单元格"，打开"拆分单元格"对话框。如图3-27所示，输入需要拆分的行数和列数，单击"确定"按钮即可。

图 3-26　"自动调整"命令

图 3-27　"拆分单元格"对话框

（4）拆分表格：将光标移动到要拆分成第2个表格首行的单元格中，单击"表格工具-布局"选项卡→"合并"组→"拆分表格"按钮，可将表格拆分成上下两个表格。

3. 格式化表格

设置表格对齐方式、单元格中文本对齐方式、表格边框和底纹等操作，通过以上任务已经训练掌握，在此不再赘述。

任务 3-8　制作"学生成绩统计表"

学生成绩统计表

姓名	语文	数学	英语	物理	化学	总分
高 欣	98	85	84	98	95	460
张 艳	95	89	74	90	82	430
崔小霞	99	84	72	86	89	430
孙 浩	90	78	85	94	72	419
宋婷婷	91	72	62	87	86	398
管凯杰	85	77	68	84	83	397
平均分	93	81	74	90	85	422

图 3-28　"学生成绩统计表"效果图

（一）任务描述

对"素材\第 3 章\第 3 节\学生成绩统计表.docx"进行操作处理，结果如图3-28所示。

【操作要求】

1. 将表格标题下方7行文字转换为7行6列的表格。

2. 设置表格行高为1.2厘米，列宽为2厘米。

3. 在表格最右侧插入一列"总分"，在表格最下方插入一行"平均分"。

4. 求出每位同学的总分。

5. 求出各科平均分，保留整数位。

6. 将表格数据（不包括平均分）主要关键字"总分"按降序排列，次要关键字"英语"按降序排列。

7. 为表格添加表格样式"中等深浅底纹1、强调文字颜色5"。

8. 设置表格居中，设置表格中所有文字中部居中。

9. 设置表格标题文字为黑体、小二号、居中，发光效果为"蓝色，5pt 发光，强调文字颜色

1"，字间距加宽为 3 磅。

（二）任务实现

1. 选定表格标题后 7 行文字，单击"插入"选项卡→"表格"组→"表格"→"文本转换成表格"命令，打开"将文字转换成表格"对话框，如图 3-29 所示，"列数"和"文字分隔位置"采用默认值，然后单击"确定"按钮。

2. 用任务 3-7 所述方法，设置行高为 1.2 厘米，列宽为 2 厘米。

3. 选定表格最后一列，单击"表格工具-布局"选项卡→"行和列"组→"在右侧插入"按钮，即插入一列，在顶端单元格中输入文字"总分"。选定最后一行，单击"在下方插入"按钮，插入一行，在左端单元格中输入文字"平均分"。

4. 将光标放在"高欣"的总分单元格中，单击"表格工具-布局"选项卡→"数据"组→"fx 公式"，打开"公式"对话框，在"公式"文本框中输入"=SUM（LEFT）"（函数名也可在"粘贴函数"列表框中选定），操作方法如图 3-30 所示。依次类推计算其他同学的总分。

图 3-29　"将文字转换成表格"对话框

图 3-30　求和

5. 将光标放在末行第 2 个单元格中，在打开的"公式"对话框中输入公式"=AVERAGE（ABOVE）"，"编号格式"中设置保留小数位数"0"，操作方法如图 3-31 所示。依此类推可计算其他科目的平均分。

6. 选定表格前 7 行，单击"表格工具-布局"选项卡→"数据"组→"排序"按钮，打开"排序"对话框，如图 3-32 所示。设置主要关键字为"总分"降序，次要关键字为"英语"降序，"列表"选择"有标题行"，单击"确定"按钮。

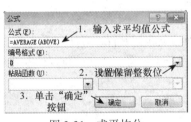

图 3-31　求平均分

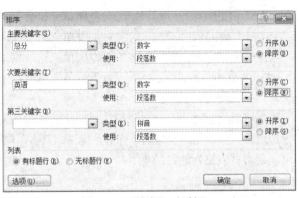

图 3-32　"排序"对话框

7. 全选表格，单击"表格工具-设计"选项卡→"表格样式"组→"其他"按钮，如图 3-33 所示，在弹出的"表格样式"列表框中选择"中等深浅底纹 1、强调文字颜色 5"样式。

8. 使用任务 3-7 所述方法设置表格居中，表格中所有文字中部居中。

图 3-33 "表格样式"组

9. 用前面学过的方法，将表格标题文字设置为黑体、小二号、居中，发光效果为"蓝色，5pt 发光，强调文字颜色 1"，字间距加宽为 3 磅。

10. 单击"保存"按钮。

（三）相关知识点

1. 文本和表格间的相互转换

（1）文本转化成表格：如果用户在建立表格之前，就完成了表格内容的输入，并且表格文本各列之间用段落标记、制表符、英文"逗号""空格"或其他指定字符分隔对齐，那么就可以利用文本转化表格的功能建立表格。

（2）将表格转换成文本：选定表格，单击"表格工具-布局"选项卡→"数据"组→"转换成文本"，即可将表格转换成普通的文本。

2. 在 Word 中插入 Excel 电子表格

单击"插入"选项卡→"表格"组→"表格"→"Excel 电子表格"命令即可。

3. 插入行或列

方法参考操作过程第 3 步。

4. 删除行或列、单元格、表格

将光标放在要删除的行或列中，单击"表格工具-布局"选项卡→"行和列"组→"删除"按钮，在弹出的下拉列表中选择相应的删除项即可。如图 3-34 所示。

图 3-34 删除行或列、单元格、表格

5. 表格排序

Word 2010 可以对表格中的数据按照一个或多个关键字进行排序。面对多个关键字时，先按主要关键字排序，若主要关键字的内容相同，则按次要关键字排序。操作方法详见操作过程第 6 步。

6. 表格计算

Word 2010 可以对表格数据进行简单的计算，例如，求和、求平均值等。操作方法详见操作过程第 4 步和第 5 步。

Word 2010 中常用的公式有以下几种。

=SUM（LEFT）	对左侧单元格数据求和
=SUM（ABOVE）	对上方单元格数据求和
=AVERAGE（LEFT）	对左侧单元格数据求平均值
=AVERAGE（ABOVE）	对上方单元格数据求平均值

7. 表格标题行的重复

当一张表格超过一页时，要想让后一页的续表中也包括前一页的标题行，方法如下：

选定前一页表格的标题行，单击"表格工具-布局"选项卡→"数据"组→"重复标题行"，即可实现跨页表格标题行的重复。

第 4 节　用 Word 2010 实现图文混排

Word 2010 不仅具有强大的文字处理功能，还具有图文混排功能，不仅可以在文档中插入图片、艺术字、文本框、SmartArt 等各种图形对象，还可以绘制图形，使文档图文并茂，更具感染力。

任务 3-9　制作"社团纳新宣传海报"（一）

（一）任务描述

摄影社团"滨职拍客"纳新，请你帮助他们制作一个社团纳新宣传海报。对"素材\第 3 章\第 4 节\社团纳新宣传海报.docx"的文档，按以下要求进行操作并保存到个人文件夹中，效果如图 3-35 所示。

图 3-35　"社团纳新宣传海报"效果图

【操作要求】

1. 插入图片"背景.jpg"。

2. 设置背景图片文字环绕方式为"衬于文字下方"。

3. 设置背景图片大小"高度 29.7 厘米，宽度 21.02 厘米"，位置为"水平–3.17 厘米，垂直–2.54 厘米"。

4. 插入建筑类剪贴画。

5. 设置剪贴画文字环绕方式为"浮于文字上方"。

6. 参照效果图 3-36，自由调整图片合适大小和位置。

7. 插入形状"上凸带形"。

8. 设置该形状大小为"高度 2.5 厘米，宽度 17 厘米"，位置为"水平–1 厘米，垂直–2 厘米"。

9. 设置该形状轮廓颜色为"白色，背景 1"。

10. 设置该形状填充为预设颜色"红日西斜"。

11. 为该形状添加文字"青春飞扬　梦想起航"，设置字体为微软雅黑、字号为二号、加粗。

（二）任务实现

1. 打开"素材\第 3 章\第 4 节\社团纳新宣传海报.docx"的文档。

2. 单击"插入"选项卡→"插图"组→"图片"，打开"插入图片"对话框，选择要打开的文件"素材\第 3 章\第 4 节\背景.jpg"，单击"打开"按钮。

3. 选定该图片，单击"图片工具-格式"选项卡→"排列"组→"自动换行"按钮，如图 3-36 所示，在下拉列表中选择"衬于文字下方"命令。

4. 单击"图片工具-格式"选项卡→"大小"组右下角对话框启动器，打开"布局"对话框，如图 3-37、图 3-38 所示，在对话框中按操作要求进行图片大小和位置的设置。

5. 单击"插入"选项卡→"插图"组→"剪贴画"按钮，打开"剪贴画"任务窗格，如图 3-39 所示，搜索到建筑类的剪贴画并插入。

6. 设置剪贴画文字环绕方式与第 3 步相同。

7. 选定剪贴画，当把鼠标放在剪贴画四周的 8 个控制点时，指针会变成双向箭头，按下左键拖动，即可自由调整图片大小。将鼠标放在剪贴画上，待指针变成十字箭头，拖动鼠标可移动

图 3-36　设置文字环绕方式

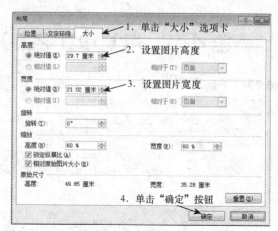

图 3-37　设置图片大小

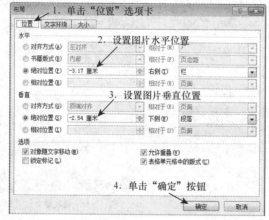

图 3-38　设置图片位置

图 3-39　插入剪贴画

图片位置。

8. 单击"插入"选项卡→"插图"组→"形状"按钮，在下拉列表"星与旗帜"中选择形状"上凸带形"，在文档中合适位置上拖动鼠标，则绘制出相应形状。

图 3-40　"设置形状格式"对话框

9. 设置形状大小和位置的方法与第 4 步相同，不再赘述。

10. 选定该形状，单击"绘图工具-格式"选项卡→"形状样式"组→"形状轮廓"按钮，在下拉列表中选择"白色，背景1"。

11. 单击"绘图工具-格式"选项卡→"形状样式"组右下角对话框启动器，打开"设置形状格式"对话框，在对话框中设置形状填充为预设颜色"红日西斜"，如图 3-40 所示。

12. 右击该形状，打开快捷菜单，选择"添加文字"命令，输入文字"青春飞扬　梦想起航"，并设置字体为微软雅黑、字号为二号、加粗。

13. 把文件保存到个人文件夹中。

（三）相关知识点

1．插入图片

（1）插入剪贴画：Word 2010 自带了一个内容丰富的剪辑库，存放了许多常用图片，用户可以方便地将所需剪贴画插入到文档中。操作方法详见任务 3-9 操作过程第 5 步。

（2）插入图片：Word 2010 不仅可以插入剪贴画，还可以插入外部图片文件（如从网上下载，或是用数码相机、手机拍摄的图片等）。操作方法详见任务 3-9 操作过程第 2 步。

2．编辑图片

（1）改变环绕方式：插入的图片或图形等，与文档中其他文字或图形的位置关系，称为"环绕方式"，操作方法详见操作过程第 3 步。常用的环绕方式有以下几种。

1）嵌入型：使图片镶嵌在指定的段落上，当段落移动时，它也随着移动。

2）四周型环绕：不管图片是否为矩形图片，文字以矩形方式环绕在图片四周。

3）紧密型环绕：如果图片是矩形，则文字以矩形方式环绕在图片周围；如果图片是不规则图形，则文字将紧密环绕在图片四周。

4）上下型环绕：文字环绕在图片上方和下方。

5）衬于文字下方：图片在下、文字在上，文字将覆盖图片。

6）浮于文字上方：图片在上、文字在下，图片将覆盖文字。

7）穿越型环绕：文字可以穿越不规则图片的空白区域环绕图片。

（2）改变图片大小和位置：①方法一：利用鼠标拖动。操作方法详见任务 3-9 操作过程第 7 步。②方法二：单击"图片工具-格式"选项卡→"大小"组右下角对话框启动器，打开"布局"对话框，在对话框中进行大小和位置的精确设置。操作方法详见任务 3-9 操作过程第 4 步。

（3）设置图片样式：选定图片，利用"图片工具-格式"选项卡→"图片样式"组中各按钮设置即可。如图 3-41 所示。

（4）调整图片色彩：Word 2010 可以对图片的亮度、对比度和颜色进行设置，还可以删除图片背景。

选定图片，在"图片工具-格式"选项卡→"调整"组中，如图 3-42 所示，单击"更正""删除背景""颜色""艺术效果"等下拉按钮，选择合适的选项，进行图片的色彩调整。

图 3-41　"图片样式"组　　　　　　图 3-42　"调整"组

（5）裁剪图片：选定图片，单击"图片工具-格式"选项卡→"大小"组→"裁剪"→"裁剪"命令，这时图片 8 个控制点上就出现了 8 个黑色线段，把鼠标放在 8 个线段上，向内拖动鼠标钮，即可完成图片的裁剪。

3．插入形状

在 Word 中还可以绘制各种图形，如线条、基本形状、流程图和标注等。操作方法详见任务 3-9 操作过程第 8 步。

4．编辑形状

绘制好的图形，可以对其进行修饰、组合、添加文字等设置。

（1）设置图形填充颜色、轮廓以及各种效果：方法一，选定图形，利用"绘图工具-格式"选项卡→"形状样式"组中各命令按钮进行设置。方法二，选定图形，单击"绘图工具-格式"选项卡→"形状样式"组右下角的对话框启动器，打开"设置形状格式"对话框进行相应设置，如图 3-41 所示。

（2）组合图形：多个简单图形可以组合在一起作为一个整体来进行位置移动和大小调整。

方法：按下 Shift 键，用鼠标单击各独立的图形，然后单击"绘图工具-格式"选项卡→"排列"组→"组合"→"组合"按钮即可。

（3）调整图形叠放次序：利用"绘图工具-格式"选项卡"排列"组中的"上移一层"或"下移一层"按钮可以调整图形的叠放次序。

（4）在图形中添加文字：右击图形，打开快捷菜单，选择"添加文字"命令，光标定位在图形内，输入文字即可。

任务 3-10　制作"社团纳新宣传海报"（二）

图 3-43　"社团纳新宣传海报"效果图（2）

（一）任务描述

打开任务 3-9 中保存在个人文件夹中的"社团纳新宣传海报.docx"，按以下要求继续进行操作并保存，最终效果如图 3-43 所示。

【操作要求】

1. 插入艺术字"摄影社团"，设置艺术字样式为"填充-橙色，强调文字颜色 2，暖色粗糙棱台"。

2. 设置"摄影社团"文本填充为预设颜色"彩虹出岫"，方向"线性向右"。

3. 设置"摄影社团"艺术字形状为"上弯弧"。

4. 设置"摄影社团"字体为"华文隶书"字号为"150 磅"，并根据效果图 3-43，调整艺术字合适大小和位置。

5. 插入艺术字"纳新啦"，艺术字样式为"填充-橙色，强调文字颜色 2，粗糙棱台"，文字设置字体为华文隶书、字号为 72 磅。

6. 插入艺术字"用心观察 处处精彩"，艺术字样式为"渐变填充-绿色，强调文字颜色 6，内阴影"；文字设置字体为方正姚体、字号为 36 磅。

7. 插入文本框，打开"素材\第 3 章\第 4 节\宣传资料.txt"，参照效果图 3-44，复制相应文字内容到文本框中，文字设置字体为微软雅黑，字号为 18 磅，字间距为 1.2 磅。

8. 设置文本框形状填充为"无填充颜色"，形状轮廓为"无轮廓"。

9. 设置文本效果为三维旋转"前透视"，整文本框合适大小和位置。

10. 插入文本框，把报名时间和报名地点两段复制到文本框中，设置字体字号为黑体、小二号，并分别添加文字底纹为"橙色"和"浅蓝色"，调整文本框合适大小和位置。

（二）任务实现

1. 单击"插入"选项卡→"文本"组→"艺术字"按钮，在下拉列表中选择艺术字样式为"填充-橙色，强调文字颜色 2，暖色粗糙棱台"，这时在文档中将插入一个含有默认文字"请在此放置您的文字"编辑框，在编辑框中输入文字"摄影社团"即可。

2．选定艺术字"摄影社团"，单击"绘图工具-格式"选项卡→"艺术字样式"组右下角的对话框启动器，打开"设置文本效果格式"对话框，按照图 3-44 所示，设置艺术字文本填充色。

3．选定艺术字"摄影社团"，单击"绘图工具-格式"选项卡→"艺术字样式"组→"文本效果"→"转换"→"跟随路径"→"上弯弧"命令，即可改变艺术字形状。

图 3-44　"设置文本效果格式"对话框

4．选定艺术字"摄影社团"，设置字体字号为华文隶书、150 磅，参照效果图 3-43，利用鼠标拖动调整艺术字大小和位置。

5．用上述方法插入艺术字"纳新啦"和"用心观察 处处精彩!"，并按要求设置。

6．单击"插入"选项卡→"文本"组→"文本框"→"绘制文本框"命令，拖动鼠标绘制文本框；打开"素材\第 3 章\第 4 节\宣传资料.txt"，参照效果图 3-43，复制相应文字（中间 6 行）到文本框中，并设置字体为微软雅黑、字号为 18 磅，字间距为 1.2 磅。

7．选定该文本框，单击"绘图工具-格式"选项卡→"形状样式"组→"形状填充"按钮，在下拉列表中选择"无填充颜色"，用同样方法选择"形状轮廓"为"无轮廓"。

8．选定该文本框，单击"绘图工具-格式"选项卡→"艺术字样式"组→"文字效果"按钮→"三维旋转"→"前透视"命令。

9．参照效果图 3-43，用鼠标调整文本框至合适大小和位置。

10．插入文本框，把报名时间和报名地点两段复制到文本框中，设置字体为黑体、字号为小二号，底纹为"橙色"和"浅蓝色"，将文本框调整到合适大小和位置。

11．单击"保存"按钮。

（三）相关知识点

1．插入艺术字

插入艺术字可使文档更加美观，富有艺术性。操作方法见任务 3-10 操作过程第 1 步。

2．编辑艺术字

选定要修改的艺术字，单击"绘图工具-格式"选项卡，如图 3-45 所示，将显示艺术字的各类操作按钮。

图 3-45　"绘图工具-格式"选项卡

（1）"形状样式"组：可以快速修改艺术字的形状样式，并可以对艺术字的形状设置填充、轮廓及效果。

（2）"艺术字样式"组：可以快速修改艺术字样式，并可以对艺术字中的文本设置填充、轮廓及效果。

（3）"文本"组：可以对艺术字中的文本设置文字方向、对齐文本、链接。

（4）"排列"组：可以修改艺术字的环绕方式、叠放次序、组合及旋转等。

（5）"大小"组：可以设置艺术字的高度、宽度以及位置。

3．插入文本框

单击"插入"选项卡→"文本"组→"文本框"，在弹出的下拉列表中，可以选用内置文本框，也可以选择"绘制文本框"或"绘制竖排文本框"命令，拖动鼠标绘制文本框，然后在文本框内输入文字即可。

4．编辑文本框

文本框的编辑方法与艺术字的相同，此处不再赘述。

任务 3-11　制作"社团组织机构图"

（一）任务描述

在个人文件夹中新建文档"社团组织机构图.docx"，并按以下要求操作并保存，效果如图 3-46 所示。

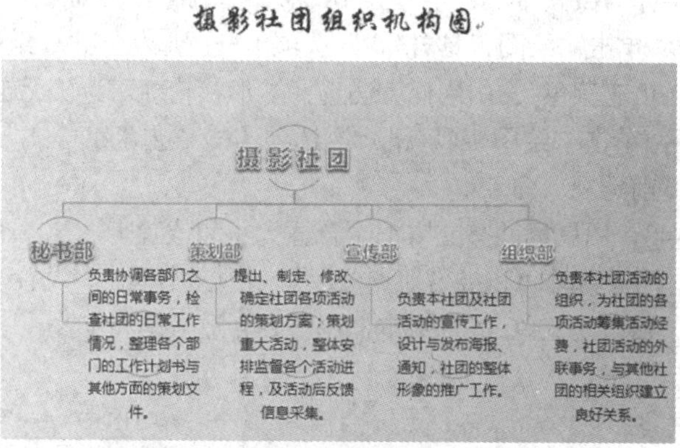

图 3-46　"社团组织机构图"效果图

【操作要求】

1．设置纸张大小为 16 开，页边距为窄，纸张方向为横向。

2．插入标题文字"摄影社团组织机构图"，设置字体为华文行楷、字号为一号、加粗。

3．插入 SmartArt 层次结构图形"半圆组织结构图"。

4．设置 SmartArt 图形画布大小高度为 10 厘米，宽度为 20 厘米。

5．根据部门组成和层级，对 SmartArt 图形进行修改，添加和删除形状。

6．打开"素材\第 3 章\第 4 节\宣传资料.txt"，将各部门名称和职能文字内容复制到形状中。

7．设置文字字体为"微软雅黑"，3 个层次级别字号分别为 16 磅、14 磅和 11 磅。

8．设置 SmartArt 图形颜色为"彩色，强调颜色"。

9．设置 SmartArt 图形形状填充为"渐变色""浅色变体""线性向左"，形状轮廓颜色为"橙色"，粗细为"2.25 磅"。

10．设置 SmartArt 图形中各部门名称艺术字样式为"填充橙色，强调文字颜色 2，粗糙棱台"。

（二）任务实现

1. 单击"页面布局"选项卡，利用"页面设置"组各命令，分别设置纸张大小为"16 开"、页边距为"窄"、纸张方向为"横向"，如图 3-47 所示。

图 3-47 "页面设置"组

2. 输入标题文字"摄影社团组织机构图"，并设置字体为华文行楷、字号为一号、加粗。

3. 单击"插入"选项卡→"插图"组→"SmartArt"按钮，打开"选择 SmartArt 图形"对话框，如图 3-48 所示，在对话框中选择图形类型为"层次结构"→"半圆组织结构图"，最后单击"确定"按钮。

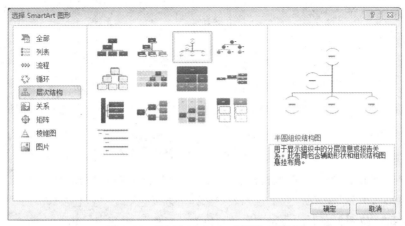

图 3-48 "选择 SmartArt 图形"对话框

4. 选定 SmartArt 图形，在"SmartArt 工具-格式"选项卡→"大小"组中设置高度为 12 厘米，宽度为 20 厘米。

5. 在 SmartArt 图形"文本"窗格或形状中的"文本"占位符中单击，依次输入"摄影社团"及各部门名称，如图 3-49 所示。

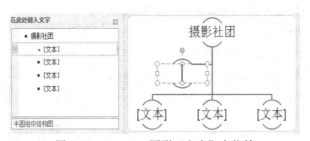

图 3-49 SmartArt 图形"文本"占位符

6. 选定"摄影社团"下方助理形状，按"Delete"键删除。

7. 如图 3-50 所示，选定"策划部"形状，单击"SmartArt 工具-设计"选项卡→"创建图形"组→"添加形状"→"在前面添加形状"命令，在占位符中输入"秘书部"。

8. 选定"秘书部"形状，单击"SmartArt 工具-设计"选项卡→"创建图形"组→"添加形状"→"在下方添加形状"命令，完成添加下级部门，其余部门添加下级部门方法相同。

9. 参照效果图 3-46，打开"素材\第 3 章\第 4 节\宣传资料.txt"，将各部门职能文字内容复制

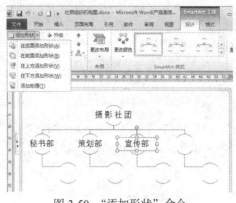

图 3-50 "添加形状"命令

到各自的下级部门"文本"占位符中。

10．在 SmartArt 图形"文本"窗格中选定相应文字，设置 3 个层次级别字体为微软雅黑，字号分别设为 16 磅、14 磅和 11 磅。

11．选定 SmartArt 图形，单击"SmartArt 工具-设计"选项卡→"SmartArt 样式"组→"更改颜色"按钮，在下拉列表中选择颜色为"彩色，强调颜色"。

12.选定 SmartArt 图形中各部门文本，在"SmartArt 工具-格式"选项卡→"艺术字样式"组中，如图 3-51 所示，选择艺术字样式为"填充橙色，强调文字颜色 2，粗糙棱台"。

图 3-51 "SmartArt 工具-格式"选项卡

13．选定 SmartArt 图形，在"SmartArt 工具-格式"选项卡→"形状样式"组中，如图 3-51 所示，单击"形状填充"按钮，在下拉列表中选择"渐变色"→"浅色变体"→"线性向左"。单击"形状轮廓"按钮，在下拉列表中选择颜色为"橙色"，粗细为"3 磅"。

14．单击"保存"按钮。

（三）相关知识点

SmartArt 图形是信息和观点的视觉表示形式，可以使文字之间的关联性更加清晰生动。Word 2010 提供了多种类型的 SmartArt 图形，如"列表""流程""层次结构"等，可以快速、轻松、有效地传达信息。

1．插入 SmartArt 图形。方法见任务 3-11 操作过程第 3 步。

2．更改 SmartArt 图形画布大小。选中 SmartArt 图形，利用"SmartArt 工具-格式"选项卡→"大小"组中的命令进行高度和宽度的准确设置。

3．添加与删除形状。选定 SmartArt 图形中某个形状，单击"SmartArt 工具-设计"选项卡→"创建图形"组→"添加形状"，可在这个形状的前面、后面、上方、下方添加形状。若想删除形状，选定后按"delete"键即可删除。

4．更改 SmartArt 图形颜色和样式。选定 SmartArt 图形，在"SmartArt 工具-设计"选项卡→"SmartArt 样式"组中，可方便、快速地修改图形的颜色和外观样式。

5．更改 SmartArt 图形格式。单击"SmartArt 工具-格式"选项卡，在"形状样式"组里，可以设置形状的填充、轮廓及形状效果。在"艺术字样式"组里，可以对形状中的文本设置填充、轮廓及文本效果。

第 5 节 编辑一个多页文档

任务 3-12 使用样式对"数码摄影基础概念"设置标题格式

（一）任务描述

使用样式对"素材\第 3 章\第 5 节\数码摄影基础概念.docx"进行处理。

【操作要求】

1. 使用样式功能,将文中的"一、光圈""二、快门""三、焦距""四、景深""五、ISO 感光度""六、曝光补偿"6 个一级标题格式设置为：黑体、三号、加粗、大纲级别为 1 级、首行缩进 2 个字符、段前段后均为 0.5 行。

2. 使用样式功能,将文中所有的二级标题格式设置为：宋体、四号、加粗、大纲级别为 2 级、首行缩进 2 个字符。完成后的效果如图 3-52 所示。

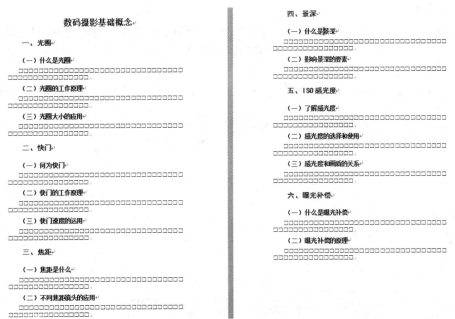

图 3-52 文档"数码摄影基础概念"标题格式

3. 修改后保存到个人文件夹中，文件名不变。

（二）任务实现

1. 打开"素材\第 3 章\第 5 节\数码摄影基础概念.docx"。

2. 选定一级标题"一、光圈"，将字体格式设置为"黑体、三号、加粗"，在"段落"对话框中，"大纲级别"选择"1 级"，设置首行缩进 2 字符，段前间距和段后间距均为 0.5 行。

3. 选定一级标题"一、光圈"并用鼠标右击，在快捷菜单中选择"样式"→"将所选内容

图 3-53 "根据格式设置创建新样式"对话框

保存为新快速样式…"命令，打开"根据格式设置创建新样式"对话框，如图 3-53 所示。将名称修改为"一级标题"，单击"确定"按钮。

4. 将光标定位在"二、快门"段落中，单击"开始"选项卡→"样式"组→"快速样式"命令→"一级标题"样式，完成对该标题格式的设置，以相同的方法设置其余的一级标题。

5. 参照上面第 2～4 步，建立"二级标题"样式，并为所有二级标题设置格式。

6. 单击"文件"→"另存为"，将文件保存到个人文件夹中，文件名不变。

（三）相关知识点

1. 样式

样式是指一组已经命名的字符和段落格式。使用样式设置具有相同格式的内容，可以减少很多重复性、机械性的工作。

与格式刷相比，样式可以直接使用，但是无法保存格式。样式可以进行保存，并且样式中的格式修改后，所有使用该样式的文档格式都会自动修改。

2. 样式集

样式集是一组样式的集合，Word 2010 提供了多套样式集。用户自定义的样式只能应用在当前文档，用户也可以将自定义样式保存到样式集中以方便应用。保存方法为：单击"开始"→"样式"→"更改样式"→"样式集"→"另存为快速样式集…"，打开"保存快速样式集"对话框，如图 3-54 所示。在文件名的文本框中输入"标题样式集"，单击"保存"按钮，完成样式集的创建。

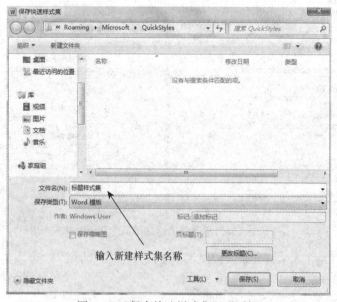

图 3-54 "保存快速样式集"对话框

3. "样式"组

在"开始"选项卡，"样式"组中有"快速样式""更改样式"两个命令。

（1）单击"快速样式"按钮：可以直接选择下拉列表中给出的样式，将相关样式应用到选定文字、段落中，也可以根据个性需要对相关样式进行修改后再应用，如图 3-55 所示。

图 3-55　"快速样式"命令

（2）单击"更改样式"命令：列出可以供选择样式集，也可以对其格式进行重设，如图 3-56 所示。

图 3-56　"更改样式"命令

4. 创建样式

要创建一篇有特色的 Word 文档，除了应用 Word 提供的内置样式外，还可以自己创建和设计样式。创建方法如下。

（1）方法一：见任务 3-12 操作过程第 2、第 3 步。

（2）方法二：单击"开始"→"样式"右下角的对话框启动器按钮，如图 3-57 所示。单击"样式"窗格左下角"新建样式"命令，打开"根据格式设置创建新样式"对话框，在"名称"文本框中设置样式名称，通过左下角"格式"按钮进行样式的格式设置，完成后保存即可，如图 3-58 所示。

5. 修改样式

若样式的某些格式设置不合理，可根据需要进行修改。修改样式后，所有应用了该样式的文本，都会发生相应的格式变化，提高了排版效率。具体操作如下。

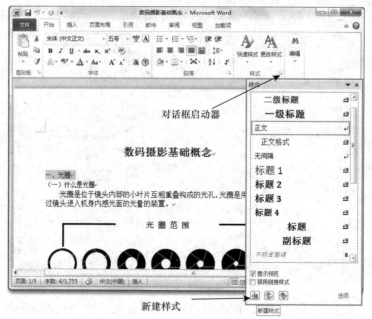

图 3-57　新建样式

单击"开始"→"样式"→"快速样式"，在需要修改的样式上右击，在快捷菜单中选择"修改"，打开"修改样式"对话框，对样式的相关格式进行修改，如图 3-59 所示。

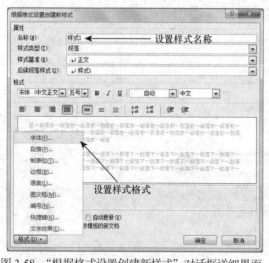

图 3-58　"根据格式设置创建新样式"对话框详细界面

图 3-59　"修改样式"对话框

任务 3-13　给文档"数码摄影基础概念"自动生成目录

（一）任务描述

对个人文件夹中的"数码摄影基础概念.docx"以文档的一级标题和二级标题为基础自动生

成两级目录，完成后的效果如图 3-60 所示。

【操作要求】

1．在标题"数码摄影基础概念"前插入分页符。

2．在第一页的首行添加"目录"两个字，字体黑体，字号为二号，对齐方式为居中。

3．将第一级目录设置字体为黑体，字号为四号字，段前间距 0.5 行，段后间距 0.5 行。

4．将第二级目录设置字体为黑体，字号为小四号字。

5．保存修改后的文件。

（二）任务实现

1．在个人文件夹中打开"数码摄影基础概念.docx"。

2．将插入点定位在文档开始位置，单击"页面布局"选项卡→"页面设置"组→"分隔符"按钮→"分页符"。

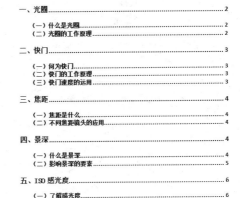

图 3-60　文档"数码摄影基础概念"目录格式

3．将插入点定位在第一页起始位置，输入"目录"两个字，并设置字体为黑体，字号为二号，居中对齐。

4．将光标定位到下一行，单击"引用"选项卡→"目录"组→"目录"按钮→"插入目录"命令，打开"目录"对话框，如图 3-61 所示。在"目录"选项卡中，设置"制表符前导符"为"……"，"显示级别"为"2"。

5．单击"修改"按钮，打开"样式"对话框，如图 3-62 所示。选择"目录 1"→"修改"按钮，打开"修改样式"对话框，设置"目录 1"样式为黑体、四号、段前、段后均为 0.5 行，按照同样的方法将目录 2 样式设置为黑体、小四，单击"确定"按钮，自动生成文档的标题。

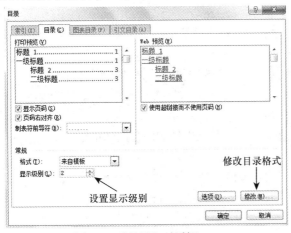

图 3-61　"目录"对话框

图 3-62　"样式"对话框

6．单击"保存"按钮。

（三）相关知识点

1．使用大纲视图

在 Word 2010 大纲视图中，可以对标题级别进行调整，也可以折叠和展开各种层级的文档，以方便浏览，如图 3-63 所示。

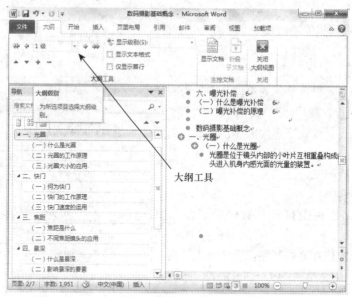

图 3-63 "大纲视图"窗口

2. 更新目录

对于自动生成的目录，在修改文章内容后，可以方便地完成目录的更新。

（1）方法一：将插入点定位在目录列表中，单击"引用"→"目录"→"目录"→"更新目录"，在弹出的"更新目录"对话框中，根据实际情况进行选择。

（2）方法二：在目录列表中右击，在快捷菜单中选择"更新域"命令，也可以实现目录的更新。

默认情况下，目录是以链接的形式插入的，如果要取消链接，可按"Ctrl+Shift+F9"组合键。

3. 删除目录

可将插入点定位在目录列表中，单击"引用"→"目录"→"目录"→"删除目录"即可。

任务 3-14 使用主控文档合并文件

（一）任务描述

对"素材\第 3 章\第 5 节\摄影社团纳新材料"文件夹中的文档进行合并处理。

【操作要求】

1. 使用主控文档的方法将"摄影社团纳新宣传""摄影社团纳新报名表""数码摄影基础概念"3 个社团材料合并起来，建立一个新文档"摄影社团纳新材料"。

2. 将文件保存在个人文件夹中。

（二）任务实现

1. 启动 Word 新建一个空白文档，切换到大纲视图，单击"主控文档"组→"显示文档"按钮。

2. 单击"主控文档"组→"插入"按钮，打开"插入子文档"对话框，依次打开相关的子文档，如图 3-64 所示。

3. 主控文档是以链接的形式保存子文档的。单击"主控文档"→"折叠子文档"将子文的内容隐藏起来。单击"展开子文档"按钮，可以显示子文档的内容，如图 3-65 所示。

图 3-64　"插入子文档"对话框

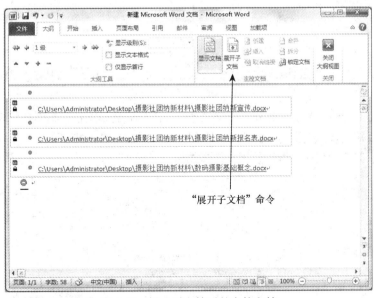

图 3-65　插入子文档后的主控文档

4. 将主控文档保存到个人文件夹，文件名为"摄影社团纳新材料"。

（三）相关知识点

1. 主控文档

多页文档协同工作是一个相当复杂的过程，使用 Word 的主控文档，是制作多页文档最合适的方法。主控文档由多个独立的子文档组成，可以用主控文档控制整篇文档。

在主控文档中，所有的子文档可以作为整体进行查看、重新组织、设置格式、校对、打印和创建目录等操作，并自动同步到对应子文档，这一点在文档需要重复修改、拆分、合并时特别方便，大大提高了协同工作的效率。

2．主控文档转为普通文档

主控文档中各子文档的内容是以链接的形式进行保存的，在文档审阅、修订工作完成后，在大纲视图中单击"取消链接"，删除主控文档与子文档的链接关系，可将主控文档转为普通文档。

3．拆分主控文档

可以将多页文档拆分成小文档，然后进行分布处理后再进行汇总，提高工作效率。在大纲视图中，单击"主控文档"组→"创建"按钮，将创建子文档，如图 3-66 所示。

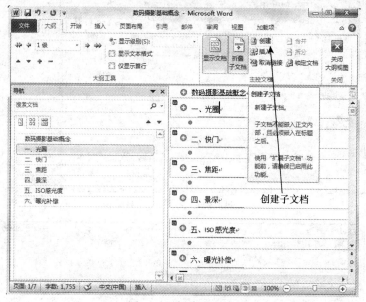

图 3-66　创建子文档

选定相应的子文档，单击"拆分"命令，将拆分出相应的子文档，我们执行保存命令后将生成子文档文件，并且该文档变为主控文档，如图 3-67 所示。将子文档下发给不同作者，在完成分布操作后以原文件名交回，可以使用主控文档进行汇总审阅。

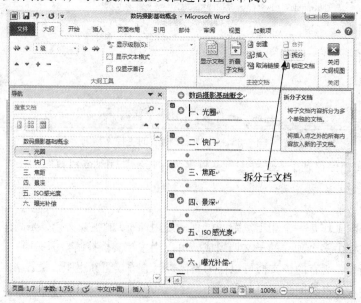

图 3-67　拆分子文档

任务 3-15 给文档 "数码摄影基础概念" 添加批注

（一）任务描述

给 "素材\第 3 章\第 5 节\数码摄影基础概念.docx" 添加批注。

【操作要求】

1. 给文档中的三个二级标题添加相应批注信息，具体要求如表 3-3 所示。

表 3-3 文档 "数码摄影基础概念" 添加的批注要求

批注位置	批注内容
二级标题 "光圈的工作原理"	建议添加展示光圈工作原理的图片，以便更形象的说明。
二级标题 "快门的工作原理"	建议添加展示快门工作原理的图片，以便更形象的说明。
二级标题 "感光度和画质的关系"	建议添加对比不同感光度及画质的图片，以便更直观的对比说明。

2. 把修改后的主控文档和子文档保存在个人文件夹中。

（二）任务实现

1. 打开 "素材\第 3 章\第 5 节\数码摄影基础概念.docx"。

2. 选定文字 "光圈的工作原理"，单击 "审阅" → "批注" → "新建批注"，在批注中输入内容 "建议添加展示光圈工作原理的图片，以便更形象的说明"，如图 3-68 所示。按照同样的方法依次为二级标题 "快门的工作原理" 和 "感光度和画质的关系" 添加相应的批注。

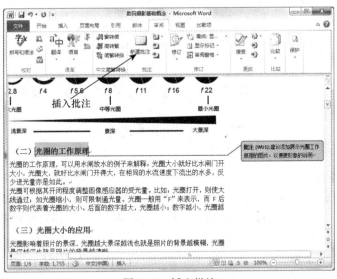

图 3-68 插入批注

3. 将文档 "数码摄影基础概念.docx" 保存到个人文件夹，文件名不变。

（三）相关知识点

1. 批注

批注是在文档中插入批评和注解。使用批注可以方便审阅者与作者的沟通。批注可以编辑和删除。

（1）修改批注：可以直接在批注内容中进行编辑修改。

（2）删除批注：单击 "审阅" 选项卡 → "修订" 组 → "删除" 按钮即可。

2．审阅与修订文档

在文档编辑完成后，常需要通过多次的审核与修订，才能得到一个较为满意的效果。Word 2010 提供了文档修订功能，在打开文档修订功能的情况下，会自动跟踪对文档的所有更改，或插入删除和格式更改，并对更改的内容进行标记。修订文档后，默认的状态是显示标记的最终状态。如果要查看原始文档，则需选择原始状态选项。

3．启动修订文档状态

打开要修订的文档，单击"审阅"选项卡→"修订"组中→"修订"按钮的上半部分，此时修订按钮变为高亮，即进入修订状态。对文档的所有修改都将以修订的形式清楚地反映出来。若要取消修订功能，再次单击确定按钮即可。

4．设置修订选项

单击"审阅"→"修订"命令下方的下拉按钮→"修订选项"，打开修订选项对话框，在标记栏中，分别选择不同修订标记样式与标记颜色，单击确定按钮。

5．更改文档

对于修订过的文档，作者可接受或拒绝修订操作。若接受修订，文档会保存为审阅者修订后的状态，否则保存为修改前的状态。具体操作如下。

（1）方法一：将插入点定位到文档中修订过的地方，单击鼠标右键，在快捷菜单中选择"接受修订"或"拒绝修订"命令。

（2）方法二：将插入点定位到文档中修订过的地方，单击"审阅"→"更改"→"接受"或"拒绝"按钮。

第6节　打印你的文档

任务 3-16　调整"社团纳新宣传"的页面布局并打印文档

（一）任务描述

"素材\第 3 章\第 6 节\社团纳新宣传.docx"是学校摄影社团的纳新宣传海报，请根据任务要求，完成对 Word 文档"社团纳新宣传.docx"的页面设置工作。完成后的效果如图 3-69 所示。

【操作要求】

1．将纸张大小调整为"A4"，上、下页边距设为 2 厘米，左右页边距设为 2.5 厘米。

2．在《摄影社团纳新报名表》前插入分节符，设置第 2 节的纸张方向为"横向"。

3．将第 2 节内容调整为对称两栏，栏间距设为 2.5 字符，其中左栏内容为《摄影社团纳新报名表》表格，右栏内容为《附》文字，要求左右两栏内容不跨栏、不跨页。

4．插入"空白（三栏）型"页眉，在左侧输入"社团纳新"，删除中间内容，在右侧插入图片"素材\第 3 章\第 6 节\图片\pic1.png"。

5．插入"字母表型"页脚，在左侧输入"定格永恒　留住精彩"，字体设为"方正姚体"，删除文档中的空白页。

6．为文档添加"阴影"型页面边框，边框线为紫色、宽 1.5 磅。

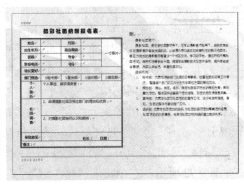

图 3-69　任务 3-16 效果图

7. 将图片"素材\第 3 章\第 6 节\图片\背景图片.jpg"设置为文档的页面背景。

8. 为文档添加文字水印"校内传阅"，文字格式设为微软雅黑、字号 80、黄色、斜式、半透明。

9. 通过打印预览，确认无误后，对文档第 2 页进行单面打印，共打印 40 份。

（二）任务实现

1. 打开"素材\第 3 章\第 6 节"文件夹下的文档"社团纳新宣传.docx"。

2. 单击"页面布局"选项卡→"页面设置"组的对话框启动器，打开"页面设置"对话框。在"页边距"选项卡中设置上、下边距为 2 厘米，左、右边距为 2.5 厘米；在"纸张"选项卡中选择纸张大小为"A4"。如图 3-70 所示。

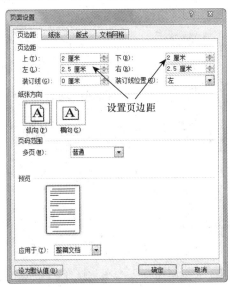

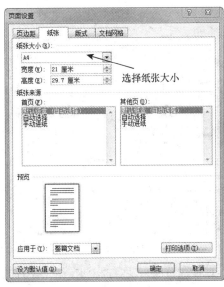

(a)"页边距"选项卡　　　　　　　　　　　　　　(b)"纸张"选项卡

图 3-70　调整"页边距"和"纸张大小"

3. 将光标定位到《摄影社团纳新报名表》前，单击"页面布局"选项卡→"页面设置"组→"分隔符"按钮，选择分节符"下一页"。

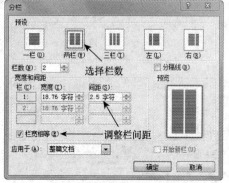

图 3-71 "分栏"对话框

4. 光标定位到第 2 节，单击"页面布局"选项卡→"页面设置"组→"纸张方向"按钮，在弹出的下拉列表中选择"横向"。

5. 单击"页面布局"选项卡→"页面设置"组→"分栏"按钮，在弹出的下拉列表中选择"更多分栏"，打开"分栏"对话框，如图 3-71 所示。单击"预设"中的"两栏"，勾选"栏宽相等"复选框，在"宽度和间距"选项区域中设置间距为"2.5 字符"，单击"确定"按钮。

6. 定位光标到《摄影社团纳新报名表》后，单击"页面布局"选项卡→"页面设置"组→"分隔符"按钮，选择分页符"分栏符"。通过该操作即可实现左右两栏内容不跨栏。

7. 单击"插入"选项卡→"页眉和页脚"组→"页眉"按钮，为文档添加"空白（三栏）"型页眉，如图 3-72 所示。左侧输入"社团纳新"，删除中间内容，光标定位到右侧栏，单击"插图"组→"图片"命令，插入"素材\第 3 章\第 6 节\图片\pic1.png"图片。

8. 单击"页眉和页脚工具—设计"选项卡→"导航"组→"转至页脚"按钮，转至页脚编辑状态。单击"页眉和页脚"组→"页脚"按钮→"字母表型"页脚，如图 3-73 所示。左侧输入"定格永恒 留住精彩"，字体设为"方正姚体"。单击"关闭页眉和页脚"按钮，退出页眉和页脚的编辑状态。删除文档中的空白页。

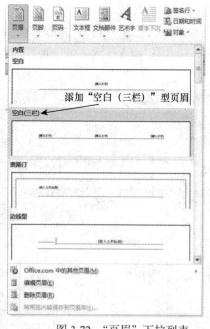

图 3-72 "页眉"下拉列表

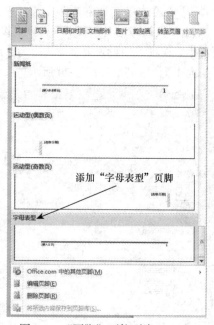

图 3-73 "页脚"下拉列表

9. 单击"页面布局"选项卡→"页面背景"组→"页面边框"按钮，打开"边框和底纹"对话框，如图 3-74 所示，在"页面边框"选项卡中选择"设置"选项区域中的"阴影"型边框，边框线颜色设为"紫色"，宽度"1.5 磅"，单击"确定"按钮。

图 3-74　设置"页面边框"

10. 单击"页面背景"组→"页面颜色"按钮→"填充效果"命令，打开"填充效果"对话框。单击"图片"选项卡中的"选择图片"按钮，选择"素材\第 3 章\第 6 节\图片\背景图片.jpg"作为页面背景。

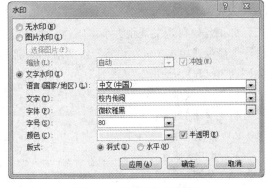

11. 单击"水印"按钮，选择"自定义水印"命令，打开"水印"对话框，如图 3-75 所示。选择"文字水印"单选框，在"文字"右侧的文本框中输入"校内传阅"，设置字体"微软雅黑"、字号"80"、颜色"黄色"、版式为"斜式"，勾选"半透明"复选框，设置完毕后，单击"确定"按钮。

图 3-75　"水印"对话框

12. 单击"文件"选项卡→"打印"命令，在右侧窗格中预览第 2 页的打印效果。确认无误后，在左侧"设置"选项区域第一个下拉列表中选择"打印自定义范围"，在"页数"文本框中输入"2"，在其下方的下拉列表中选择"单面打印"，在上方"打印"选项区域调整"份数"值为"40"。

（三）相关知识点

在上面的任务中，我们通过 Word 2010 提供的功能轻松实现对 Word 文档"社团纳新宣传.docx"的页面布局工作，其中包括"页边距""纸张大小""页眉和页脚""分栏""页面边框"等操作，并完成了对文档的打印设置。

1. 页面布局

（1）设置页边距：页边距指文档四周的空白区域，在页边距区域内可以设置页眉、页脚、页码等。通过"页面布局"选项卡→"页面设置"组中的"页边距"按钮，可以调整页边距的大小以满足不同文档版面要求。具体操作步骤如下。

1）在弹出的预定义页边距下拉列表中选择合适的页边距。如果需要自定义页边距可以在下拉列表中单击"自定义边距"命令或单击"页面设置"组的对话框启动器，打开"页面设置"对话框的"页边距"选项卡，如图 3-70（a）所示。

2）在"页边距"选项区域，可以通过单击相应的微调按钮或直接修改对应项文本框内的值，调整上、下、左、右页边距的大小和装订线的大小，在"装订线位置"下拉列表中选择装订线的位置为"左"或"上"。

3）在"页码范围"选项区域，可以通过调整"多页"下拉列表中的选项指定不同的页码范围。例如，选择"对称页边距"时，"页边距"选项区域的左、右页边距变成内侧、外侧页边距。

4）在"应用于"下拉列表中，可以指定页边距设置的应用范围，备选项包括"整篇文档""插入点之后"和"本节"（文档分节后可用）。

5）单击"确定"按钮，完成页边距的设置。

（2）设置纸张大小：在打印文档之前，需要指定打印纸张的大小。Word 2010 提供了预定义的纸张大小设置，用户也可以自定义纸张大小。具体操作步骤如下。

单击"页面布局"选项卡→"页面设置"组→"纸张大小"按钮，在弹出的预定义纸张大小下拉列表中选择合适的纸张大小，或打开"页面设置"对话框的"纸张"选项卡，在"纸张大小"下拉列表中进行设置。

如果需要自定义纸张大小可以在"页面设置"组的"纸张大小"下拉列表中单击"其他页面大小"命令或单击"页面设置"组的对话框启动器，打开"页面设置"对话框的"纸张"选项卡，如图 3-70（b）所示。

1）在"纸张大小"下拉列表中选择"自定义大小"，在下面的"宽度"和"高度"微调框中设置自定义纸张的尺寸。

2）在"应用于"下拉列表中，可以指定纸张大小设置的应用范围。

3）单击"确定"按钮，完成纸张大小的设置。

（3）分栏：在报刊杂志上，常常可以看到分栏后的文档版面效果，恰当地运用分栏功能可以使文档呈现更加生动、赏心悦目的视觉效果。具体操作步骤如下。

选择需要分栏的文本内容，单击"页面布局"选项卡→"页面设置"组→"分栏"按钮，在弹出的下拉列表中选择合适的预定义分栏效果。

如果需要对分栏做进一步的设置，可以在弹出的下拉列表中单击"更多分栏"命令，打开"分栏"对话框如图 3-71 所示。

1）在"栏数"微调框中指定具体分栏数值。

2）在"宽度和间距"选项区域，可以设置栏宽和栏间距。如果勾选"栏宽相等"复选框，则只能设置第一栏的宽度和间距，使其他各栏自动调整到与该栏同样的宽度和间距。如果需要分别设置各栏的宽度和间距，则要取消勾选"栏宽相等"复选框。

3）如果勾选"分隔线"复选框，则在栏间插入分隔线。

4）如果在分栏前未选取文字内容，可以通过"应用于"下拉列表选择分栏设置的应用范围。

5）单击"确定"按钮，完成分栏的设置。

（4）设置页眉页脚：Word 2010 提供了丰富的预设页眉和页脚样式，用户可以方便地运用内置样式轻松设计页眉和页脚，也可以通过自定义的方式创建页眉和页脚。具体操作步骤如下。

1）单击"插入"选项卡→"页眉和页脚"组→"页眉"按钮，弹出"页眉库"列表，从中选择合适的页眉样式。在页眉相应的位置输入内容并进行格式化，如插入页码、图片、各类文档部件等。

2）与页眉的操作方法类似，通过单击"页脚"按钮，可以实现页脚的设置。

3）如果需要自定义页眉或页脚，可以在"页眉"下拉列表中执行"编辑页眉"命令或者在"页脚"下拉列表中执行"编辑页脚"命令。

4）在文档中插入页眉或页脚后，出现"页眉和页脚工具—设计"选项卡，通过该选项卡可以实现对页眉或页脚的进一步编辑操作，如设置首页不同、奇偶页不同的页眉或页脚，如图 3-76 所示。单击"关闭"组中的"关闭页眉和页脚"按钮或者在页眉或页脚编辑区外的任意纸张区域双击鼠标，即可退出页眉或页脚的编辑状态。

图 3-76　"设计"选项卡

5）单击"页眉"按钮，在弹出的下拉列表中选择"删除页眉"命令，即可删除页眉。同样，单击"页脚"按钮，在弹出的下拉列表中选择"删除页脚"命令，即可删除页脚。

（5）设置页面背景：Word 2010 提供的页面背景设置功能包括添加水印、页面颜色和页面边框。通过这一功能，可以方便地实现文档的页面美化效果。

1）添加水印：在排版过程中，当文档有保密、版权保护等特殊需要时，可以为文档添加水印。水印效果既可以是图片，也可以是文字。具体操作步骤如下：①单击"页面布局"选项卡→"页面背景"组→"水印"按钮，在弹出的下拉列表中选择合适的预定义水印效果；②如果需要自定义水印效果，可以执行下拉列表中的"自定义水印"命令，在弹出的"水印"对话框中选择图片水印或文字水印，并进行相应的设置；③单击"确定"按钮，完成水印的设置。

2）添加页面颜色：通过添加页面颜色，可以为文档设置纯色、渐变色、图案、纹理和图片等各种页面效果。添加页面颜色的操作步骤如下：①单击"页面布局"选项卡→"页面背景"组→"页面颜色"按钮，在弹出的下拉列表选择合适的"主题颜色"或"标准色"；②通过执行下拉列表中的"其他颜色"命令，在弹出的"颜色"对话框中可以为页面添加更加丰富的颜色效果，设置完毕，单击"确定"按钮；③执行下拉列表中的"填充效果"命令，打开"填充效果"对话框，如图 3-77 所示。通过该对话框中的 4 个选项卡可以分别为文档添加渐变色、纹理、图案和图片的填充效果，设置完成，单击"确定"按钮；④通过执行下拉列表中的"无颜色"按钮，可以取消页面颜色设置。

（6）设置分隔符

Word 2010 的分隔符提供了分页和分节两类操作，合理运用该功能可以更有效地完成文档的排版，使文档呈现更加多样化的布局效果。

1）设置分页符：单击"页面布局"选项卡→"页面设置"组→"分隔符"按钮，打开分隔符选项列表，如图 3-78 所示。分页符的类型共有 3 种。①分页符，分页符后的文本从新的一页开始，分页符前、后的内容在同一个节中；②分栏符，作用于分栏后的文本，标记分栏符后的文本从下一栏开始，保持两栏内容不跨栏；③自动换行符，在插入点位置强制换行。与回车换行的效果不同，自动换行符产生的新行仍作为当前段落的一部分。

图 3-77 "填充效果"对话框

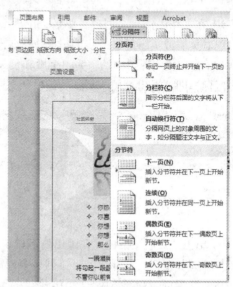

图 3-78 "分隔符"下拉列表

2）设置分节符：单击"页面布局"选项卡→"页面设置"组→"分隔符"按钮，打开分隔符选项列表。分节符的类型共有 4 种：①下一页，分节符后的文本从新的一页开始，同时分成新的一节；②连续，分节符后的文本从新的一节开始，并且新节与前一节同在一页中；③偶数页，分节符后的文本转入下一页并开始新的一节，且下一页为偶数页码；④奇数页，分节符后的文本转入下一页并开始新的一节，且下一页为奇数页码。

2．打印文档

单击"文件"选项卡→"打印"命令，打开如图 3-79 所示的"打印"后台视图。

（1）在打印视图的右侧可以预览当前文档的打印效果。

（2）在左侧的"打印机"选项区域，可以通过打开下拉列表选择所使用的打印机型号，通过"打印机属性"按钮完成进一步的设置。

（3）在左侧的"设置"选项区域，可以调整打印页面的页边距、纸张方向、纸张大小、打印范围、指定单面或双面打印等。如有需要，还可以通过下方的"页面设置"按钮做进一步的调整。

（4）设置完毕，通过上方的"打印"选项区域，调整打印份数，单击"打印"按钮，即可将文档打印输出。

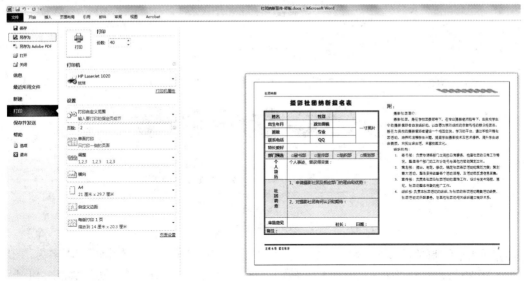

图 3-79　"打印"后台视图

第 7 节　Word 2010 的其他功能及操作技巧

任务 3-17　给文档"数码摄影基础概念"中的图片添加题注

（一）任务描述

给"素材\第 3 章\第 7 节\数码摄影基础概念.docx"中的图片依次添加图片编号、图片名称。

【操作要求】

1. 具体要求如表 3-4 所示。

表 3-4　文档"数码摄影基础概念"中的图片题注要求

图片顺序	图片编号	图片名称
1	图片 1	光圈与景深的关系
2	图片 2	不同快门拍摄的物体
3	图片 3	焦距的原理
4	图片 4	不同景深的对比
5	图片 5	光圈对景深的作用
6	图片 6	拍摄距离对景深的作用
7	图片 7	焦距对景深的作用
8	图片 8	不同感光度的效果
9	图片 9	不同曝光补偿的效果

2. 设置完成的效果如图 3-80 所示。

（二）任务实现

1. 打开文档"数码摄影基础概念.docx"。

2. 选中图片，单击"引用"→"题注"→"插入题注"，打开"题注"对话框。

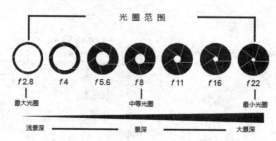

图 3-80　文档 "数码摄影基础概念" 中的题注

3. 单击 "新建标签" 按钮, 输入标签名称为 "图片", 单击 "确定"。这样添加了标签名为 "图片" 的标签, 并且为选定图片设定了 "图片 1" 的题注, 题注位置设定为 "所选项目下方"。如图 3-81 所示。

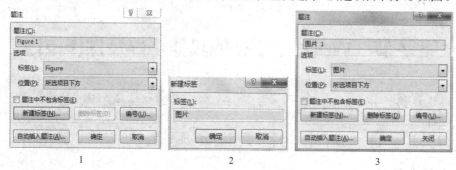

图 3-81　设置题注

4. 在文档中为第一张图片的题注添加图片标题为 "光圈与景深的关系", 依次为文档中其他图片添加题注和标题。

5. 保存文件。

（三）相关知识点

1. 题注的定义

在 Word 文档中, 可为图片、表格等项目所添加的序号、名称或者简短描述称为题注。

2. 引用题注

交叉引用类似于超链接的功能, 可以对题注的显示还可以实现在当前文档中的跳转。具体步骤为单击 "引用" → "题注" → "交叉引用"。如图 3-82 所示。

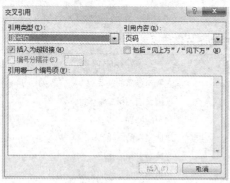

图 3-82　交叉引用

任务 3-18　给文档《钱塘湖春行》添加脚注和尾注

（一）任务描述

给 "素材\第 3 章\第 7 节\《钱塘湖春行》.docx" 文档中的 "白居易" 添加脚注, 给诗句中相关内容添加尾注, 设置完成的效果如图 3-83 所示。

（二）任务实现

1. 打开"素材第3章\第7节《钱塘湖春行》.docx"。

2. 选定"白居易"，单击"引用"→"脚注"→"插入脚注"，在插入点处输入脚注的相关内容。

3. 选定"孤山寺"，单击"引用"→"脚注"→"插入尾注"，在插入点处输入尾注的相关内容，使用相同的操作依次给其他内容插入脚注。

4. 保存文件。

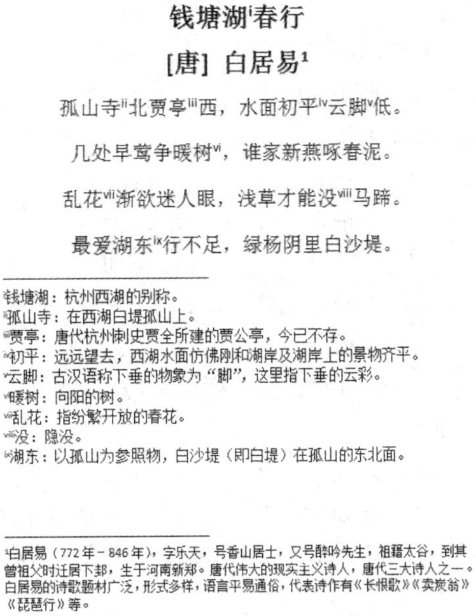

（三）相关知识点

1. 脚注和尾注

脚注一般位于页面的底部，可以作为文档某处内容的注释。尾注一般位于文档的末尾，列出引文的出处等。

2. 修改脚注、尾注

单击"引用"→"脚注"→单击对话框启动器按钮，打开"脚注和尾注"对话框，可以修改脚注和尾注的格式，或者在两种注释之间进行转换。如图3-84所示。

3. 删除脚注、尾注

通过删除脚注或尾注的注释内容只是将内容情况清除，而无法删除掉对应的脚注或尾注。可直接选定需要删除的脚注或尾注的编号，单击删除。

钱塘湖[i]春行

[唐] 白居易[1]

孤山寺[ii]北贾亭[iii]西，水面初平[iv]云脚[v]低。

几处早莺争暖树[vi]，谁家新燕啄春泥。

乱花[vii]渐欲迷人眼，浅草才能没[viii]马蹄。

最爱湖东[ix]行不足，绿杨阴里白沙堤。

---

[i]钱塘湖：杭州西湖的别称。
[ii]孤山寺：在西湖白堤孤山上。
[iii]贾亭：唐代杭州刺史贾全所建的贾公亭，今已不存。
[iv]初平：远远望去，西湖水面仿佛刚和湖岸及湖岸上的景物齐平。
[v]云脚：古汉语称下垂的物象为"脚"，这里指下垂的云彩。
[vi]暖树：向阳的树。
[vii]乱花：指纷繁开放的春花。
[viii]没：隐没。
[ix]湖东：以孤山为参照物，白沙堤（即白堤）在孤山的东北面。

---

[1]白居易（772年－846年），字乐天，号香山居士，又号醉吟先生，祖籍太谷，到其曾祖父时迁居下邽，生于河南新郑。唐代伟大的现实主义诗人，唐代三大诗人之一。白居易的诗歌题材广泛，形式多样，语言平易通俗，代表诗作有《长恨歌》《卖炭翁》《琵琶行》。

图 3-83　文档《钱塘湖春行》

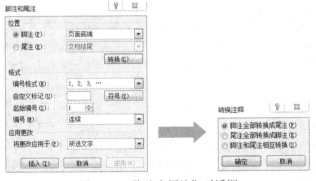

图 3-84　"脚注和尾注"对话框

本章小结

本章主要介绍了如何使用 Word 2010 软件进行文字处理。通过对本章的学习，同学们应掌握 Word 2010 的启动与退出、文档的创建、保存、编辑、格式设置、排版、打印、表格制作、图文混排等操作，能学会文档的保护方法，了解 Word 中的一些高级应用，如样式、目录的设置等。

自测题

一、单项选择题

1. Word 2010 文档默认的扩展名是（　　）。

　A..doc　　　　B..docx

　C..xls　　　　　D..xlsx

2. 在（　　）视图中，Word 用户可以查看与实际打印效果相一致的文档。

A. 页面　　　　　　　B. 大纲

C. 阅读版式　　　　　D. web 版式

3. 在 Word 文档中，"替换"功能在"开始"选项卡中的（　　　）组。

A. 字体　　　　　　　B. 段落

C. 剪贴板　　　　　　D. 编辑

4. 下列（　　　）是编号按钮。

A. 　　　　　　B.

C. 　　　　　　D.

5. Word 中的段落标记符是通过（　　　）产生的。

A. 插入分页符　　　B. 插入分段符

C. 按 Enter 键　　　D. 按 Shift+Enter 键

6. 在 Word 2010 中不能选定整个表格的操作是（　　　）。

A. 鼠标拖动

B. 单击表格左上角的移动控制点

C. 双击表格的某一行

D. 单击"表格工具-布局"选项卡→"表"组→"选择"→"选择表格"命令

7. 在 Word 2010 表格中，要使多列具有相同的宽度，可以选定这些列，单击"表格工具-布局"选项卡"单元格大小"组（　　　）按钮。

A. 分布行

B. 分布列

C. 根据窗口分布表格

D. 根据内容调整表格

8. 在 Word 2010 表格中，对表格的内容进行排序，下列不能作为排序类型的有（　　　）。

A. 笔划　　　　　　　B. 拼音

C. 偏旁部首　　　　　D. 数字

9. 在 Word 2010 表格中要计算表格中某行数值的平均值，则可使用函数（　　　）。

A. ABS　　　　　　　B. SUM

C. AVERAGE　　　　　D. COUNTI

10. 要绘制斜线表头，可以单击"表格工具-设计"选项卡→"绘图边框"组中的（　　　）按钮，进行手工绘制。

A. 擦除　　　　　　　B. 绘制表格

C. 边框　　　　　　　D. 笔样式

11. 在 Word 2010 表格中按（　　　）键可以将光标移到下一个单元格。

A. Tab　　　　　　　B. Shift+Tab

C. Ctrl+Tab　　　　　D. Alt+Tab

12. 在 Word 2010 中，若想要绘制一个标准的圆，应该先选择椭圆工具，再按住（　　　）键，然后拖动鼠标。

A. Shift　　　　　　　B. Alt

C. Ctrl　　　　　　　D. Tab

13. Word 2010 中插入图片或剪贴画的默认文字环绕方式是（　　　）。

A. 四周型　　　　　　B. 上下型

C. 嵌入型　　　　　　D. 衬于文字下方

14. 使图片按比例缩放应选用（　　　）方法。

A. 拖动图片四角的控制点

B. 拖动图片边框线中间的控制点

C. 拖动图片边框线

D. 拖动图片边框线的控制点

15. 在 Word 2010 中，以下哪一项不是预设的分栏方式（　　　）。

A. 一栏　　　　　　　B. 两栏

C. 三栏　　　　　　　D. 四栏

16. 以下关于页边距的设置，表述错误的是（　　　）。

A. 可以通过"页面设置"对话框中的"页边距"选项卡调整页边距

B. 在 Word 2010 中只能设置对称页边距

C. 在"页边距"下拉列表中提供了预定义页边距

D. 在 Word 2010 中可以设置拼页页边距

17. 以下哪种视图下可以显示页眉和页脚（　　　）。

A. 页面视图　　　　　B. 阅读版式视图

C. Web 版式视图　　　D. 大纲视图

18. 执行"文件"选项卡→"打印"命令，不能实现以下哪项功能（　　　）。

A. 纸张大小　　　　　B. 纸张方向

C. 打印份数　　　　　D. 分栏

19. Word 2010 提供了预定义的页面边框样式，不包括（　　　）。

A. 方框　　　　　B. 阴影
C. 圆形　　　　　D. 三维

20. "样式"组位于（　　　）选项卡。

A. 插入　　　　　B. 开始
C. 引用　　　　　D. 视图

21. Word 2010 中插入目录位于（　　　）选项卡。

A. 插入　　　　　B. 引用
C. 开始　　　　　D. 视图

22. 大纲视图位于（　　　）选项卡。

A. 审阅　　　　　B. 开始
C. 引用　　　　　D. 视图

23. "插入题注"命令位于（　　　）选项卡。

A. 插入　　　　　B. 引用
C. 开始　　　　　D. 视图

24. "插入脚注"命令位于（　　　）选项卡。

A. 插入　　　　　B. 页面布局
C. 引用　　　　　D. 审阅

二、多项选择题

1. Word 2010 中可以设置的字符间距有（　　　）。

A. 标准　　　　　B. 分散
C. 加宽　　　　　D. 紧缩

2. 选定一段的操作方法有（　　　）。

A. 在选定区双击
B. 在插入点放在段落开头，按住 shift 键单击结尾
C. 段落内三击
D. 在插入点放在段落开头，按住 ctrl 键单击结尾

3. 在"字体"对话框中可以设置字符的（　　　）格式。

A. 字形　　　　　B. 间距
C. 文字效果　　　D. 颜色

4. 段落的缩进方式包括（　　　）。

A. 首行缩进　　　B. 悬挂缩进
C. 左缩进　　　　D. 右缩进

5. "边框和底纹"对话框中可以添加（　　　）。

A. 段落边框和底纹
B. 文字边框和底纹

C. 页面边框
D. 页面底纹

6. Word 2010 提供的分节符的类型包括（　　　）。

A. 下一页　　　　B. 连续
C. 偶数页　　　　D. 奇数页

7. 在 Word 2010 中，可以添加的水印效果包括（　　　）。

A. 图片　　　　　B. 文字
C. 声音　　　　　D. 自选图形

8. 在 Word 2010 中，添加页面颜色包括（　　　）。

A. 标准色　　　　B. 渐变色
C. 纹理　　　　　D. 图片

9. 在页眉和页脚中，可以插入的元素包括（　　　）。

A. 页码　　　　　B. 日期时间
C. 图片　　　　　D. 表格

10. Word 2010 提供的分栏功能的作用范围包括（　　　）。

A. 本节　　　　　B. 插入点之后
C. 插入点之前　　D. 整篇文档

11. 在 Word 2010 "样式"选项组中有（　　　）命令。

A. "新建样式"命令
B. "更改样式"命令
C. "应用样式"命令
D. "快速样式"命令

12. 样式中可以进行修改的格式有（　　　）。

A. 字体　　　　　B. 段落
C. 制表位　　　　D. 边框

13. 下列哪些方法可以设置文档的大纲级别（　　　）。

A. 使用"段落"对话框进行设置
B. 应用包含了大纲级别的样式进行设置
C. 使用大纲视图中的"大纲工具"进行设置
D. 使用"插入脚注"进行设置

14. 下列那些选项组位于"引用"选项卡（　　　）。

A. 目录　　　　　B. 脚注

C. 题注　　　　　D. 批注

15. 可以使用（　　）对文档中的内容设置注释信息。

A. 脚注　　　　　B. 题注

C. 尾注　　　　　D. 批注

三、操作题

（一）基于随书素材库中朱自清的散文《背影》，完成以下操作题：

1. 将标题文字设置为华文行楷，50 磅，颜色为“茶色，背景 2，深色 90%”，加粗，倾斜，字符间距加宽 9 磅，文本效果为“全映像，8pt 偏移量”；将其中的“影”的位置提升 8 磅。

2. 将文中所有的“父亲”都设置为深蓝色，小二号字，倾斜，加粗。

3. 插入“奥斯汀”型页眉，输入文字：“优秀散文欣赏”，调整字体为“方正姚体”，字号“14”，加粗；插入“堆积型”页脚，右侧插入当前日期，日期格式为“××年×月×日”。

4. 从“我们过了江……”开始插入分隔符，将文章分为 2 节。将第 2 节内容分为用分隔线隔开的“偏左”两栏，栏间距设为“2. 5 字符”，要求最后一页上无论文字多少都要均衡分栏。

5. 将素材库中的图片“pic2. jpg”设置为文档的页面背景。

6. 将纸张大小调整为“A4”，设置对称页边距：上、下页边距为“2.5 厘米”，内、外侧页边距为“3 厘米”。

7. 设置打印份数为“10”，并通过“打印预览”功能查看打印效果。

（二）在个人文件夹中新建 Word 文档“课程表. docx”，按以下要求进行操作并保存，效果如图 3-85 所示。

课程表

星期 节次		一	二	三	四	五	六
上午	1	计算机	英语	生理	数学	语文	政治
	2						
	3	解剖	数学	计算机	政治	体育	生理
	4						
中午	午休						
下午	5	英语	语文	解剖	计算机	数学	英语
	6						

图 3-85 “课程表”效果图

1. 插入 8 行 7 列的表格，设置行高 0. 8 厘米，列宽 1. 8 厘米。

2. 录入表格文字，设置字体为黑体、字号为小四号。

3. 在最后一列右侧插入一列：加上周六的课程。

4. 根据效果图 3-35 合并单元格。

5. 设置整个表格居中，设置表格所有文字对齐方式为中部居中。

6. 添加表格外框线为 3 磅、红色、粗细线，内框线为 1 磅、绿色、细实线。绘制斜线表头。第一行下框线和第一列右框线为 0.75 磅、红色、波浪线。

7. 参照效果图 3-35，为表格添加底纹颜色。

8. 添加标题“课程表”，设置为隶书二号，文字效果为“填充-橙色，强调文字颜色 6，渐变轮廓-强调文字颜色 6”，居中。

（三）在个人文件夹中新建 Word 文档“提示牌. docx”，参照效果图 3-86 进行以下操作并保存。

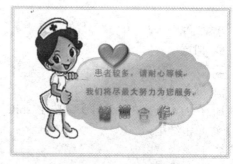

图 3-86 “提示牌”效果图

1. 插入形状“矩形”，并调整大小、位置。

2. 设置矩形形状填充为“无填充”，形状轮廓为自己喜欢的线型和线条颜色。

3. 插入图片“素材\第 3 章\自测题\小护士. jpg”，设置环绕方式为“浮于文字上方”，调整大小和位置。

4. 插入形状“云形”“心形 ”，调整大小和位置以及叠放次序，并设置自己喜欢的形状格式。

5. 插入各个艺术字，调整大小和位置，并设置自己喜欢的艺术字格式。

第 4 章 表格处理软件 Excel 2010

情境引入

由于“鲁滨”出色的表现，他被推选为班长。同时，他又是学生会干部，经常会在班级中辅助老师统计学生成绩，也会辅助团委的老师管理全校所有团员的人事档案。他希望自己无论在班级还是在学生会，都能高效、灵活地处理工作中面对的各种数据。于是他决定通过学习使用 Excel 2010 来达到这个目的。

第1节 Excel 文档的建立与基本操作

Excel 2010 是 Office 2010 办公套装软件中一款应用广泛、功能强大的电子表格处理软件，利用它不仅可以完成数据的计算和分析等基础操作，还可以把数据用表格或者图表的形式形象地表现出来。通过电子表格软件进行数据的管理与分析，已成为人们当前学习和工作的必备技能之一。

任务 4-1 创建“学生成绩表”

（一）任务描述

创建一个新的工作簿，并了解有关的 Excel 术语。

【操作要求】

1. 新建一个工作簿，并输入图 4-1 所示的内容。

	A	B	C	D	E	F	G	H	I
1	班级	学号	姓名	政治	英语	化学	计算机	语文	数学
2	11级1班	201101001	姚霞	84	71	86	97	91	99
3	11级1班	201101002	张琳琳	90	100	90	100	77	66
4	11级1班	201101003	宋莉	60	79	88	60	93	92
5	11级1班	201101004	丛美媛	67	60	79	97	85	69
6	11级1班	201101005	邢霞	60	60	73	60	91	99
7	11级1班	201101006	李元杰	80	78	98	100	81	60
8	11级1班	201101007	刘智慧	60	60	60	68	87	70
9	11级1班	201101008	梁伟	73	100	92	87	60	60
10	11级1班	201101009	王琳	90	100	94	100	80	60
11	11级1班	201101010	王美敏	86	88	79	73	98	60
12	11级1班	201101011	郑诗	89	77	93	85	91	81
13	11级1班	201101012	徐勇	93	86	90	88	79	73

图 4-1 学生成绩表

2. 将工作簿命名为“学生成绩表.xlsx”，保存到在桌面上建立的“个人文件夹”下。
3. 通过对工作簿的操作，了解 Excel 的有关术语。

（二）任务实现

1. 启动 Excel 2010，新建一个空白工作簿。
2. 输入图 4-1 所示的表格中的内容。
3. 单击“保存”按钮，弹出“另存为”对话框，如图 4-2 所示。
4. 输入文件名“学生成绩表”，单击右下角的“保存”按钮。

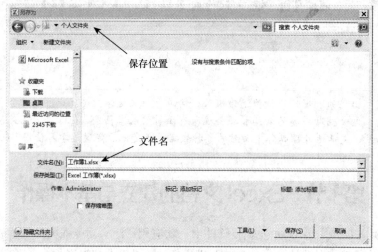

图 4-2　另存为窗口

（三）相关知识点

1. Excel 2010 的启动与退出

Excel 2010 的启动和退出与 Word 2010 是一致的，在此不再赘述。

2. Excel 2010 有关术语

Excel 的窗口界面有别于其他程序，如图 4-3 所示，除了标题栏、选项卡、功能区、状态栏、滚动条等常用工具外，还需掌握一些 Excel 特有的常用术语含义及其作用。

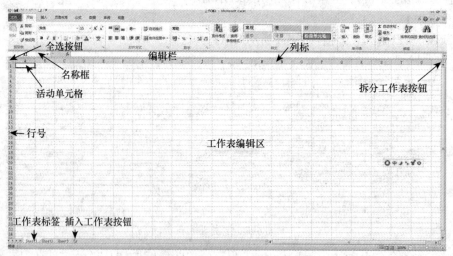

图 4-3　Excel 2010 窗口界面

（1）工作簿与工作表：一个工作簿就是一个电子表格文件，Excel 2010 的文件扩展名为.xlsx（Excel 2003 以前的版本扩展名为.xls）。一个工作簿可以包含多张工作表，默认情况下为 3 个，分别以 sheet1、sheet2、sheet3 命名。一张工作表就是一张规整的表格，由若干行和列构成。

（2）工作表标签：一般位于工作表的下方，用于显示工作表名称，如图 4-3 所示。用鼠标单击工作表标签，可以在不同的工作表间切换。当前可以编辑的工作表称为活动工作表。

（3）单元格、单元格地址、活动单元格：每一行和每一列交叉处的长方形区域称为单元格。单元格为 Excel 操作最小对象。单元格所在行列的列标和行号形成单元格地址，犹如单元格的名称，如 A1 单元格、C3 单元格……。在工作表中，将鼠标光标指向某一个单元格然后单击，该单元格即被粗黑框标出，称为活动单元格，活动单元格是当前可以操作的单元格。

（4）名称框：名称框一般位于工作表的左上方，其中显示活动单元格的地址或已命名单元格区域的名称。

（5）编辑栏：位于名称框的右侧，用于显示、输入、编辑、修改当前单元格中的数据或公式。

3．工作簿的新建与保存

（1）新建工作簿：常用的创建空白工作簿的方法如下。

1）方法一：启动 Excel 2010 的同时创建了一个工作簿。

2）方法二：单击自定义快速访问工具栏中的"新建空白工作簿"按钮，如图 4-4 所示。 如果快速访问工作栏中没有此按钮，可以单击右侧的下拉列表箭头，选择"新建"选项，即可添加"新建"按钮，如图 4-5 所示。

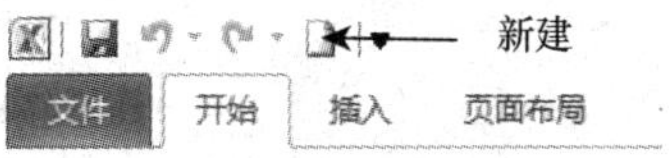

图 4-4　新建空白工作簿

3）方法三：执行"文件"→"新建"命令，如图 4-6 所示，双击"空白工作簿"选项，或单击"空白工作簿"选项后再单击"创建"按钮。

图 4-5　添加"新建"按钮

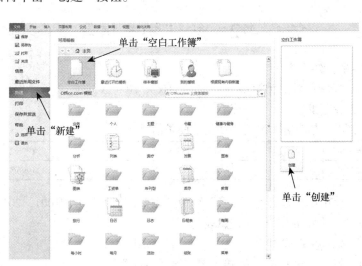

图 4-6　创建空白工作簿

（2）保存工作簿：工作簿的保存分为 3 种情况，包括保存新建工作簿、保存已经存盘的工作簿和自动保存工作簿。这里着重介绍一下自动保存设置：执行"文件"→"选项"命令，打开"Excel 选项"对话框，在左侧列表中选择"保存"命令，在右侧对应区域中选"保存自动恢复信息时间间隔"复选框，并通过右边的微调框中设置自动保存时间间隔，单击"确定"按钮。如图 4-7 所示。

图 4-7　文件选项窗口

任务 4-2　给"学生信息表"填充数据

（一）任务描述

为"\素材\第 4 章\第 1 节\信息表.xlsx"，填充数据。

【操作要求】

1. 在"信息表"最后添加如下两条信息：

11 级 1 班		郑诗	否	女	1996/2/1	166	68
11 级 1 班		徐勇	是	男	1996/4/9	178	82

2. 使用填充方法将"学号"列补充完整，如："201101001，201101002，201101003……"。
3. 文件另存为"学生信息表"。

（二）任务实现

1. 打开"素材\第 4 章\第 1 节\信息表.xlsx"。
2. 单击 A12 单元格，输入"11 级 1 班"，按回车键，然后依次选择目标单元格输入数据即可。
3. 在 B2 单元格中输入"201101001"，在 B3 中输入"201101002"。
4. 选中 B2 和 B3，将鼠标指针移至 B3 单元格右下角，待指针变为十字形状，按下鼠标左键，拖动填充柄填充单元格 B4 以下的数据。
5. 单击"文件"→"另存为"，打开"另存为"对话框，文件取名"学生信息表"，与"信息表"放在同一个文件夹中。

（三）相关知识点

1. 单元格、单元格区域、行和列的选择

Excel 2010 在执行大多数命令或任务之前，都需要先选择相应的单元格或单元格区域。表 4-1

列出了常用的选择操作。

表 4-1　常用的选择操作

选择内容	具体操作
单个单元格	单击相应的单元格，或用箭头键移动到相应的单元格
某个单元格区域	单击选定该区域第一个单元格，然后拖动鼠标指针到最后一个单元格
工作表中的所有单元格	单击"全选"按钮，　或使用组合键"Ctrl+A"
不相邻的单元格或单元格区域	先选定第一个单元格或单元格区域，然后按住 Ctrl 键在选定其他单元格或单元格区域
较大的单元格区域	单击选定区域的第一个单元格，然后按住 shift 键再单击该区域的最后一个单元格（若此单元格不可见，则用滚动条使之可见）
整行	单击行标题
整列	单击列标题
相邻的行或列	沿行号或列标拖动鼠标，或先选定第一行或第一列，然后按住 shift 键再选定最后的行或列
不相邻的行或列	先选定第一行或第一列，然后按住 Ctrl 键再选定其他行或列
增加或减少活动区域的单元格	按住 Shift 键并单击新选定区域的最后一个单元格，在活动单元格和所单击的单元格之间的矩形区域将成为新的选定区域

2．取消单元格选定区域

要取消某个单元格选定区域，单击工作表中其他任意一个单元格即可。

3．数据的输入

（1）方法一：选择需要输入数据的单元格，然后直接输入数据，输入的内容将同时显示在单元格和编辑框中。

（2）方法二：选择需要输入数据的单元格，然后单击编辑框，在编辑框中输入或编辑当前单元格的数据。

（3）方法三：双击要输入数据的单元格，单元格内会出现闪烁光标，将光标定位到合适的位置，输入或编辑数据即可。

使用以上 3 种方法输入数据后，都需要按 Enter 键或单击编辑栏左侧的"输入"按钮，如图 4-8 所示，以完成数据的输入。

4．数据的自动填充

Excel 2010 提供了自动填充功能，即以现有数据为基础自动生成一系列有规律的数据。例如，填充相同数据，填充数据的等比数列、等差数列和日期时间序列等，还可以填充自定义序列。拖动填充柄如图 4-9 所示，填充数据的步骤如下。

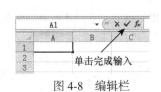

图 4-8　编辑栏　　　　　图 4-9　填充柄

图 4-10　填充方式

（1）选择数据初值所在的单元格或单元格区域。

（2）将鼠标指针移至选定的单元格或单元格区域的填充柄位置，然后按住鼠标左键拖动至指定的位置，松开鼠标左键即可完成填充。

拖动填充柄填充数据后，在最后一个单元格的右下角会出现一个"自动填充选项"按钮，单击该按钮，会弹出下拉列表，在下拉列表可以选择填充方式，如图 4-10 所示。

5. 数据类型

Excel 工作表中允许输入的数据主要有数值型数据、文本型数据、日期型数据和时间型数据等。在输入数据时，Excel 会自动判断当前输入的数据属于哪种类型，并进行相应地处理。

（1）数值型数据：数值型数据在单元格中默认的对齐方式为右对齐。在输入数值型数据时应注意负数和分数的输入方法。

1）负数：输入负数时，既可以输入一个负号"–"，也可以用一对圆括号代替负号，例如要输入"–5"，可以输入"–5"也可以输入"（5）"。

2）分数：输入分数时，应先输入整数值，接着输入一个空格，最后输入小于 1 的分数。例如要输入分数 $\frac{1}{2}$，应输入"0 空格 1/2"。

（2）文本型数据：文本型数据也称为"字符型数据"，由英文字母、汉字、数字及其他字符组成。文本型数据在单元格中默认的对齐方式是左对齐。

当要输入如邮政编码、电话号码、身份证号以及前面带有 0 的数字时，这些数字并没有大小之分，在输入时应将其作为文本型数据输入。

将"数字作为文本型数据"输入时，应先输入一个英文半角的单引号，然后再输入数字。例如，要输入："025"，应输"'025"。输入完成后，在单元格中并不显示单引号，而是在单元格左上角会出现绿色的三角标志。

需要说明的是，这里的单引号必须是英文半角状态的单引号。

（3）日期型数据：输入日期型数据时，年、月、日之间可以用斜杠"/"或短横线"—"间隔，年份通常以两位数表示，如果在输入时省略年份，则默认年份为系统的年份。

（4）时间型数据：输入时间型数据时，时、分、秒之间用冒号"："间隔。

在同一个单元格中，可同时输入日期和时间，但在日期和时间之间要用空格分隔开。

任务 4-3　编辑处理"学生信息表"

（一）任务描述

按照下面的操作要求，对任务 4-2 生成的文件"学生信息表.xlsx"单元格及数据进行编辑处理。

【操作要求】

1. 在第 1 行上方插入新行，并且合并 A1 到 H1 单元格，然后输入标题"学生信息"并居中。

2. 删除工作表中第 8 行的数据。

3. 将"体重"最小的一行数据移至表格最后一行。

4. 将"性别"列所有"男"替换为"M"，所有"女"替换为"F"。

（二）任务实现

1．打开文件"学生信息表.xlsx"。

2．选中第 1 行，单击鼠标右键，在弹出的快捷菜单中选择"插入"，即可在第 1 行上面插入新行。在新行中输入"学生信息"，选中单元格区域 A1：H1，单击"开始"选项卡上"对齐方式"组中的"合并后居中"选项即可。

3．选中第 8 行，单击鼠标右键，在弹出的快捷菜单中选择"删除"，即可在删除该行。

4．找到"体重"最小的一行（体重为 49.5），选中该行，单击鼠标右键，在弹出的快捷菜单中选择"剪切"。选中表格后的第一个空行，单击鼠标右键，在弹出的快捷菜单中选择"插入剪切的单元格"。

5．单击"开始"选项卡"编辑"组中"查找和替换"下拉菜单中的"替换"，在出现的对话框中，在"查找内容"输入"男"，在"替换为"中输入"M"，单击"全部替换"即可。以同样的方法将所有"女"替换为"F"。

（三）相关知识点

1．数据的清除与删除

在 Excel 2010 中，数据清除和数据删除是两个不同的概念。数据清除指的是清除单元格格式、单元格中的内容及格式、批注、超链接等，单元格本身不受影响。操作时首先应选择要清除数据的单元格或单元格区域，单击"开始"功能区"编辑"组"清除"按钮，弹出下拉列表，如图 4-11 所示。

在下拉列表中可选择"清除格式""清除内容""清除批注"或"清除超链接"。这里应注意，选定单元格或单元格区域后按 Delete 键，相当于选择"清除"下拉列表中的"清除内容"命令。

数据删除的对象是单元格、行、列或工作表。操作时，首先选择单元格或单元格区域，单击"开始"功能区"单元格"组"删除"按钮下方的下拉按钮，弹出下拉列表，如图 4-12 所示。

图 4-11　"清除"列表　　　图 4-12　"删除"列表

根据要求在下拉列表中选择不同的删除命令，数据删除后，单元格同数据一起消失。

2．数据的复制和移动

复制或移动数据与 Word 2010 中相似，不同的是在 Excel 2010 中，选择源区域并进行"复制"或"剪切"后，源区域周围会出现闪烁的虚线。数据复制之后也可以选择性粘贴，步骤如下。

（1）选择源区域，并将数据复制到粘贴板上。

（2）选择待粘贴目标区域中的第一个单元格。

（3）单击"开始"功能区"剪贴板"组"粘贴"按钮下方的下拉按钮，在下拉列表中选择相应的命令执行相应的粘贴操作，如图 4-13 所示。或在下拉列表中选择"选择性粘贴"命令，弹出"选择性粘贴"对话框，如图 4-14 所示。在对话框中选择相应的选项后，单击"确定"按钮。

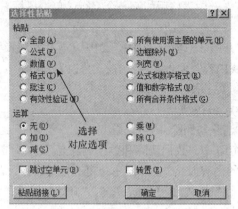

图 4-13　"粘贴"选项　　　　　图 4-14　"选择性粘贴"对话框

3．行、列、单元格的管理

表格编辑完之后，如果需要添加内容，可以在原表中插入行、列或单元格，如图 4-15 所示。对于多余的行、列或单元格，也可将其删除，如图 4-16 所示。单元格也可进行合并和拆分。

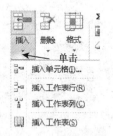

图 4-15　"插入"列表　　　　　图 4-16　"删除"列表

4．查找和替换

查找和替换功能可以在工作列表中快速地定位用户要找的信息，并且可以有选择地用其他值代替。Excel 2010 用户既可以在一个工作表中进行查找和替换，也可以在多个工作表中进行查找和替换。基本步骤是先选定要搜索的单元格区域（若要搜索整张工作表，则单击任意单元格），然后执行"开始"选项卡"编辑"组中"查找和选择"下拉菜单中的"查找"或"替换"命令，打开如图 4-17 或图 4-18 所示的对话框进行操作。

图 4-17 "查找"对话框

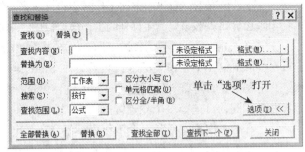

图 4-18 "替换"对话框

任务 4-4 管理"学生信息表"

（一）任务描述

通过操作工作簿"素材\第 4 章\第 1 节\信息表.xlsx"，熟悉并能够对工作表进行重命名、复制、移动、删除、插入、隐藏和保护等操作。

【操作要求】

1. 将工作表 sheet1 重新命名为"学生信息表"。

2. 复制工作表"学生信息表"，并命名为"学生信息表（二）"。

3. 插入一个新工作表，名为"sheet4"。

4. 查看工作表的内容，删除工作簿中的空白工作表。

5. 隐藏"学生信息表（二）"工作表，并查看效果。

6. 对"学生信息表"工作表进行保护，密码为 123。

（二）任务实现

1. 打开素材\第 4 章\第 1 节"信息表.xlsx"工作簿。

2. 双击"sheet1"标签，或右单击"sheet1"标签，在快捷菜单中选择"重命名（R）"命令，此时"sheet1"标签呈可编辑状态，输入"学生信息表"，按回车键确认。

3. 右击"学生信息表"工作表标签，在快捷菜单中选择"移动或复制工作表"命令打开"移动或复制（M）…"对话框，在"建立副本"前面的复选框中打钩，单击"确定"，将新产生的工作表更名为"学生信息表（二）"。

4. 单击"开始"功能区"单元格"组的插入按钮，弹出"插入"下拉列表，选择"插入工作表"，即可插入新的工作表"sheet4"。

5. 单击各个工作表标签，查看工作表的内容，如空白，右击该工作表标签，在弹出的快捷菜单中选择"删除"，即可删除该空白工作表。

6. 右击"学生信息表（二）"工作表标签，在弹出的快捷菜单中选择"隐藏"，即可隐藏该工作表。

7. 右击"学生信息表"工作表的标签，在快捷菜单中选择"保护工作表（P）…"命令，弹出"保护工作表"对话框，在对话框中输入密码"123"，单击"确定"按钮，再次输入密码"123"，单击"确定"按钮。

（三）相关知识点

1. 工作表的选择

图 4-19　工作表快捷菜单

默认情况下，新建的空白工作簿中包含 3 张工作表，分别为"sheet1""sheet2"和"sheet3"。在打开的工作簿窗口中，单击要选择的工作表的标签，如"sheet1"，即可选择该工作表，被选择的工作表称为当前工作表。

单击第一个工作表标签，然后按住 Shift 键不放，再单击最后一个工作表标签，全都选完后松开 Shift 键，可选择多个连续的工作表。换用 Ctrl 键，可选择多个不连续的工作表。

右击工作簿中任意一个工作表标签，在弹出的快捷菜单中选择"选定全部工作表（S）"命令，即可选择工作簿中的所有工作表。如图 4-19 所示。

如果要取消已选择的多个工作表，只需单击任何一个工作表标签即可。

2. 工作表的重命名

双击重命名的工作表标签，或右击标签，在快捷菜单中选择"重命名（R）"命令，此时标签上的名称成高亮显示，直接输入新的名称，按 Enter 键确认。如图 4-20 所示。

3. 工作表的插入与删除

（1）插入工作表：在工作簿中插入工作表，可单击"开始"功能区"单元格"组的插入按钮，弹出下拉列表，如图 4-21 所示。

图 4-20　工作表重命名

图 4-21　"插入"下拉列表

在下拉列表中选择"插入工作表（S）"命令即可。

也可单击工作簿窗口中工作表标签右侧的"插入工作表"按钮，在所有工作表后面插入一个空白工作表。如图 4-22 所示。

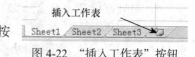

图 4-22　"插入工作表"按钮

（2）删除工作表：右单击要删除的工作表的标签，在快捷菜单中选择"删除（D）"命令，如果是空白工作表，将直接删除工作表。如果工作表中有数据，将会弹出一个提示信息，单击"确定"按钮即可将其删除。

4. 工作表的移动与复制

如果要建立新的工作表，其内容和格式与某个现有的工作表类似，则可以复制现有的工作表，然后在复制的工作表中进行编辑和修改，以节省时间。如果需要调整工作表的位置，则可以移动工作表。

（1）方法一：选择要移动或复制的工作表，拖动选择的工作表标签，此时会出现一个黑色三角指示位置，到达目标位置松开鼠标左键，即可移动工作表。如果拖动工作表的同时按住 Ctrl 键，则为复制工作表。

（2）方法二：选择要移动或复制的工作表，然后右击其标签，在快捷菜单中选择"移动或复制（M）..."命令，打开"移动或复制工作表"对话框，如图 4-23 所示。

在对话框中，"工作簿"列表中默认显示当前工作簿，在"下列选定工作表之前（B）"列表中选择好新工作表应位

图 4-23　"移动或复制工作表"对话框

于哪个工作表之前。如果是复制工作表，还需选中"建立副本（C）"复选框。单击"确定"按钮，即可完成工作表的移动或复制。

（3）方法三：单击 "开始"功能区的"单元格组"中"格式"按钮，在下拉列表中选择 "移动或复制工作表（M）..."命令，如图 4-24 所示。打开"移动或复制工作表"对话框进行设置。

5. 工作表的隐藏/取消隐藏

工作簿中的工作表可以设置为隐藏，使其不在工作簿窗口中显示。单击"开始"功能区"单元格"组中的"格式"按钮，在下拉列表中选择"隐藏和取消隐藏（U）"命令，如图 4-16 所示，在级联菜单中选择"隐藏工作表（S）"命令。如图 4-25 所示。

也可选择要隐藏的工作表，右键单击其标签，在快捷菜单中选择"隐藏（H）"命令，即可将该工作表隐藏，如图 4-26 所示。

图 4-24　"格式"下拉列表

图 4-25　隐藏工作表（一）

图 4-26　隐藏工作表（二）

设置了隐藏工作表之后，如果要查看工作表中的内容或编辑工作表，或需要取消其隐藏时，可进行相反的操作。

图 4-27　保护工作表

6. 工作表的保护/取消保护

如果工作表的内容涉及隐私或不想被其他人修改，可以设置保护工作表。单击"审阅"功能区"更改"组的"保护工作表"按钮，如图 4-27 所示，打开"保护工作表"对话框。

在对话框中选择允许用户进行的操作并输入保护密码，单击"确定"按钮，再次输入密码，单击"确定"按钮即可，如图 4-28 所示。

如果要取消保护工作表，进行相反的操作即可。

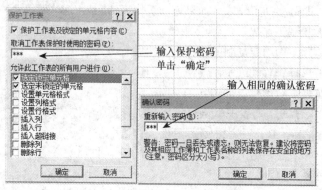

图 4-28 "保护工作表"对话框

第 2 节 格式化表格

Excel 表格功能很强，系统提供了丰富的格式化命令，利用这些命令，可以完成对工作表内的数据及外观进行修饰，制作出各种符合日常习惯又美观的表格。如进行数字显示格式设置，文字的字形、字体、字号和对齐方式的设置，表格边框、底纹、图案颜色设置等多种操作。

任务 4-5 格式化"学生基本信息表"

（一）任务描述

"鲁滨"按老师的要求创建了"素材/第 4 章/第 2 节/学生基本信息表.xlsx"，包括学号、姓名、性别身高、体重、联系电话等数据。为了使表格看上去更美观、让数据更整齐有条理，他需要对工作表的格式进行一些操作。按照如下要求对基本信息表进行格式设置，设置后的表格效果如图 4-29 所示。

学生基本信息表						
学号	姓名	性别	年龄	身高(cm)	体重(kg)	联系电话
17010	孙明	男	17	172	70	13205448745
17011	王云清	男	18	180	85	15200178586
17012	辛美琦	女	17	164	43	13566037784
17013	张楠	女	18	160	51	15608745159
17014	王红	女	16	155	50	13396574123
17015	林丽	女	18	170	48	15527031628
17016	赵可	男	18	173	76	13745412286
17017	贾玉萌	女	17	165	46	15806240059

图 4-29 格式设置后的学生成绩统计表效果

【操作要求】

1. 将标题"学生基本信息表"字体设为隶书、24 号字、标准色紫色。
2. 将表头字体设置为方正姚体、14 号字、标准色蓝色，表头以下字体加粗、宋体、12 号字、默认黑色；将表头设置底纹颜色为灰色–25%，背景 2、表头以下部分设置底纹颜色为标准色黄色。

3．将表中所有数据居中对齐，设置合适的行高和列宽。

4．给表格加上粗匣框线，表格内加所有框线，表头行下边线设置为双实线。

（二）任务实现

1．启动 Excel 2010，打开"素材/第 4 章/第 2 节/学生基本信息表.xlsx"。

2．选中标题行 A2：G1 单元格区域，将标题行单元格区域"合并后居中"。

3．将标题"学生基本信息表"的字体设为隶书、24 号字、标准色紫色。

4．将表头行 A3：G3 单元格区域的字体设置为方正姚体、14 号字、标准色蓝色。

5．将所有单元格区域的数据选中后设置为"居中对齐"，表头以下单元格区域选中后，将字符设置为宋体、12 号字、默认黑色，并加粗。

6．设置填充颜色。选择表头行 A3：G3 单元格区域，单击"开始"选项卡→"字体"组→"填充颜色"命令按钮，设置底纹颜色为灰色–25%，背景 2。用同样方法设置单元格区域 A4：G11 的底纹颜色为标准色黄色，如图 4-30 所示。

图 4-30　字符格式与对齐方式设置后效果

7．设置行高和列宽。将鼠标放在需要调整的两行的行号之间，当鼠标指针变成 ✛ 形状时，拖动鼠标到适合高度为止，使各行内容之间空开一定的距离。调整列宽时鼠标则放于两列的列号之间，当指针变为 ✛ 形状时，拖动鼠标至合适宽度为止，如图 4-31 所示。

图 4-31　调整表的行高和列宽

8．设置表格框线。选择单元格区域 A4：G11，单击"开始"选项卡中"字体"组里的"边框"命令按钮，分别选择"所有框线"和"粗匣框线"，为表格加上表格线。用同样方法设置表头行的下边线为双实线。加完框线后的表格如图 4-32 所示。

9．保存格式化操作后的工作簿，若要预览工作表的最终结果，单击"文件"选项卡中的"打印"命令按钮即可。单击"打印"按钮可打印输出工作表。

A	B	C	D	E	F	G
		学生基本信息表				
学号	姓名	性别	年龄	身高(cm)	体重(kg)	联系电话
17010	孙明	男	17	172	70	13205448745
17011	王云清	男	18	180	85	15200178586
17012	辛美琦	女	17	164	43	13566037784
17013	张楠	女	18	160	51	15608745159
17014	王红	女	16	155	50	13396574123
17015	林丽	女	18	170	48	15527031628
17016	赵可	男	18	173	76	13745412286
17017	贾玉萌	女	17	165	46	15806240059

图 4-32　表格设置框线后效果

（三）相关知识点

1．表格字符格式、对齐方式和边框的设置

（1）表格字符格式的设置：包括字体、字号、字的颜色等，可在"开始"选项卡的"字体"组中进行，与 Word 2010 类似。

（2）对齐方式的设置：在表格制作过程中，需要多种不同的对齐方式。例如，表格的标题需要在整个工作表中居中显示，而表中数据可能又希望相对于单元格居中显示。因此，可选择在"开始"选项卡的"对齐方式"组进行。Excel 2010 与 Word 2010 的区别是有顶端对齐、居中对齐、底端对齐、方向、自动换行和合并后居中等多种操作方式。

（3）表格边框的设置：选中要设置表格边框的单元格区域，单击"开始"选项卡的"字体"组中"边框"右边的下拉按钮，打开"边框"列表，如图 4-33 所示。从中可根据需要选择要加的边框，也可根据需要自己绘制边框。几种常见框线效果如图 4-34 所示。

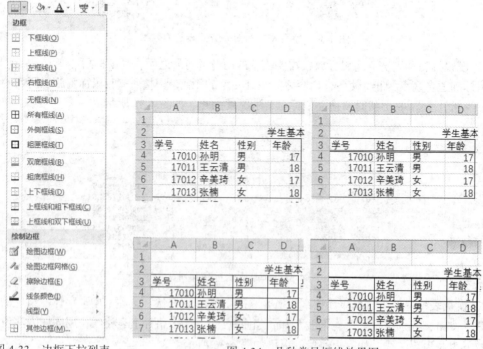

图 4-33　边框下拉列表　　　　图 4-34　几种常见框线效果图

2．数字格式的设置

Excel 2010 所处理的数据中往往有大量数字，因而在表格格式化中设置数字格式也很重要。

选择单元格区域，单击"开始"选项卡，单击"字体"组中右下角的对话框启动按钮（或者直接按 Ctrl+1），在"数字"选项卡左栏中选定需要的格式分类，单击"确定按钮"。如图 4-35 所示。

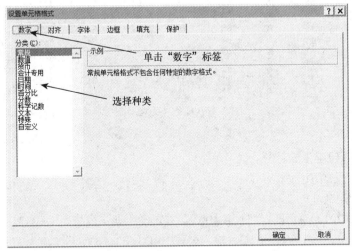

图 4-35　数字格式的设置

3．表格行高和列宽的调整

（1）使用鼠标调整行高和列宽：将鼠标指针指向要改变行高或列宽的工作表的行或列的编号之间的格线上，当鼠标指针变为┿或╋形状时，按住鼠标左键拖动，直到调整到合适的高度或宽度时松开。若这时双击鼠标，行高和列宽将根据本列单元格数据的宽度自动调整为合适的高度或宽度。

（2）精确设置行高和列宽：选择要改变行高或列宽的单元格区域，如图 4-36 所示。单击"开始"选项卡，单击"单元格"组中"格式"右边下拉按钮，在下拉列表中单击"行高（或列宽）"命令，在对话框中输入所需数值，单击"确定"按钮即可。

也可在要改变行高或列宽的行号或列标上右键单击鼠标，在弹出的快捷菜单中单击"行高"或"列宽"，输入数值，单击"确定"按钮。

4．格式刷的使用

选择需要复制的单元格或单元格区域，单击"开始"选项卡→"剪贴板"组→"格式刷"按钮 。单击时可复制一次，双击时可复制多次，复制完成后，再次单击该按钮或按 Esc 键。

图 4-36　精确设置行高和列宽

第 3 节　表格的数据处理

任务 4-6　计算"学生期末成绩表"中的数据

（一）任务描述

在"素材\第 4 章\第 3 节\学生期末成绩表 1.xlsx"中，已经输入了学生期末考试的各科成绩，现在需要计算出每位学生的总分和平均分。操作后的结果如图 4-37 所示。

学生期末考试成绩表

学号	姓名	性别	语文	数学	英语	计算机	总分	平均分
1	李伟	男	84	78	64	77	303	76
2	宋超	男	90	98	84	86	358	90
3	王萍	女	83	76	74	94	327	82
4	刘倩	女	90	95	90	84	359	90
5	李小军	男	60	55	63	44	222	56
6	王红艳	女	80	93	85	76	334	84
7	张梦	女	80	89	75	84	328	82
8	孙杰	男	67	87	61	68	283	71

图 4-37　任务 4-7 效果图

【操作要求】

1. 计算表中每位学生的总分。

2. 计算表中每位学生的平均分。

（二）任务实现

1. 启动 Excel 2010，打开"素材\第 4 章\第 3 节\学生期末成绩表 1.xlsx"。

2. 在 sheet1 中，单击单元格 H3，输入公式"=D3+E3+F3+G3"，输入完成后按回车键，即可在 H3 单元格中显示计算结果，公式本身在"编辑栏"中显示，如图 4-38 所示。

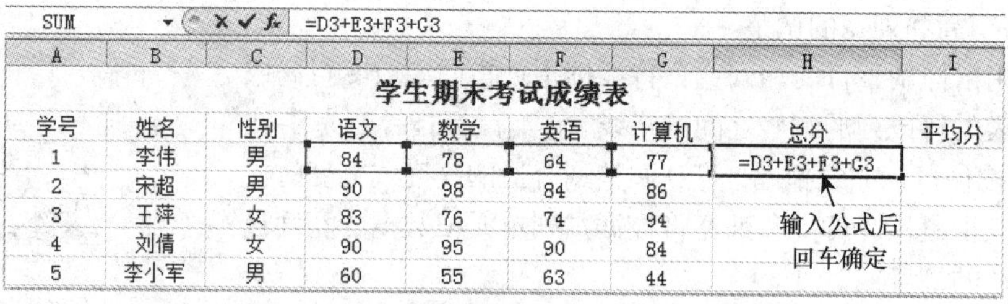

图 4-38　输入公式后结果

3. 单击 H3 单元格，将鼠标放在其其右下角的填充柄上，此时，鼠标指针变成黑色的十字架形，按着鼠标左键拖动，直至 H10 单元格松开鼠标，可将其余学生的总分进行填充，如图 4-39 所示。

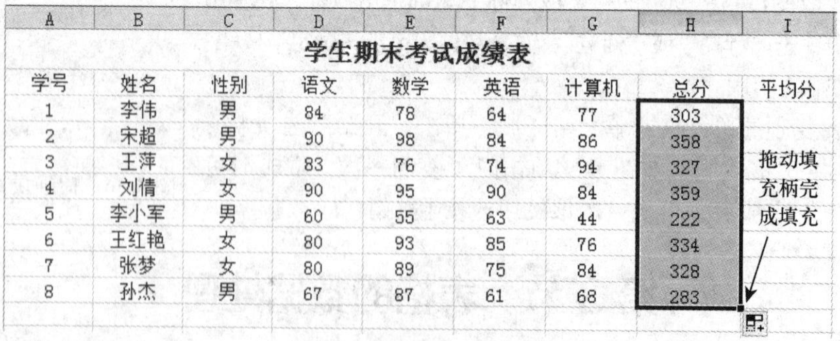

图 4-39　计算总分后的结果

4. 平均分的求法也可以参照上面第 2 步和第 3 步操作方法。在这里总分和平均分的也可通过函数来求得。以第 2 问求平均值为例：选中 I3 单元格，单击"公式"选项卡，在"函数库"组中单击"自动求和"的下拉按钮，选择"平均值"，如图 4-40 所示。

图 4-40　计算平均值

5. 在参数中选择要求平均值的单元格区域 D3：G3，然后按回车键即可求出平均值。最后拖动 I3 单元格右下角的填充柄，将其他学生的平均分求出。

6. 保存文件。

（三）相关知识点

通过完成上面的任务，我们知道了在 Excel 2010 表格中如何使用公式和函数。但若要涉及复杂的表格计算和分析，就还需要详细的理解公式和函数的相关知识。

1. 公式

公式是通过引用单元格的地址对单元格中的数据进行计算的等式。一个公式一般由等号、数、运算符、单元格地址和函数等几种元素构成。公式必须以 "=" 开始，然后在其后输入公式内容，再单击回车键，完成公式的输入。公式最终计算结果显示在输入该公式的单元格中，公式本身显示在编辑栏中。

公式中的运算符包含 4 种类型：算术运算符、比较运算符、引用运算符和文本运算符。公式中的运算符的运算优先级依次为：冒号（：）、空格、逗号（，）百分号（%）、乘幂（^）、乘法（*）和除法（/）、加法（+）和减法（—）、文本运算符（&）、比较运算符（=、<、>、<=、>=、<>）。对于优先级相同的则按照从左到右的顺序进行。如果有括号的话，则先算括号内的，再算括号外的。

2. 函数

在 Excel 中，函数可以看成是一些预先设定好的公式从而可以直接插入使用。函数由两部分组成，分别是函数名和参数，其中参数由圆括号括起来。函数一般可以有一个或多个参数，其一般形式是：函数名（参数1，参数2，参数3，……）。各个参数之间用逗号隔开，每个函数对应一个返回值，返回值即是该函数的计算结果。函数名代表函数的用途，例如，用 Sum（）函数代表求和，用 Average（）函数代表求平均值等等。函数的参数可以是数字、文本、单元格地址、常量、公式或是其他的函数。

（1）插入函数有两种方法。

1）方法一：手动输入函数。这种方法需要使用者能准确的知道函数的名称，对应的参数及各个参数的意义。例如在求学生的平均值时可以在 I3 单元格中直接输入 "=average（D3：G3）"，最后按回车键即可，如图 4-41 所示。

	A	B	C	D	E	F	G	H	I
1	学生期末考试成绩表								
2	学号	姓名	性别	语文	数学	英语	计算机	总分	平均分
3	1	李伟	男	84	78	64	77		=average（D3:G3）

图 4-41　手动输入函数

2）方法二：通过插入函数对话框。

（2）打开插入函数对话框也有多种方法。

1）在"公式"选项卡的"函数库"组中，单击"插入函数"按钮，弹出"插入函数"对话框。

2）单击编辑栏中的"插入函数"按钮 来打开"插入函数"对话框。

3）在"开始"选项卡"编辑"组或"公式"选项卡的"函数库"组中单击"自动求和"下拉按钮选择"其他函数"也可以打开"插入函数"对话框。

打开插入函数对话框后，在参数函数对话框的"或选择类别"下拉列表框中选择"常用函数"，在"选择函数"列表框中选择需要插入的函数，在这里选择"average（ ）"函数，最后单击确定即可。

任务 4-7 学生成绩表中的数据统计

（一）任务描述

"素材\第 4 章\第 3 节\学生期末成绩统计表.xlsx"已经输入了学生期末考试的各科成绩以及每位学生的平均分，现按下面的要求对学生的期末成绩统计表进行处理，操作后的结果如图 4-42 所示。

学生期末成绩统计表

学号	姓名	性别	语文	数学	英语	计算机	平均分	等级
1	李伟	男	84	78	64	77	75.75	合格
2	宋超	男	90	98	84	86	89.50	合格
3	王萍	女	83	76	74	94	81.75	合格
4	刘倩	女	90	95	90	84	89.75	合格
5	李小军	男	60	55	63	44	55.50	不合格
6	王红艳	女	80	93	85	76	83.50	合格
7	张梦	女	80	89	75	84	82.00	合格
8	孙杰	男	67	87	61	68	70.75	合格

男生人数：	4	男生平均分总和：	291.5

图 4-42 效果图

【操作要求】

1. 使用 IF 函数，根据平均分一列判断学生的成绩的等级，平均分大于等于 60 分的显示及格，反之，小于 60 分则显示不及格。

2. 在 B12 单元格，使用 COUNTIF 函数统计男生的人数，在 E12 单元格中，统计所有男生平均分的总和。

（二）任务实现

1. 启动 Excel 2010，打开"素材\第 4 章\第 3 节\学生期末成绩统计表.xlsx"。

2. 选择 J3 单元格，单击"公式"选项卡里"函数库"组中的"插入函数"按钮，打开插入函数对话框，在"选择函数"列表框中选择 IF 函数，最后单击确定按钮。

3. 打开参数对话框，在"Logical_test"中输入"I3>=60"，在"Value_if_true"中输入"及格"，在"Value_if_false"中输入"不及格"，然后单击"确定"按钮，如图 4-43 所示。

4. 拖动 I3 单元格右下角的填充柄，将余下学生的是否及格这项填充好。

5. 单击 B12 单元格，打开函数对话框，在"选择类别"下拉列表中选择"统计"，在"选择函数"中选择"COUNTIF"函数，打开函数参数对话框。在"Range"中输入"C3：C10"，在中"Criteria"中输入"男"，然后单击"确定"按钮，如图 4-44 所示。

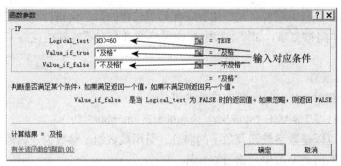

图 4-43　IF 函数"函数参数"对话框

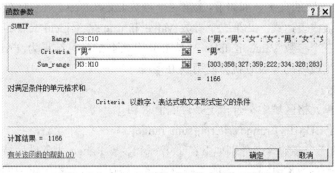

图 4-44　COUTIF 函数"函数参数"对话框

6. 单击 E12 单元格，打开函数对话框，在"选择类别"下拉列表中选择"兼容性"，在"数学与三角函数"选择"SUMIF"函数。打开函数参数对话框，在"Range"中输入"C3：C10"，在"Criteria"中输入"男"，然后单击"确定"按钮。如图 4-45 所示。

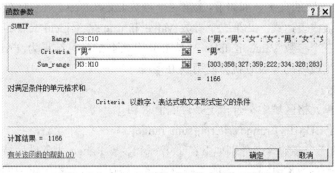

图 4-45　SUMIF 函数"函数参数"对话框

7. 保存文件。

（三）相关知识点

Excel 提供了大量的函数，共包含 11 类，分别是数据库函数、日期与时间函数、工程函数、财务函数、信息函数、逻辑函数、查询和引用函数、数学和三角函数、统计函数、文本函数以及用户自定义函数。下面介绍一些常用函数的使用方法。

1. SUM 函数

（1）作用：求单元格区域中所有数值的和。

（2）语法格式：SUM（number1，number2，number3，…）。

如果函数中的参数有引用或者是数组，只有其中包含的数字会被计算，其余的内容如空白单元格、逻辑值、文本将被忽略。如果参数中有错误值或者存在不能转换成数字的文本都将会导致错误发生。

2．AVERAGE 函数

（1）作用：计算单元格区域中所有参数的平均数。

（2）语法格式：AVERAGE（number1，number2，number3，…）。

函数中的参数可以是数字或涉及数字的名称、引用或数组。参数为逻辑值、文本或空的单元格不会被计算，但数值为 0 的单元格会被计算。

3．COUNT 函数

（1）作用：计算参数列表中包含数字单元格的个数。

（2）语法格式：COUNT（value1,[value2],... ）。

COUNT 函数只把数值型的数字计算进去，错误值、空值、逻辑值、文字将被忽略。例如，如果"=COUNT（B1：B7）"的结果为 3，则说明单元格区域 B1：B7 中包含数字的单元格为 3 个。

4．MIN 函数或 MAX 函数

（1）作用：MIN 和 MAX 是在单元格区域中最大和最小的数值。

（2）语法格式：MAX（number1,number2,…）或 MIN（number1,number2,…）函数的参数可以是数字、空白单元格、逻辑值或表示数值的文字串。如果参数中有错误的值或有无法转换成数值的文字，将会引起错误。如果函数中的参数不包含数字，那么 MAX 函数或 MIX 函数的返回值为 0。

5．IF 函数

（1）作用：首先判断条件，然后根据判断的结果返回指定值。如果条件的结果为 TRUE，将返回某个值；如果条件的结果为 FALSE，则返回另外一个值。

（2）语法格式：IF（logical_test,[value_if_true],[value_if_false]）。

IF 函数的三个参数的含义分别如下：①第一个参数 Logical_test 表示计算结果可以为 TRUE 或 FALSE 的任意值或表达式。②第二个参数 Value_if_true 是 logical_test 的计算结果为 TRUE 时的返回值。③第三个参数 Value_if_false 则是 logical_test 的计算结果为 FALSE 时的返回值。比如任务中判断学生成绩的等级时就会使用到 IF 函数。

6．SUMIF 函数

（1）作用：对单元格区域中符合指定条件的值求和。

（2）语法格式：SUMIF（range,criteria,[sum_range]）。

SUMIF 函数的三个参数含义分别如下：①第一个参数 Range 为条件区域用来判断条件的单元格区域。②第二个参数 Criteria 是条件，是由数字、表达式或文本等组成的判定条件。③第三个参数 sum_range 是实际求和的区域。SUMIF 的第三个参数可以忽略，当第三个参数 SUMIF 被忽略的时候，表示第一个参数用于条件判断的单元格区域就是用来求和的区域。比如任务中要求的所有男生平均分的总分。

条件中可以使用通配符问号（？）和星号（＊）。问号（？）匹配任意一个字符，星号（＊）则匹配任意多个字符。如果要查找实际的问号或星号，则在该字符前键入波形符 （～）。

7．COUNTIF 函数

（1）作用：对单元格区域中符合指定条件的单元格进行计数。

（2）语法格式：COUNTIF（range，criteria）。

第一个参数 range 为要计算的非空单元格数目的区域，第二个参数 criteria 表示用数字、表达式或文本等形式定义的条件。比如任务中统计所有男生的人数时会用到这一函数。

8．RANK 函数

（1）作用：计算排名。

（2）语法格式：rank（number, ref, order）。

RANK 函数的第一个参数 number 是要排名的那个数字。第二个参数 ref 是要进行排名的数值区域，可以是一组数或对一个数据列表的引用，为非数值时将被忽略。第三个参数 order 一般为数字，用来说明排序的方式。如果 order 为 0 或者省略，则表示按照降序的顺序进行排序；如果 order 为非零值，则表示按照升序顺序进行排位。比如，任务 4-8 中计算各个学生的名次时将用到 RANK 函数。

任务 4-8　根据成绩给学生排名

（一）任务描述

"素材\第 4 章\第 3 节\学生名次统计表.xlsx"已经输入了学生期末考试的各科成绩以及每位学生的总分，现要根据总分来计算各位学生的名次。操作后的结果如图 4-46 所示。

学生期末成绩统计表

学号	姓名	性别	语文	数学	英语	计算机	总分	名次
1	李伟	男	84	78	64	77	303	6
2	宋超	男	90	98	84	86	358	2
3	王萍	女	83	76	74	94	327	5
4	刘倩	女	90	95	90	84	359	1
5	李小军	男	60	55	63	44	222	8
6	王红艳	女	80	93	85	76	334	3
7	张梦	女	80	89	75	84	328	4
8	孙杰	男	67	87	61	68	283	7

图 4-46　效果图

【操作要求】

1．根据总分计算学生的名次。

2．计算结果填充到"名次"一列中。

（二）任务实现

1．启动 Excel 2010，打开"素材\第 4 章\第 3 节\学生名次统计表.xlsx"。

2．单击 J3 单元格，在编辑栏中，单击"插入函数"按钮，打开插入函数对话框。在"选择类别"下拉列表中选择"兼容性"，在"选择函数中"选择"RANK"函数，打开函数参数对话框，在"Number"中输入"H3"，在"Ref"中输入"$H$3∶$H$10"，然后单击"确定"按钮，如图 4-47 所示。

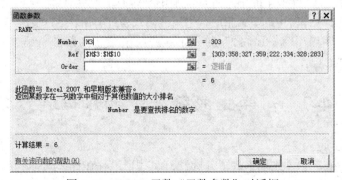

图 4-47　RANK 函数"函数参数"对话框

3. 拖动 J3 单元格右下角的填充柄可计算其他学生的名次。

4. 保存文件。

（三）相关知识点

上面任务中，在 RANK 函数的参数里，"Ref"输入的内容是"$H$3：$H$10"，这就涉及了单元格引用的相关知识。

单元格的引用就是使用单元格在表格中的坐标位置来标识的，其目的在于指明公式中使用数据的位置。单元格的引用分为相对引用、绝对引用和混合引用三种方式，其中相对引用为默认的引用方式。

1. 相对引用

相对引用是指当公式的位置发生变化时，公式中单元格的地址或单元格区域的地址也会随着公式位置的变化而发生相应的改变。例如，求学生的总分时，在单元格 H3 中输入"=D3+E3+F3+G3"后按回车，选中 H3，将鼠标指向 H3 单元格右下角的填充柄，拖动填充柄到 H4 和 I5，H4 和 H5 单元格的公式内容就会相应变化为"=D4+E4+F4+G4"和"=D5+E5+F5+G5"。

在实际的应用中，使用相对引用能很快地将公式复制到相应的单元格中，因此，相对引用应用的范围比较广。

2. 绝对引用

绝对引用是指公式中的单元格或单元格区域地址不会随着公式位置的变化而发生任何改变，也就是不论公式中单元格位置怎么变化，公式中所引用的单元格地址都不会发生变化。绝对引用的形式是在列号和行号前面都加一个绝对地址符"$"符号，如$A$1。例如任务中计算学生的名次，在参数"Ref"中输入的"$H$3：$H$10"，这便是使用了绝对引用。选中单元格 J3，将鼠标指向 J3 单元格右下角的填充柄，拖动填充柄到 J4 和 J5，J4 和 J5 单元格的公式中参数"ref"的内容不会随着位置发生改变而发生任何变化。如果使用相对引用会发现学生名次发生错误。这是因为采用相对引用，比较的区域会不断的发生变化的缘故。

3. 混合引用

混合引用是指在单元格或单元格区域的地址中同时存在相对引用和绝对引用，即同时存在绝对列和相对行或是同时存在绝对行和相对列。如表示形式为$A1 和 A$1。

在对公式进行编辑时，按键盘上的 F4 键可以实现在相对引用、绝对引用和混合引用 3 种状态之间进行快速的切换。

4. 三维地址引用

在 Excel 2010 中，不仅可以引用同一个工作簿中的单元格，还可以引用不同工作簿中的单元格。当引用不在同一个工作簿中的单元格时，引用格式为：[工作簿名]+ 工作表名!+ 引用单元格。当引用在同一个工作簿中的单元格时，引用的格式为：工作表名!+引用单元格。例如，在工作簿"Book1"中引用工作簿"Book2"的"Sheet1"工作表中的第 3 行第 3 列单元格，可表示为：[Book2]Sheet1!C3。

任务 4-9　对学生成绩表中的数据进行分析

（一）任务描述

"素材\第 4 章\第 3 节\学生期末成绩分析表.xlsx"中已经存在各项成绩，请按照下面的要求对学生的期末成绩进行分析，操作后的结果如图 4-48 所示。

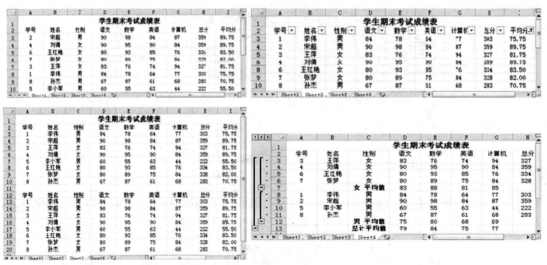

图 4-48　效果图

【操作要求】

1．在"Sheet3"后插入一张工作表，将"学生期末成绩分析表"中的内容复制到"Sheet2"和"Sheet4"工作表中。

2．对"sheet1"中数据按照总分进行降序排序，总分相同的记录再按学号升序进行排列。

3．在"sheet2"工作表中，建立自动筛选，筛选出所有"平均分"大于等于 60 分的记录。

4．在"sheet3"工作表中，利用高级筛选，筛选出"性别"为男或"总分"大于 300 分的数据，将结果放在从 A13 开始的单元格区域内。

5．在"sheet4"工作表中，对工作表中的数据按性别分类，汇总出所有男生和女生各科成绩的平均分。

（二）任务实现

1．启动 Excel 2010，打开"素材\第 4 章\第 3 节\学生期末成绩分析表.xlsx"。

2．单击"插入工作表"，按钮在"sheet3"后，插入工作表"sheet4"。

3．在 sheet1 中，选择"总分"列中的任一有数据的单元格，单击"数据"选项卡中"排列和筛选"组中的"排序"命令，打开排序对话框，如图 4-49 所示。

图 4-49　排序

4．在"列"下方的"主要关键字"下拉列表中选择"总分"，在"次序"下的下拉列表中选择"降序"，然后单击"添加条件"按钮，添加"次要关键字"，在"次要关键字"下拉列表选择"学号"，与次要关键字对应的次序下的下拉列表选择"升序"，最后单击"确定"按钮。如图 4-50 所示。

5．选中"成绩分析表"中的单元格区域"A1：I10"，单击鼠标右键，在弹出快捷菜单中选择"复制"，单击 sheet2 工作表标签，切换到"sheet2"工作表，选中 A1 单元格，并单击鼠标右键，在快捷菜单中选择"粘贴"。

6．将"学生期末成绩分析表"中的内容复制到"sheet3"工作表中，操作步骤参照上面步骤 4。

7．将工作表切换到"sheet2"，选择数据表中任一有数据的单元格，单击"数据"选项卡"排序和筛选"组中的"筛选"按钮。

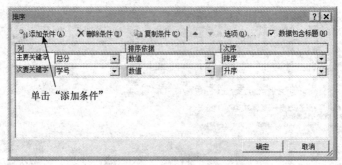

图 4-50 "排序"对话框

8. 此时，表头中的每一项上将出现一个下拉按钮，如图 4-51 所示。单击平均分的下拉按钮，单击"数字筛选"级联菜单中的"自定义筛选"命令，打开"自定义自动筛选方式"对话框。

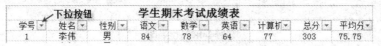

图 4-51 筛选下拉按钮

9. 在"自定义自动筛选方式"对话框中的平均分下拉列表选择"大于或等于"，在文本框中输入"60"，单击"确定"按钮。如图 4-52 所示。

10. 将工作表切换到"sheet3"，在 K2 单元格中输入"性别"，在 K3 单元格中输入"男"，在 L2 单元格中输入"总分"，在 L4 单元格中输入">300"。如图 4-53 所示。

11. 选中任一单元格，单击"数据"选项卡中的"排序和筛选"组中的"高级"按钮，打开高级筛选对话框。

 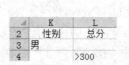 

图 4-52 "自定义自动筛选方式"对话框   图 4-53 "高级筛选"的条件   图 4-54 "高级筛选"对话框

12. 在方式中选择"将筛选结果复制到其他位置"，在"列表区域"选择单元格区域"$A$2：$I$10"，在"条件区域"选择单元格区域"Sheet3!$K$2：$L$4"，复制其到所选单元格"Sheet3!$A$12"中。如图 4-54 所示。

13. 单击"确定"按钮，结果如图 4-55 所示。

	A	B	C	D	E	F	G	H	I
12	学号	姓名	性别	语文	数学	英语	计算机	总分	平均分
13	1	李伟	男	84	78	64	77	303	75.75
14	2	宋超	男	90	98	84	87	359	89.75
15	3	王萍	女	83	76	74	94	327	81.75
16	4	刘倩	女	90	95	90	84	359	89.75
17	5	李小军	男	60	55	63	44	222	55.50
18	6	王红艳	女	80	93	85	76	334	83.50
19	7	张梦	女	80	89	75	84	328	82.00
20	8	孙杰	男	67	87	61	68	283	70.75

图 4-55 "高级筛选"的结果

14. 将工作表切换到"sheet4"。以"性别"为关键字对学生成绩分析表进行降序排序。

15. 选中学生成绩分析表中任一有数据的单元格,切换到"数据"选项卡,在"分级显示"组中单击"分类汇总"按钮,打开分类汇总对话框。

16. 在"分类字段"下拉按钮选择"性别",在"汇总方式"下拉按钮选择"平均值",在"选择汇总项"下边的列表框中选择"语文""数学""英语"和"计算机",如图 4-56 所示。最后单击"确定"按钮,最终结果如图4-57所示。

17. 保存文件。

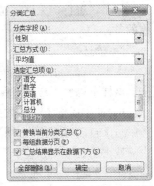

图 4-56 "分类汇总"对话框

	A	B	C	D	E	F	G	H	I
1				学生期末考试成绩表					
2	学号	姓名	性别	语文	数学	英语	计算机	总分	平均分
3	3	王萍	女	83	76	74	94	327	81.75
4	4	刘倩	女	90	95	90	84	359	89.75
5	6	王红艳	女	80	93	85	76	334	83.50
6	7	张梦	女	80	89	75	84	328	82.00
7			女 平均值	83	88	81	85		
8	1	李伟	男	84	78	64	77	303	75.75
9	2	宋超	男	90	98	84	87	359	89.75
10	5	李小军	男	60	55	63	44	222	55.50
11	8	孙杰	男	67	87	61	68	283	70.75
12			男 平均值	75	80	68	69		
13			总计平均值	79	84	75	77		

图 4-57 "分类汇总"的结果

(三)相关知识点

通过上面的任务,我们可以体会到 Excel2010 提供的强大的数据分析和处理功能,利用它们可以实现对数据的排序、筛选和分类汇总等一系列操作。

1. 排序

在 Excel 中可以对字符、数字等数据按照大小的顺序进行排列。排序分为升序和降序和自定义序列。升序即将字符和数字等数据按照由小到大的顺序进行排列。降序即将字符和数字等数据按照由大到小的顺序进行排列。要进行排序的数据称之为关键字。

(1)单关键字排序:当只有一个关键字时,单击升序或降序按钮,进行自动排序。单关键字排序就如上述任务中以"性别"为关键字对学生成绩分析表进行降序排序一样。在进行单关键字排序时,选中关键字所在数据列表中任一有数据的单元格,然后单击升序或降序按钮,进行自动排序。找到升序或降序按钮有两种方法。

1)方法一:在"开始"面板中的"编辑"组中"排序和筛选"按钮的下拉列表中。

2)方法二:单击"数据"选项卡,在"排序和筛选"组中。

(2)多关键字排序:多关键字排序就如任务中对"sheet1"中数据按照"总分"进行降序排序一样。总分相同的记录再按"学号"升序进行排列,这里面就涉及两个关键字分别为"总分"和"学号"。当有多个关键字进行排序时,单击 "数据"选项卡中的"排序和筛选"组中的"排序"按钮,打开"排序"对话框,单击"排序"对话框中的"添加条件"按钮,列下面就添加了"次要关键字"。在"主要关键字"和"次要关键字"下拉列表中根据需要分别选择关键字、排列次序,数据就按选择的顺序进行了排序。如果有更多的关键字的话,则需要依次单击"添加条件"按钮,并进行后续的设置。

　　如果在进行多关键字排序时，要删除排序条件，则需要单击"删除条件"按钮，即可删除相应的条件。

　　2．筛选

　　数据筛选是指把工作表中满足特定条件的数据记录显示出来，不满足条件的数据记录隐藏起来。这样可以使用户更方便、直观的查看数据。

　　Excel 中提供了两种数据筛选操作，分别是"自动筛选"和"高级筛选"。

　　（1）自动筛选："自动筛选"一般用于条件简单的筛选操作，操作起来比较简单。例如任务中筛选出所有平均分大于等于 60 分的记录。设置完筛选后，该字段后的下拉按钮也将发生相应的变化，如图 4-58 所示。若要取消筛选可再单击筛选按钮，取消选择即可，数据将恢复到初始状态。若要清楚所有的筛选条件，单击"清除"按钮即可。

　　另外，使用"自动筛选"可以同时对多个字段进行筛选，此时各个字段之间的筛选的条件是"与"的关系。如筛选出"语文"和"数学"成绩都超过 80 的记录，如图 4-59 所示。

图 4-58 "下拉按钮"的变化

	A	B	C	D	E	F	G	H	I
1				学生期末考试成绩表					
2	学号	姓名	性别	语文	数学	英语	计算机	总分	平均分
4	2	宋超	男	90	98	84	87	359	89.75
6	4	刘倩	女	90	95	90	84	359	89.75
8	6	王红艳	女	80	93	85	76	334	83.50
9	7	张梦	女	80	89	75	84	328	82.00

图 4-59 "自动筛选"中"与"的关系

　　（2）高级筛选："高级筛选"一般用于条件比较复杂的筛选操作，其筛选的结果既可在原数据表格中显示，也可以在新的位置显示结果。同时，不符合的条件的记录也可在数据表中显示出来，这样更方便于数据的对比。

　　进行高级筛选时，可以设置多个条件。多个条件的关系可以是必须全部满足，也可以是满足其中一个条件就可以。还可以设置"与"条件与"或"条件，"与"条件要求条件在同一行上，"或"条件则要求条件在不同的行上。在设置条件区域时，条件区域和数据之间要留出一行以上或一列以上的空列。例如，筛选出"性别"为男或"总分"大于 300 分的数据，条件区域和数据之间空出了一列，即 J 列。

　　在筛选中，无论是自动筛选的"自定义筛选"还是高级筛选，都可以使用通配符来设置筛选的比较条件。其中问号（？）代表任何单个字符，星号（*）则代表任何多个字符数 ，波形符（~）后跟 ？、* 或 ~ 代表要查找问号、星号或波形符。

　　高级筛选可以筛选出不重复的数据，就是在筛选的时候把"选择不重复记录"选项选中即可。需要注意的是，这里所说的重复的记录指的是每行数据的每列中的数据都相同，而不仅指的是单列。

　　3．分类汇总

　　分类汇总是将工作表中数据按照某个分类字段进行分类，将相同类型的数据采用求和、计数、平均值、最大值和最小值等方式进行汇总。应特别注意的是，在对数据进行分类汇总之前，必须对数据进行排序。排序的关键字必须与分类汇总的分类字段一致，否则分类无任何意义。

　　若想将分类汇总删除，只要在"分类汇总"对话框中单击全部删除按钮即可。

任务 4-10　使用条件格式选取
"学生期末成绩表"中符合条件的数据

（一）任务描述

"素材\第4章\第3节\学生期末成绩表1.xlsx"中已经存在学生期末考试的各科成绩以及总分，按下面的要求对学生的期末成绩进行操作。操作后的结果如图4-60所示。

	学号	姓名	性别	语文	数学	英语	计算机	总分
				学生期末考试成绩表				
1	学号	姓名	性别	语文	数学	英语	计算机	总分
3	1	李伟	男	84	78	64	77	303
4	2	宋超	男	90	98	84	86	358
5	3	王萍	女	83	76	74	94	327
6	4	刘倩	女	90	95	90	84	359
7	5	李小军	男	60	55	63	44	222
8	6	王红艳	女	80	93	85	76	334
9	7	张梦	女	80	89	75	84	328
10	8	孙杰	男	67	87	61	68	283

图 4-60　效果图

【操作要求】

使用条件格式，将成绩分析表中总分小于300分的总分值用红色表示。

（二）任务实现

1. 启动 Excel 2010，打开"素材\第4章\第3节\学生期末成绩表1.xlsx"。

2. 选择单元格区域"H3：H10"，在"开始"选项卡的"样式"组中找到"条件格式"按钮，单击"突出显示单元格规则"列表中的"小于"命令，如图4-61所示。打开"小于"对话框，在输入框中输入"300"，在设置为下拉列表中选择"红色文本"，如图4-62所示，单击"确定"按钮。

图 4-61　条件格式　　　　图 4-62　"小于"对话框

3. 可以看到，数据表中总分小于300的数据颜色变成红色了。如图4-60所示。

4. 保存文件。

（三）相关知识点

Excel 2010 中的条件格式是使用数据条、色阶和图标集来更突出的显示相关单元格，将不同的数据在不同的条件下用不同的颜色显示出来，在方便用户分析数据的同时，实现数据的可视化效果。如果条件成立，则单元格外观将会做相应的改变，如果不符合条件，单元格外观不发生任何变化。在 Excel 2010 中可以设置的单元格格式有字体、边框、底纹等。另外，用户可以根据自己需要新建规则。

若要清除或编辑已经设置好的条件规则，可以在"开始"选项卡中的"样式"组选择"条件格式"中的"清除规则"或"管理规则"命令。

任务 4-11　创建"学生成绩单"透视图

（一）任务描述

在"素材\第 4 章\第 3 节\学生成绩单.xlsx"中，学生的学号、姓名、性别、科目和成绩等数据已经存在，按照下面要求对学生考试成绩单进行操作。效果图如图 4-63 所示。

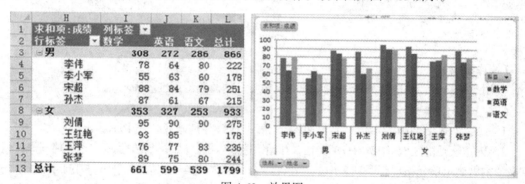

图 4-63　效果图

【操作要求】

1. 以学生成绩单的数据为数据源，在此工作表中新建一个数据透视表，放在现有工作表中，从单元格"H1"开始。其中列字段为科目，行字段为性别和姓名，值字段为成绩，汇总的依据为求和。

2. 在第 1 步的数据透视表基础上新建一个簇状柱形的数据透视图。

（二）任务实现

1. 选择数据区域"A2：E25"，然后单击"插入"选项卡中的"数据透视表"按钮选择"数据透视表"。打开创建数据透视表对话框。

2. "选择一个表或区域"下的"表或区域"的选择区域框，可以看到选中的单元格区域。如果上一步没有选择数据区域，可以在此设置。在选择放置数据透视表的位置选择现有工作表。如果数据比较多，生成的数据透视表比较大，可建议选择在新工作表中生成透视表。选中"现有工作表"，在"位置"中输入"Sheet1!$H$1"，如图 4-64 所示，最后单击"确定"按钮。

3. 在当前工作表中 H3 单元格处出现空白的透视表区域，右边是数据透视表字段列表，可以拖动和设置。

4. 将数据透视表列表字段中的科目拖到列标签框中，将性别和姓名拖到行标签的框中，将成绩拖到数值框中。如图 4-65 所示。

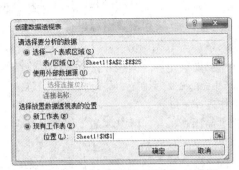

图 4-64　“创建数据透视表”对话框

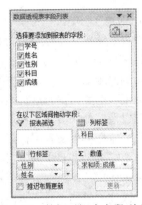

图 4-65　数据透视表字段列表

5. 在行字段中，不需要对“姓名”“性别”和“科目”进行汇总，可以在任意的姓名汇总上单击鼠标右键，取消“分类汇总‘姓名’”的选择。按照上述方法取消“性别”和“科目”的汇总，效果图如图 4-66 所示。

6. 选中透视表上任意一个单元格，选择“选项”选项卡，在工具组中单击“数据透视图”按钮，打开插入图标对话框，在柱形图中选择簇状柱形图，如图 4-67 所示，效果图如图 4-68 所示。

求和项:成绩	列标签			
行标签	数学	英语	语文	总计
⊟男	308	272	286	866
李伟	78	64	80	222
李小军	55	63	60	178
宋超	88	84	79	251
孙杰	87	61	67	215
⊟女	353	327	253	933
刘倩	95	90	90	275
王红艳	93	85		178
王萍	76	77	83	236
张梦	89	75	80	244
总计	661	599	539	1799

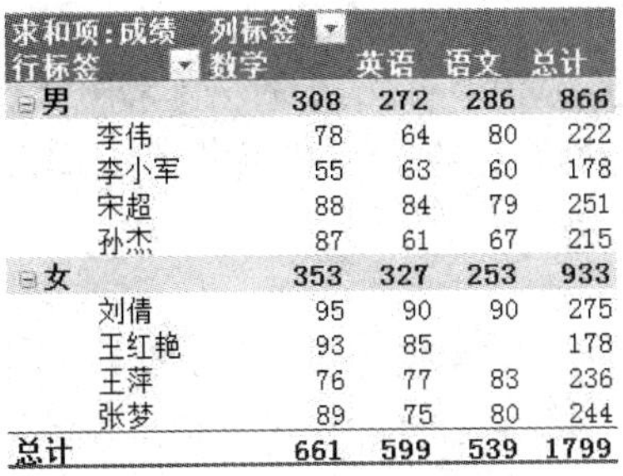

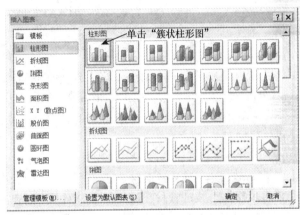

图 4-66　数据透视表

图 4-67　簇状柱形图

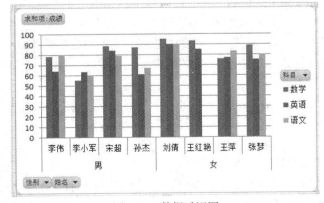

图 4-68　数据透视图

7. 保存文件。

（三）相关知识点

数据透视表是对大量数据进行快速汇总的交互式表格，能有效的帮助用户分析数据。它的特点是表格的结构是不固定的，用户可以通过选择不同的行、列对数据源进行不同的汇总，还可以根据所显示的页来筛选数据，同时也可以将需要区域的数据明细显示出来。

数据透视表的数据源是透视表的数据来源。数据源可以是 Excel 表格、外部数据源、网络上的数据资源以及其他的数据透视表。数据透视表能实现数据排序、筛选和分类汇总，并将结果生成汇总表格，这样可以节省工作时间，提高工作效率。

数据透视表提供了两个创建透视表的位置供使用者选择，可以在新工作表中创建，还可以在当前工作表创建。如果数据透视表较大，内容很多，建议在新工作表中生成透视表。

数据透视表一般包含数据字段、数据项、行字段、列字段以及数据区域等。值得注意的是，数据透视表不能自动刷新数据，需要通过单击鼠标右键在快捷菜单中选择刷新。如果要对透视图的布局和样式进行更多设置，可以选中数据透视表上任何一个单元格，在出现的"选项"和"设计"两个选项卡中进行操作。

第 4 节　表格的高级应用

任务 4-12　使用 Excel 文档制作"图书销售分析"表

（一）任务描述

"鲁滨"利用假期在某图书销售公司实习。该公司近期计划对旗下 5 家书店部分图书的销售情况进行统计分析，"鲁滨"同学协助办理。他需要对基于"素材\第 4 章\第 4 节"文件夹下的两个 Excel 文档"Excel 素材 1.xlsx"和"Excel 素材 2.xlsx"进行处理，帮助该公司完成图书销售统计工作。

【操作要求】

1. 完善"图书销售统计表"中的数据

（1）将 Excel 文档"Excel 素材 1.xlsx"另存到个人文件夹中，重命名为"图书销售分析.xlsx"。

（2）将工作簿"Excel 素材 2.xlsx"中的工作表"销售汇总"复制到工作簿"图书销售分析.xlsx"中的工作表"图书销售统计表"的右侧，关闭工作簿"Excel 素材 2.xlsx"。

（3）在工作表"图书销售统计表"中，在"订单编号"列左侧新增"序号"列，通过设置数字格式将"序号"列中的数据显示为数值型数据"01""02""03"等。

（4）通过设置数字格式将"日期"列中的数据显示为日期型数据"××××年××月"。

（5）通过设置数字格式，将"单价"和"销售额"两列中的数据显示为带货币符号的会计专用型数据，保留 2 位小数。

（6）使用"查找和替换"功能，将"销量（本）"列的数据区域中所有的空单元格输入数值"0"。

（7）运用公式函数，根据销量与单价计算每笔订单的销售额，其中：如果每笔订单的图书销量超过 30 本（含 30 本），则按照图书单价的 8 折销售，否则按照图书原价销售。

2. 调整"图书销售统计表"的格式

（1）要求在不合并单元格的前提下，设置标题"图书销售统计表"在表格数据区域的第一行居中显示，并为其套用单元格样式"标题 1"。

（2）为"图书销售统计表"套用表格格式"表样式浅色 16"，并转换为区域。

（3）将"图书销售统计表"中图书订单销售额的前 3 名突出显示为"黄色填充红色文本"。

3．分类统计"图书销售统计表"中的数据

（1）基于工作表"图书销售统计表"，运用公式函数统计"销售汇总"工作表中的各"统计项目"，并将结果填在"汇总结果"列相应空单元格中。

（2）复制工作表"图书销售统计表"到"销售汇总"工作表的右侧，将其重命名为"分类汇总"。通过分类汇总功能求出公司旗下各书店的总销量和总销售额。

4．创建数据透视表和数据透视图

（1）基于工作表"图书销售统计表"，创建数据透视表，将其单独存放在一个名为"销售分析"的新工作表中，统计公司旗下各书店每个季度的平均销售额，结果保留 2 位小数。

（2）通过合并单元格的方式，在数据区域上方为数据透视表添加标题"各季度销售分析"，标题字字体为"黑体"，字号为"14"。

（3）基于数据透视表，创建数据透视图为二维"簇状柱形图"，将透视图放在透视表的下方。

（4）为数据透视图添加图表标题，要求数据透视图的标题和数据透视表的标题可以同步变化。

（二）任务实现

1．完善"图书销售统计表"中的数据

（1）打开"素材\第 4 章\第 4 节"文件夹下的 Excel 文档"Excel 素材 1.xlsx"，单击"文件"选项卡→"另存为"命令，将该文档另存到个人文件夹，同时将文件名修改为"图书销售分析.xlsx"。

（2）打开"素材\第 4 章\第 4 节"文件夹下的 Excel 文档"Excel 素材 2.xlsx"，右击"销售汇总"工作表标签，单击"移动或复制"命令，打开"移动或复制工作表"对话框。在"工作簿"下拉列表中选择"图书销售分析.xlsx"，在"下列选定工作表之前"列表框中选择"sheet2"，勾选"建立副本"复选框，单击"确定"按钮。关闭文档"Excel 素材 2.xlsx"。

（3）打开工作表"图书销售统计表"，定位光标到"订单编号"列的任意单元格，单击"开始"选项卡→"单元格"组→"插入"按钮，在弹出的下拉列表中选择"插入工作表列"命令。在新增列的 A2 单元格中输入列标题"序号"。选取"序号"列，单击"开始"选项卡→"数字"组的对话框启动器，打开"设置单元格格式"对话框中的"数字"选项卡，选择"分类"中的"自定义"：将类型"0"修改为"00"，单击"确定"按钮，如图 4-69 所示。

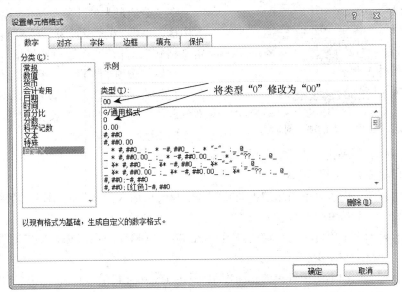

图 4-69　自定义数字格式

在 A3 单元格中输入"01",按住 Ctrl 键同时拖动 A3 单元格右下角填充柄,垂直向下填充至数据区域的最后一个单元格。

(4)选取 C3:C55 的单元格区域,使用步骤(3)的操作方法打开"设置单元格格式"对话框中的"数字"选项卡。选择"分类"中的"日期",选择类型"2001 年 3 月",单击"确定"按钮。

(5)选取"单价"和"销售额"两列的数据区域,使用步骤(3)的操作方法打开"设置单元格格式"对话框中的"数字"选项卡。选择"分类"中的"会计专用",将小数位数设为"2",货币符号设为"￥",单击"确定"按钮。

(6)选取"销量(本)"列的数据区域,单击"开始"选项卡→"编辑"组→"查找和选择"按钮,在弹出的下拉列表中选择"替换"命令。打开"查找和替换"对话框的"替换"选项卡。"查找内容"为空,在"替换为"文本框中输入"0",单击"全部替换"按钮,替换完毕,关闭对话框。

(7)光标定位到 H3 单元格,输入公式:=IF(F3>=30,F3*G3*0.8,F3*G3)。双击 H3 单元格右下角的填充柄,垂直向下填充自动完善其他单元格销售额。

2. 调整"图书销售统计表"的格式

(1)选取 A1:H1 的单元格区域,单击"开始"选项卡→"对齐方式"组的对话框启动器,打开"设置单元格格式"对话框中的"对齐"选项卡,选择"水平对齐"下拉列表中的"跨列居中"命令,单击"确定"按钮。再次选取该单元格区域,单击"开始"选项卡→"样式"组→"单元格样式"按钮,在弹出的下拉列表中选择单元格样式"标题 1"。

(2)选取 A2:H55 的单元格区域,单击"开始"选项卡→"样式"组→"套用表格格式"按钮,在弹出的下拉列表中选择"表样式浅色 16",单击"确定"按钮。单击"表格工具-设计"选项卡→"工具"组→"转换为区域"按钮,在打开的提示对话框中单击"是"按钮。

(3)选取 H3:H55 的单元格区域,单击"开始"选项卡→"样式"组→"条件格式"按钮,在弹出的下拉列表中选择"项目选取规则"中的"值最大的 10 项"命令,打开"10 个最大的项"对话框。如图 4-70 所示。

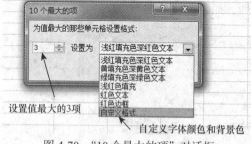

设置值最大的3项

自定义字体颜色和背景色

图 4-70 "10 个最大的项"对话框

对话框。如图 4-70 所示。

在"为值最大的那些单元格设置格式"文本框中输入"3",在"设置为"下拉列表中选择"自定义格式",打开"设置单元格格式"对话框。在"字体"选项卡中设置"颜色"为"标准色红色",在"填充"选项卡中设置"背景色"为"标准色黄色",单击"确定"按钮。完成后的效果如图 4-71 所示。

3. 分类统计"图书销售统计表"中的数据

(1)打开工作表"销售汇总"

1)求"所有图书销售订单的总销售额",在 B3 单元格输入:=SUM(图书销售统计表!H3:H55),单击 Enter 键。

2)求"所有图书销售订单的平均销售额",在 B4 单元格输入:=AVERAGE(图书销售统计表!H3:H55),单击 Enter 键。

3)求"弘德书店图书销售订单的总销售额",在 B5 单元格输入:=SUMIF(图书销售统计表!D3:D55,"弘德书店",图书销售统计表!H3:H55),单击 Enter 键。

	A	B	C	D	E	F	G	H
1					图书销售统计表			
2	序号	订单编号	日期	书店名称	图书名称	销量（本）	单价	销售额
3	01	BK-17639	2017年2月	万方书店	《平面设计》	31	¥ 36.80	¥ 912.64
4	02	BK-17643	2017年5月	兴华书店	《中国历史》	26	¥ 30.50	¥ 793.00
5	03	BK-17644	2017年6月	广达书店	《计算机基础》	39	¥ 27.80	¥ 867.36
6	04	BK-17629	2017年4月	广达书店	《世界地理》	18	¥ 22.70	¥ 408.60
7	05	BK-17630	2017年3月	兴华书店	《自然哲学》	7	¥ 24.50	¥ 171.50
8	06	BK-17631	2017年1月	万方书店	《自然哲学》	4	¥ 24.50	¥ 98.00
9	07	BK-17632	2017年8月	万方书店	《西方哲学》	8	¥ 19.80	¥ 158.40
10	08	BK-17633	2017年12月	利通书店	《基础会计》	52	¥ 21.50	¥ 894.40
11	09	BK-17634	2017年10月	利通书店	《心理学》	29	¥ 35.50	¥ 1,029.50
12	10	BK-17635	2017年9月	利通书店	《人类的起源》	2	¥ 19.00	¥ 38.00
13	11	BK-17645	2017年7月	弘德书店	《西方建筑》	39	¥ 17.50	¥ 546.00
14	12	BK-17646	2017年11月	兴华书店	《二维动画》	46	¥ 32.00	¥ 1,177.60
15	13	BK-17647	2017年3月	兴华书店	《计算机英语》	45	¥ 25.40	¥ 914.40
16	14	BK-17606	2017年7月	万方书店	《中药学》	32	¥ 39.70	¥ 1,016.32
17	15	BK-17607	2017年7月	广达书店	《中国历史》	32	¥ 30.50	¥ 780.80
18	16	BK-17608	2017年10月	弘德书店	《西方哲学》	28	¥ 19.80	¥ 554.40
19	17	BK-17609	2017年11月	弘德书店	《物流服务与管理》	0	¥ 18.50	¥ －
20	18	BK-17610	2017年4月	弘德书店	《市场营销》	30	¥ 19.50	¥ 468.00
21	19	BK-17611	2017年2月	广达书店	《西方建筑》	23	¥ 17.50	¥ 402.50
22	20	BK-17612	2017年3月	广达书店	《二维动画》	37	¥ 32.00	¥ 947.20
23	21	BK-17613	2017年11月	广达书店	《基础会计》	54	¥ 21.50	¥ 928.80
24	22	BK-17614	2017年12月	万方书店	《职场礼仪》	11	¥ 12.60	¥ 138.60
25	23	BK-17615	2017年1月	万方书店	《世界地理》	0	¥ 22.70	¥ －
26	24	BK-17616	2017年6月	万方书店	《护理学》	19	¥ 24.50	¥ 465.50

图 4-71　工作表"图书销售统计表"效果图

4）求"利通书店图书销售订单的数量"，在 B6 单元格输入：=COUNTIF（图书销售统计表!D3：D55，"利通书店"），单击 Enter 键。

5）求"销量超过 30 本（含 30 本）的订单中的最高销售额"，在 B7 单元格输入：=MAX（IF（图书销售统计表!F3：F55>=30,图书销售统计表!H3：H55）），单击 Ctrl+Shift+Enter 组合键。

6）求"销量超过 30 本（含 30 本）的订单中的最低销售额"，在 B8 单元格输入：=MIN（IF（图书销售统计表!F3：F55>=30,图书销售统计表!H3：H55）），单击 Ctrl+Shift+Enter 组合键。完成后的效果如图 4-72 所示。

	A	B
1		图书销售汇总表
2	统计项目	汇总结果
3	所有图书销售订单的总销售额：	¥ 26,633.06
4	所有图书销售订单的平均销售额：	¥ 502.51
5	弘德书店图书销售订单的总销售额：	¥ 5,374.18
6	利通书店图书销售订单的数量：	11
7	销量超过30本（含30本）的订单中的最高销售额：	1383.68
8	销量超过30本（含30本）的订单中的最低销售额：	256.32

图 4-72　工作表"销售汇总"效果图

（2）右击"图书销售统计表"工作表标签，选择"移动或复制"命令，打开"移动或复制工作表"对话框，在"下列选定工作表之前"列表中选择"sheet2"，勾选"建立副本"复选框，单击"确定"按钮。右击"图书销售统计表（2）"工作表标签，选择"重命名"命令，重命名为"分类汇总"。在"分类汇总"工作表中完成下列操作。

1）光标定位到数据区域，单击"数据"选项卡→"排序和筛选"组→"排序"按钮，打开"排序"对话框，在"主要关键字"下拉列表选择"书店名称"，"排序依据"选择"数值"，"次序"选择"升序"，单击"确定"按钮。

2）单击"数据"选项卡→"分级显示"组→"分类汇总"按钮，打开"分类汇总"对话框，在"分类字段"选择"书店名称"，"汇总方式"选择"求和"，"选定汇总项"仅勾选"销量（本）"

和"销售额"，单击"确定"按钮。完成后的效果如图 4-73 所示。

1 2 3		A	B	C	D	E	F	G	H
	1					图书销售统计表			
	2	序号	订单编号	日期	书店名称	图书名称	销量（本）	单价	销售额
	3	03	BK-17644	2017年6月	广达书店	《计算机基础》	39	¥ 27.80	¥ 867.36
	4	04	BK-17629	2017年4月	广达书店	《世界地理》	18	¥ 22.70	¥ 408.60
	5	15	BK-17607	2017年7月	广达书店	《中国历史》	32	¥ 30.50	¥ 780.80
	6	19	BK-17611	2017年2月	广达书店	《西方建筑》	23	¥ 17.50	¥ 402.50
	7	20	BK-17612	2017年3月	广达书店	《二维动画》	37	¥ 32.00	¥ 947.20
	8	21	BK-17613	2017年11月	广达书店	《基础会计》	54	¥ 21.50	¥ 928.80
	9	37	BK-17642	2017年4月	广达书店	《护理学》	51	¥ 24.50	¥ 999.60
	10	41	BK-17652	2017年9月	广达书店	《机械制图》	21	¥ 28.50	¥ 598.50
	11	42	BK-17653	2017年11月	广达书店	《营养与健康》	36	¥ 8.90	¥ 256.32
	12	48	BK-17626	2017年8月	广达书店	《电子商务》	0	¥ 28.00	¥ —
	13				广达书店 汇总		311		¥ 6,189.68
	14	11	BK-17645	2017年6月	弘德书店	《西方建筑》	39	¥ 17.50	¥ 546.00
	15	16	BK-17608	2017年10月	弘德书店	《西方哲学》	28	¥ 19.80	¥ 554.40
	16	17	BK-17609	2017年11月	弘德书店	《物流服务与管理》	0	¥ 18.50	¥ —
	17	18	BK-17610	2017年4月	弘德书店	《市场营销》	30	¥ 19.50	¥ 468.00
	18	38	BK-17649	2017年3月	弘德书店	《计算机基础》	54	¥ 27.80	¥ 1,200.96
	19	39	BK-17650	2017年1月	弘德书店	《平面设计》	36	¥ 36.80	¥ 1,059.84
	20	40	BK-17651	2017年8月	弘德书店	《人物传记》	13	¥ 26.00	¥ 338.00
	21	43	BK-17601	2017年12月	弘德书店	《心理学》	9	¥ 35.50	¥ 319.50
	22	44	BK-17602	2017年10月	弘德书店	《计算机英语》	39	¥ 25.40	¥ 792.48
	23	49	BK-17627	2017年8月	弘德书店	《人类的起源》	5	¥ 19.00	¥ 95.00
	24				弘德书店 汇总		253		¥ 5,374.18
	25	08	BK-17633	2017年12月	利通书店	《基础会计》	52	¥ 21.50	¥ 894.40
	26	09	BK-17634	2017年10月	利通书店	《心理学》	29	¥ 35.50	¥ 1,029.50

图 4-73　工作表"分类汇总"效果图

4. 创建数据透视表和数据透视图

（1）打开工作表"图书销售统计表"，单击"插入"选项卡→"表格"组→"数据透视表"按钮，在弹出的下拉列表中选择"数据透视表"命令，打开"创建数据透视表"对话框，在"选择放置数据透视表的位置"选项区域中选择"新工作表"单选按钮，单击"确定"按钮。双击新工作表的标签，将其重命名为"销售分析"。在"销售分析"工作表中完成下列操作。

1）光标定位到 A3 单元格，在右侧"选择要添加到报表的字段"列表中，拖动"书店名称"字段到"行标签"区域中，同样的方法，在"列标签"区域添加"日期"，在"Σ 数值"区域中添加"销售额"。

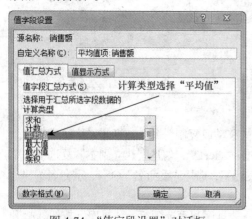

图 4-74　"值字段设置"对话框

2）光标定位到 B4 单元格，单击"数据透视表工具—选项"选项卡→"分组"组→"将所选内容分组"按钮，打开"分组"对话框，同时勾选"起始于"和"终止于"复选框，并将值分别设为"2017/1/1"和"2017/12/31"，"步长"选择"季度"，单击"确定"按钮。

3）单击右下方"Σ 数值"区域中"求和项：销售额"旁边的下拉按钮，选择"值字段设置"命令，打开"值字段设置"对话框，如图 4-74 所示。在"值字段汇总方式"选项卡中设置"计算类型"为"平均值"，单击"确定"按钮。

4）选取 B5：F10 的单元格区域，单击"开始"选项卡→"数字"组的对话框启动器，打开"设置单元格格式"对话框，选择"分类"中的"数值"，"小数位数"调整为"2"，单击"确定"按钮。

（2）选取 A2：F2 的单元格区域，单击"开始"选项卡→"对齐方式"组→"合并后居中"

按钮，合并单元格。在合并后的 A2 单元格中输入"各季度销售分析"，并调整字体为"黑体"，字号为"14"。

（3）选取 A4：F9 的单元格区域，单击"数据透视表工具—选项"选项卡→"工具"组→"数据透视图"按钮，打开"插入图表"对话框，选择"柱形图"中的"簇状柱形图"，单击"确定"按钮。对插入的数据透视图进行下列操作。

1）选取图表，单击"数据透视图工具—设计"选项卡→"数据"组→"切换行/列"按钮。

2）选取图表，单击"数据透视图工具—设计"选项卡→"图标样式"组，选择"图表样式库"中的"样式 26"。

3）选取垂直轴刻度值右击，在快捷菜单中选择"设置坐标轴格式"命令，弹出"设置坐标轴格式"对话框，在"坐标轴选项"区域调整"最小值"为"40"，"最大值"为"1200"，"主要刻度单位"为"220"，单击"关闭"按钮。

4）拖动透视图到透视表的下方，适当调整图表大小。

（4）单击"数据透视图工具—布局"选项卡→"标签"组→"图表标题"按钮，在弹出的下拉列表中选择"图表上方"命令，选中"图表标题"文本框，在编辑栏输入：=销售分析!$A$2，单击 Enter 键。完成后的效果如图 4-75 所示。

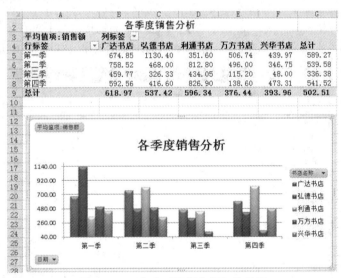

图 4-75　工作表"销售分析"效果图

（三）相关知识点

在执行以上任务的过程中，既包含了对 Excel 2010 基本操作功能的运用，又容纳了一定的操作技巧。灵活运用这些操作技巧可以帮助我们轻松解决日常工作中遇到的一些复杂操作问题。

1. 自定义数字格式

虽然 Excel 2010 提供了较为全面的数字格式，但是在日常工作中，我们仍然会遇到一些需要将表格中的数字显示为特殊格式的情况，这就需要用到自定义数字格式。

单击"开始"选项卡→"数字"组的对话框启动器，打开"设置单元格格式"对话框，选择"分类"列表中的"自定义"命令，进行自定义数字格式的设置。

自定义数字格式中常用占位符含义如表 4-2 所示。

表 4-2　常用占位符的含义

常用占位符	含义
0	数字占位符，如果数字长度小于占位符的数量，用 0 补足。例如，数字 8，如果自定义格式为 00，则显示为 08；又如，数字 8.5，如果自定义格式为 0.00 则显示为 8.50
#	数字占位符，只显示有意义的零。例如，数字 6.05，如果自定义格式为 00.000，则显示为 06.050；如果自定义格式为##.###，则显示为 6.05
?	数字占位符，将小数点两侧无意义的零替换为空格。例如，数字 7.3，如果自定义格式为 0.0?，则显示的数字 7.3 后多加一个空格
@	文本占位符，"文本"@表示在数据前添加文本，@"文本"表示在数据后添加文本。例如，数字 2，如果自定义格式为@"星期"，则显示为 2 星期；如果自定义格式为 "星期"@，则显示为星期 2
[]	条件测试，当单元格数字满足指定条件时，为该单元格套用条件格式。例如，数字 35，如果自定义格式为［>=30］"炎热"，则显示为炎热

2. 跨列居中

一般情况下，我们通常使用合并单元格的方法为表格添加居中显示的标题。其实，在 Excel 2010 中，通过"跨列居中"命令，同样可以实现表格标题的居中显示。

选取需要跨列居中显示的单元格区域，单击"开始"选项卡→"对齐方式"组的对话框启动器，打开"设置单元格格式"对话框中的"对齐"选项卡，选择"水平对齐"下拉列表中的"跨列居中"命令，即可实现文本在选定单元格区域的居中显示效果。如图 4-76 所示。

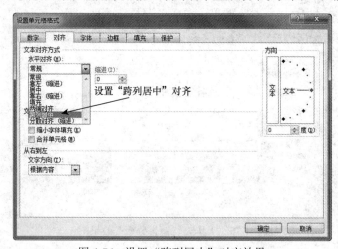

图 4-76　设置"跨列居中"对齐效果

这里需要注意的是，跨列居中显示的文本内容仍然位于它之前所在的单元格中。

3. 将"表"转换为区域

在 Excel 2010 中，将选取的数据区域套用表格格式后，该数据区域便被定义为一个"表"。基于"表"，可以实现更加灵活的表格操作。例如，添加汇总行、修改表名称等。

但是，被定义为"表"的数据区域不能进行单元格的合并、分类汇总等操作。如果想实现此类操作，必须将"表"转换为区域。通过单击"表格工具—设计"选项卡→"工具"组→"转换为区域"按钮，可以快速地将"表"转换为普通区域，同时保留所套用的表格格式，如图 4-77 所示。

图 4-77　将"表"转换为区域

4. 将图表标题链接到单元格

在上述任务中，将图表标题链接到表格标题所在的单元格，可以实现图表标题和表格标题的同步更新，便于今后对数据的维护。具体操作方法：单击选取图表标题所在的文本框，在工作表的编辑栏中输入等号"="，单击选取要建立链接的单元格，按 Enter 键确认。

5. 函数的嵌套

在 Excel 2010 中，掌握多种函数的嵌套使用可以帮助我们轻松实现日常工作中遇到的一些复杂条件下的计算。在上述任务中，将 IF 函数分别与 MAX 函数和 MIN 函数的嵌套使用，实现了对"销量超过 30 本（含 30 本）的订单"中的"最高销售额"和"最低销售额"的计算。值得注意的是，这里输入的是数组公式，公式输入完毕后，要同时按下"Ctrl+Shift+Enter"组合键锁定数组公式，Excel 将在公式两边自动生成花括号"{ }"。

第 5 节　Word 2010 和 Excel 2010 协同工作

在学习和日常工作中，"鲁滨"经常会遇见这种情况：处理的文件主要内容基本都是相同的，只是具体数据有变化而已。在填写大量格式相同，只修改少数相关内容，而其他文档内容不变时，我们可以通过 Word 2010 和 Excel 2010 协同工作，灵活运用 Word 邮件合并功能，不仅操作简单，而且还可以设置各种格式，打印效果又好。用户可以借助这一功能批量处理信函、信封、标签、电子邮件等，比如常见的工资条、通知书、邀请函、明信片、准考证、成绩单、毕业证书等。

任务 4-13　批量制作学生成绩单和信封

（一）任务描述

期末考试结束了，班主任老师请"鲁滨"给组里每一位同学制作一张期末考试成绩通知单，并制作了统一风格的信封进行邮寄。"素材\第 4 章\第 5 节\"文件夹下有"成绩通知单"和"学生成绩表数据源"两个文件，利用邮件合并功能，按下面的要求制作信封与信函，成绩单和信封封面的效果如图 4-78、图 4-79 所示。

【操作要求】

1. 根据每个同学各自的学号、成绩及相应评语，利用邮件合并制作每个人的成绩单。

2. 按照每个同学的姓名、邮编和地址，格式不变，制作不同的信封。信封尺寸设置为"普通 1"，收信人地址与寄信人地址字体设为黑体，字号为三号字，加粗，收信人地址与寄信人地址距左边与上边的距离可自行调整到合适数值。

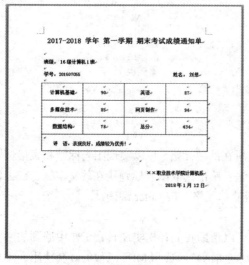

图 4-78　成绩单效果　　　　　　　　　图 4-79　信封封面效果

（二）任务实现

1．启动 Word 2010，打开"素材\第 4 章\第 5 节"文件夹下的 "成绩通知单.docx"，创建批量信函（即成绩单）。

2．在"邮件"选项卡下的"开始邮件合并"组里单击"开始邮件合并"按钮，然后再单击该菜单下的"邮件合并分步向导"。如图 4-80 所示。

3．在右侧弹出的"邮件合并"对话框中单击选择"信函"。如图 4-81 所示。

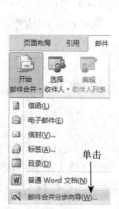

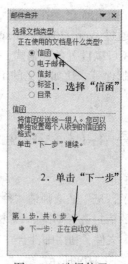

图 4-80　打开邮件合并分步向导　　　　　图 4-81　选择信函

4．在打开的邮件合并分步向导中，单击"下一步：正在启动文档"，再单击"下一步：选取收件人"，然后选择"使用现有列表"，单击"浏览"。找到"素材\第 4 章\第 5 节"文件下的"学生成绩信息表"，并选择"sheet1"，单击"确定"按钮，在弹出的邮件合并收件人对话框中，继续单击"确定"按钮。如图 4-82、图 4-83 所示。

5．在合并向导中继续下一步，撰写信函。在"其他项目"弹出的窗口中选择相应的域名，在相应位置处依次插入学号、姓名、各科成绩、总分及评语。插入合并域后的效果如图 4-84。

6. 继续下一步，预览信函，通过【>>】按钮或者【<<】按钮预览上一个与下一个信函，查看效果。如图 4-85。

图 4-82　选择表格

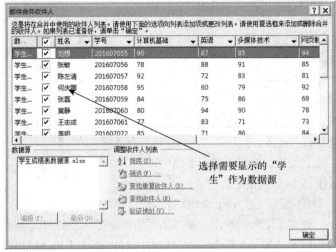

图 4-83　邮件合并收件人窗口

图 4-84　插入域后效果

图 4-85　预览信函

图 4-86 信封的使用

7. 单击"下一步"完成合并链接，合并后的操作有两个：一是 "打印"，也就是合并到打印机；另一个是"编辑单个信函"，也就是合并到新文档。此时，选择后者将全部记录合并到新文档中，即在新的窗口中生成一个名为"信函 1.doc"的文档，该文档中共生成了 9 位同学的成绩单信函文档。

8. 批量制作信封。在"邮件"选项卡中的"开始邮件合并"菜单中选择"信封"，如图 4-86 所示。同样经过前面相似的 6 个步骤，在第 2 步中的信封选项设置信封尺寸为"普通 1"，设置其距左边和距上边距离为自动。

9. 在下方文本框输入发信人地址与日期，并拖动文本框到信封右下角合适位置。调整邮编和寄信人信息的位置，选中寄信人信息与寄件人信息及邮编，设置字体为黑体，字号为三号字，加粗。

10. 选取收件人，单击"使用现有列表"区的"浏览"链接，打开"素材\第 4 章\第 5 节"文件下的"学生成绩信息表"，由于该地址信息存放于"Sheet2"工作表中，选中"Sheet2"，单击"确定"按钮，在弹出的"邮件合并收件人"对话框中，选择要合并到主文档的记录并选择默认状态，单击"确定"按钮，返回编辑窗口。

11. 单击下一步，撰写信函。将光标定位于合适的位置，单击任务窗格中的"其他项目"链接，打开"插入合并域"对话框，依次插入邮编、地址、姓名的域，如图 4-87，预览信封，完成合并。

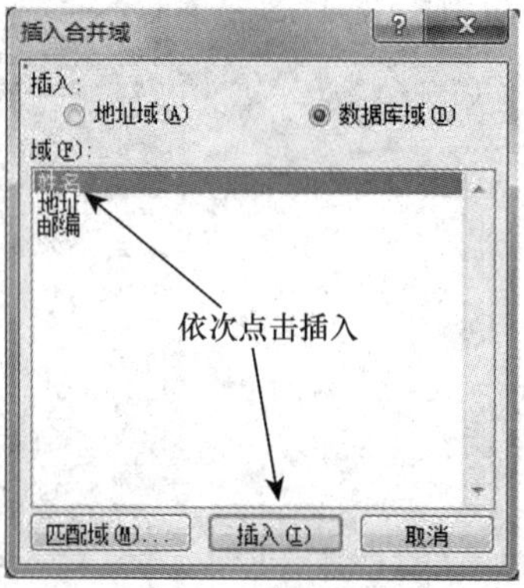

图 4-87 插入合并域

（三）相关知识点

在本任务当中，我们通过利用 Word 2010 的邮件合并功能，批量制作信函与信封，完成了老师的要求，制作出了组内 9 名同学各自的期末成绩通知单和相应的信封，并获得了较为满意的效果。制作信函与信封的过程也就是 Word 2010 与 Excel 2010 协同工作的过程，整个工作过程包含了主文档建立、数据源建立、主文档与数据源的合并操作、邮件合并工具栏功能按钮的使用的相关知识。

1. 主文档的概念及建立

主文档是指固定不变的主体内容，比如信封当中的落款、信函里对每个收信人不变的内容等。使用邮件合并前需要先建立主文档，这样一方面可以考察预计中的工作是否适合使用邮件合并，另一方面也使主文档的建立为数据源的建立或选择提供了标准与思路。

2. 数据源的概念及建立

数据源是指含有标题行的数据记录表，其中包含着相关的字段与记录内容。数据源表格可以是 Word、Excel、Access 或 Outlook 中的联系人记录表。

在实际工作中，数据源通常是现成存在的，比如要制作大量客户信封，多数情况下客户的信息可能早已被客户经理做成了相应的表格，其中含有所需的客户信息，直接使用就可以。因此，在自己建立数据源之前，需要先看一下是否有现成的表格可用。如果没有，则需要根据主文档对数据源的要求建立。实际工作中，常常使用 Excel 制作。

3. 主文档与数据源的合并操作

前两件事都做好后，就可以将数据源中相应字段合并到主文档的固定内容之中了，表格中的记录行数决定着主文件生成的份数。整个合并操作过程可利用"邮件合并向导"进行，轻松且容易理解。

4．邮件合并操作步骤

单击"邮件"选项卡→"开始邮件合并"→选择"信封"或"信函"→打开"邮件合并分步向导"→选择文档类型（信函或信封或其他）→"下一步：正在启动文档"→选择开始文档→"下一步：选取收件人"→在"选择收件人"中选择"使用现有列表"→单击"浏览"链接→选取数据源→"邮件合并收件人"设置→"下一步：撰写信函"→单击"其他项目"链接，插入合并域，添加在相应位置→"下一步：预览信函"→预览或更改收件人列表→"下一步：完成合并"→打印或编辑单个信函。

设置信封选项时，如果"信封尺寸"框的下拉列表中没有找到符合用户要求的信封规格，则可以选择最后一项自定义信封的尺寸。在此过程中，可以随时单击上一步返回前面的步骤进行修改操作。

本 章 小 结

本章主要介绍了 Excel 2010 的基本操作和主要功能，内容涉及工作表的管理、表格的制作、单元格的设置、公式函数、数据管理以及图表的使用等诸多方面。通过本章的学习，同学们不仅能够独立制作和设置表格，还掌握了一些基础的数据处理和图表制作方法，为今后的学习和工作奠定了良好的基础。

自 测 题

一、单项选择题

1．在 Excel 2010 中，单元格中的数据（　　）。

A．只能包含数字

B．可以是数字、文字、公式等

C．只能包含文字

D．只能包含公式

2．Excel 2010 中，下面哪一项不属于"设置单元格格式"对话框中"数字"选项卡中的内容（　　）。

A．字体　　　　　B．货币

C．日期　　　　　D．自定义

3．Excel 2010 里添加边框、颜色的操作要进入哪个选项卡（　　）。

A．文件　　　　　B．视图

C．开始　　　　　D．审阅

4．在 Excel 中输入公式时，必须先输入（　　）。

A．=　　　　　　B．/

C．*　　　　　　D．都不是

5．在"选择收件人"时，单击"浏览"选择数据源后，如果数据源中的第一行为标题行，则应在"选择表格"对话框中勾选（　　）。

A．撰写信函

B．首行缩进

C．数据首行包含列标题

D．包含首行

6．在 Excel 2010 中，设定新建的工作簿中工作表的数目的方法是（　　）。

A．"工具"→"选项"→"常规"

B．"文件"→"选项"→"常规"

C．"插入"→"插入工作表数目"

D．"视图"→显示工作表数目

7．在 Excel 2010 中，在"设计单元格格式"对话框的"对齐"选项中。文本的水平对齐方式有（　　）种。

A．4　　　　　　B．6

C．8　　　　　　D．10

8．在 Excel 中，如果要进行分类汇总，一般要先进行（　　）。

A．排序　　　　　B．筛选

C．查找　　　　　D．透视

9．在 Excel 2003 中，若对一组数据求平均值，应使用（　　）函数。

A．Sum　　　　　B．Count

C. Average　　　　D. Max

10. 假如单元格 D6 中的值为 4，则函数=IF（D6<6,12/D6,D6*12）的结果是（　　）。

A. 3　　　　　　　B. 0

C. 48　　　　　　　D. 1

二、多项选择题

1. 在 Excel 2010 中要对数据进行填充，可以（　　）。

A. 拖动填充柄进行填充

B. 用"填充"对话框进行填充

C. 用"序列"对话框进行填充

D. 用"替换"对话框进行填充

2. 在 Excel 2010 中，Delete 和"全部清除"命令的区别是（　　）。

A. Delete 删除单元格的内容、格式和批注

B. Delete 仅能删除单元格的内容

C. 清除命令可删单元格的内容、格式或批注

D. 清除命令仅能删除单元格

3. Excel 2010 的"页面布局"功能区可以对页面进行（　　）设置。

A. 页边距　　　　B. 纸张方向、大小

C. 打印区域　　　D. 打印标题

4. 在 Excel 中，下面关于分类汇总的叙述正确的是（　　）。

A. 分类汇总前数据必须按关键字字段排序

B. 分类汇总的关键字段只能是一个字段

C. 汇总方式只能是求和

D. 分类汇总可以删除

5. 在 Word 中，邮件合并包括（　　）功能。

A. 创建主文档

B. 连接主文档和数据源

C. 进行合并操作

D. 制作带地址的信封和标签

6. 在 Excel 2010 中，下列输入方式可输入日期时间型数据的是（　　）。

A. 2014/09/05　　B. 9/5

C. 5—SEP　　　　D. SEP/5

7. 向 Excel 2010 工作表的任一单元格输入内容后，都必须确认后才认可。确认的方法有（　　）。

A. 双击该单元格

B. 按回车键

C. 单击另一单元格

D. 按光标移动键

8. 下列数字格式中，属于 Excel 数字格式的是（　　）。

A. 分数　　　　　B. 小数

C. 科学记数　　　D. 会计专用

9. 下列属于 Excel 2010 地址混合引用的是（　　）。

A. B$4　　　　　B. 8C

C. $1D　　　　　D. $F8

10. Excel 2010 中，数据筛选的方法有两种，分别是（　　）。

A. 自动筛选　　　B. 高级筛选

C. 自定义筛选　　D. 行筛选

三、操作题

1. 打开"成绩表.xlsx"文件，完成以下操作。

在第一行上方插入一个新行，将 A1:I1 单元格区域合并并居中，输入标题为"计应专业成绩表"，字号为 20 磅，黑体。将工作表 Sheet2 命名为"试卷分析"。

2. 打开"学生成绩表.xlsx"，按以下要求进行操作，完成后按原名保存。

（1）把工作表"学生成绩表"复制为新工作表并命名为"格式化"，以下操作在"格式化"表中进行。

（2）在表格前插入一空行，在 A1 单元格中输入表格标题"本班学生成绩表"。

（3）把表格标题设置为跨列居中、垂直居中、黑体、23、红色，底纹图案为对角线条纹，底纹图案颜色为淡蓝色，底纹颜色为浅黄。

（4）将存放小数的区域设置为保留 1 位小数点的数值；将列标题设置为楷体、16、水平居中、垂直居中。

（5）将表格中不及格的成绩用红色标出；设置各列为最适合的列宽；有内、外边框。

3. 对"销售情况统计表"进行以下操作。

（1）在表格标题行之前插入一空行，改行设置行高为25。

（2）将 A2：D2 区域设置为：合并居中，垂直居中，字体为楷体，加粗，字号为15磅，黄色底纹，蓝色字体，将 D4:D9 区域数字加上￥符号，与 B3：B9 格式相同。

（3）将 A3:A9 区域、B3:D3 设置为：水平分散对齐，垂直居中。

（4）将 B4:D9 区域设置为水平、垂直居中。

（5）将 A3:D3 的底纹设置为浅绿色。

（6）将 A3:D9 设置边框线：外边框是蓝色双窄线，内边框为红色细实线。

4. 打开"职工工资表. xlsx"，按以下要求进行操作，完成后按原名保存。

（1）在"Sheet3"后插入三张工作表，将"工资表"复制到"Sheet2"到"Sheet6"工作表中。

（2）在 E14 单元格中输入"平均工资"，并在 F14 单元格中利用函数计算出全部人员的平均工资。

（3）打开工作表"sheet2"，将"sheet2"工作表中的数据以"工资"为主要关键字，按照"升序"的方式进行排序。

（4）打开工作表"sheet3"，筛选出性别为"男"的数据。

（5）打开工作表"sheet4"，利用高级筛选，筛选出"职称"为初级或高级的数据，将结果存放在从 A15 单元格开始单元格区域内。

（6）打开工作表"sheet5"，先按照"部门"为次要关键字，以"升序"方式进行行排序，再以"部门"为分类字段，将"工资"进行"均值"分类汇总。

（7）打开工作表"sheet6"，使用表中的数据，以"职称"行标签，以"姓名"为列标签，以"工资"为数值项，计算类型为"平均值"，建立数据透视表。

5. 打开"工资统计表. xlsx"，按以下要求进行操作，完成后按原名保存。

（1）将工作表"工资表"中"编号"列的数据显示为数值型数据"001"、"002"。

（2）运用 IF 函数，根据"编号"列数据完善相应的"部门"列的内容，编号与部门的对应关系如下：001 为"销售部"，002 为"人事部"。

（3）运用 IF 函数，根据"工作量"和"基本工资"两列的数值，求出每位员工的实发工资，计算规则如下：工作量>=80 时，实发工资=基本工资+500；工作量<80 时，实发工资=基本工资。

（4）为"工资表"套用合适的表格格式，并转换为区域。同时，将"工资表"在工作表"sheet2"的左侧建立副本，重命名为"分类汇总"，在该工作表中通过分类汇总求出每个部门的平均工作量和平均实发工资。

（5）基于"工资表"中的数据，在新工作表中创建数据透视表，分别计算每个部门的基本工资和实发工资的总和，将计算结果设置为带千位分隔符的数值型数据，保留两位小数。

（6）在数据透视表的下方，创建相应的数据透视图，要求为：插入"簇状柱形图"，横坐标为求和项：基本工资和求和项：实发工资，纵坐标为金额。并对图表进行适当的格式化，最终效果如图 4-88 所示。

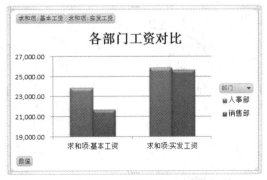

图 4-88　操作题效果图

第 5 章　演示文稿软件 PowerPoint 2010

情境引入

　　新学年开始，"滨职拍客"社团要招纳新会员。社团想在文字宣传的基础上进一步利用多媒体资源进行宣传，例如使用学院的大屏幕循环播放社团的介绍以及社团丰富多彩的活动剪影等。这需要把 Word 文档资料和多媒体资源有机结合起来使用，社团决定让"鲁滨"用 PowerPoint 2010 制作一组图文、音视频并茂的幻灯片。"鲁滨"知道根据以前所学知识他很难达到要求，所以他想进一步学习。

第1节　PowerPoint 2010 基本操作

　　前面我们利用 Office2010 组件中的 Word2010、Excel2010 学会了编辑我们的文本、处理复杂的数据，但是在很多时候需要动态地展示我们的文本以及数据，需要形象生动地表达我们的观点，而 office2010 组件中的重要组成者之一的 PowerPoint 2010 就是我们达成这一目的的首选软件。它能够帮助我们方便、快捷地制作出集文字、图形、图像、声音及视频等多媒体元素于一体的演示文稿，并且能够按照我们的要求自由播放。

任务 5-1　创建"滨职拍客"演示文稿

（一）任务描述

　　打开"素材\第 5 章\第 1 节\滨职拍客任务 5-1.pptx"，这是一个只有一张空白幻灯片的文件，没有任何内容。请根据下面的操作要求添加文字内容。幻灯片的文字内容在文档"滨职拍客.docx"中，添加内容后的效果如图 5-1 所示。

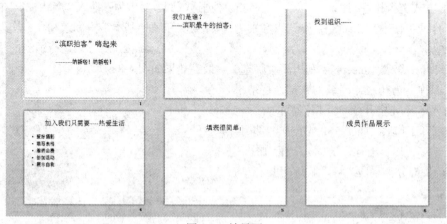

图 5-1　效果图

【操作要求】
1. 给幻灯片添加标题。主标题为："滨职拍客"嗨起来；副标题为：纳新啦！纳新啦！纳新啦！。
2. 插入第 2～第 6 张空白幻灯片。
3. 给第 2、第 3、第 5、第 6 张幻灯片添加标题内容。

4. 给第 4 张幻灯片添加标题和图 5-1 所示的文字内容。

5. 将幻灯片保存在"个人文件夹"下，并命名为"滨职拍客 5-1.pptx"。

（二）任务实现

1. 启动 PowerPoint 2010，打开"素材\第 5 章\第 1 节"文件夹下的演示文稿文件"滨职拍客任务 5-1.pptx"和文档"滨职拍客.docx"。

2. 复制"滨职拍客.docx"中的"'滨职拍客'嗨起来"到第一张幻灯片的"单击此处添加标题处"，如图 5-2 所示。按照同样方法添加副标题。

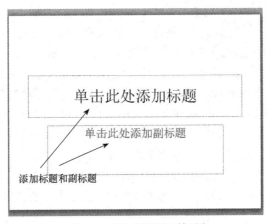

图 5-2 添加标题和副标题

3. 单击"开始"选项卡"幻灯片"组中的"新建幻灯片"按钮，选择"标题和内容"幻灯片版式并单击，如图 5-3 所示。插入第 2 张幻灯片，用同样的方法插入第 3 张幻灯片。

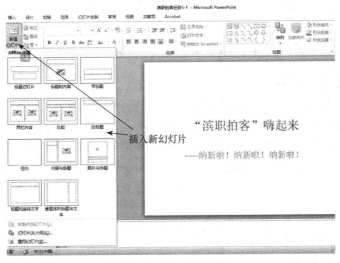

图 5-3 插入新幻灯片

4. 方法同上一步一致，但要选择"两栏内容"幻灯片版式。

5. 按照同样方法插入第 4～第 6 张幻灯片。

6. 复制 word 文档中的内容，粘贴在第 4 张幻灯片的左侧一栏。

7. 单击"文件"选项卡中"另存为"选项，选择"个人文件夹"，文件名为"滨职拍客 5-1.pptx"。

（三）相关知识点

通过完成上面的任务，我们看到了一个简单演示文稿的制作过程，也第一次接触到了 PowerPoint 2010。要想制作一个复杂的演示文稿还需要详细了解这个软件的使用方法和更多的功能。

1. PowerPoint 2010 的启动和退出

PowerPoint 2010 是 Office2010 的组件，它的启动和退出与 Word2010 和 Excel2010 是一致的。

（1）启动 PowerPoint 2010 的方法有很多种，常用的方法有以下两种。

1）方法一：通过"开始"菜单。选择"开始"→"所有程序"→"Microsoft Office"→"Microsoft PowerPoint 2010"菜单命令，启动 PowerPoint 2010。

2）方法二：通过快捷方式。双击桌面或者任务栏上的 PowerPoint 2010 快捷方式图标即可启动 PowerPoint 2010。或者单击"开始"菜单按钮，在搜索框中输入"PowerPoint"，按下回车键，也可启动 PowerPoint 2010。如果桌面上没有 PowerPoint 快捷方式图标，可按照下列方法来建立：单击"开始"→"所有程序"→"Microsoft Office2010"，右击"Microsoft PowerPoint 2010"→"发送到"→"桌面快捷方式"命令。

（2）常用的退出 PowerPoint 2010 的方法有以下几种。

1）方法一：选择"文件"选项卡中的"退出"选项。

2）方法二：单击 PowerPoint 窗口标题栏右端的"关闭"按钮。

3）方法三：双击 PowerPoint 窗口左上角控制按钮如图 5-4 所示。

图 5-4　控制按钮

4）方法四：按组合键 Alt＋F4。

2．PowerPoint 2010 工作窗口的组成要素

和 office 2010 的其他软件一样，PowerPoint 2010 工作窗口也同样具有菜单栏、快速访问工具栏、快速启动、选项卡、功能区、状态栏、视图切换按钮等组成部分。另外，PowerPoint 2010 还具有软件本身特有的幻灯片/大纲窗格、幻灯片编辑窗格、备注窗格等工作窗口组成部分。如图 5-5 所示。

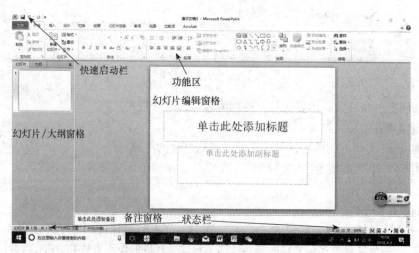

图 5-5　幻灯片工作窗口

（1）幻灯片/大纲窗格：PowerPoint 2010 默认以"幻灯片"窗格方式显示。在"幻灯片"窗格下，以缩略图形式在演示文稿中观看幻灯片。在"大纲"窗格下，以大纲形式显示幻灯片，但

是仅能显示文本。在此窗格中，可以很方便对幻灯片进行操作，如添加、删除、复制、重新排列幻灯片。

（2）幻灯片编辑窗格：幻灯片编辑窗格是制作演示文稿的主要工作区，用户在此为幻灯片添加文本、插入图形、艺术字、表格、文本框、视频、声音等，完成演示文稿中各幻灯片的制作。

（3）备注窗格：备注窗格在放映演示文稿时不会显示，但是可以在电脑端显示，给演讲者提示；备注的文本是一种特殊的文本格式，为幻灯片提供各种备注内容。

（4）状态栏：状态栏位于 PowerPoint 2010 窗口的底部，包括了演示文稿当前"幻灯片编号""主题名称""语言"、视图快捷方式、显示比例和"使幻灯片适应当前窗口"按钮。PowerPoint 2010 状态栏包含有 4 个视图快捷方式：普通视图、幻灯片浏览视图、阅读视图和幻灯片放映视图。

3．幻灯片视图方式

PowerPoint 2010 提供了 6 种视图方式，即普通视图、幻灯片浏览视图、阅读视图、幻灯片放映视图、备注页视图和母版视图。

（1）普通视图：它是主要的编辑视图，也是 PowerPoint 默认的视图，用于撰写或设计演示文稿。用户可以通过单击状态栏"视图快捷方式"中的"普通视图"切换到该视图，也可以通过"视图"选项卡"演示文稿视图"组中的"普通视图"实现切换。该视图下有 3 个子窗格：幻灯片/大纲窗格、幻灯片窗格和备注窗格。

（2）幻灯片浏览视图：它是以缩略图形式显示演示文稿中所有幻灯片的视图，便于用户按照序号查看多张幻灯片、调整幻灯片顺序、复制、移动、删除幻灯片等。这种视图下，用户不能直接对幻灯片进行编辑，但可以通过双击幻灯片切换到"普通视图"下进行编辑。

（3）阅读视图：它隐藏了用于幻灯片编辑的各种窗格，仅保留了"标题栏""状态栏"和"幻灯片窗格"，通常用于在幻灯片制作完成后对幻灯片进行简单的预览。"阅读视图"下用户不能对幻灯片进行编辑，需切换到"普通视图"才能进行调整。

（4）幻灯片放映视图：这是 PowerPoint 2010 中唯一可以全屏呈现的视图，播放演示文稿的视图。在这种视图下不能直接对演示文稿进行编辑。

（5）备注页视图：它主要用于输入当前幻灯片的备注，包括文字、图片、制作者的 LOGO 等，可以在打印备注页时同幻灯片一起打印出来。普通视图下的备注窗格只能输入文字。"备注页视图"分为上下两部分，上方是当前幻灯片的缩略图，下方是对此幻灯片添加备注的区域。

（6）母版视图：它包括"幻灯片母版视图""讲义母版视图"和"备注母版视图"。它们提供了演示文稿主要幻灯片的背景、颜色、字体、效果、占位符大小和位置等，可以快速地对与演示文稿关联的每个幻灯片、备注页或讲义的样式进行全局更改。

4．幻灯片基本操作

（1）创建演示文稿：创建演示文稿的方法有很多种，除了和 Word、Excel 相似的操作外，还可以通过下列方法实现。

1）根据主题创建演示文稿：主题是演示文稿统一的外观，包括主题颜色、背景、字体和效果协调的版式。可以在所有支持主题的 Office 程序（如 Word、Excel）中使用和共享主题。

单击"文件"选项卡中"新建"命令，在窗口中选择"主题"项目，显示出"可用的模板和主题"，选择一个主题，单击"创建"按钮创建演示文稿。

2）根据模板创建演示文稿：PowerPoint 模板是保存为".potx"文件的一个或一组幻灯片的模式或设计图，包含版式、主题颜色、主题字体、主题效果、背景样式等，也可以包含占位符、图片等。单击"文件"选项卡中"新建"命令板创建演示文稿。

（2）占位符操作：占位符是幻灯片中带有虚边线的框，如图 5-2 所示。"单击此处添加主标题"和"单击此处添加副标题"框都是占位符，框内可以放置 PowerPoint 的任何对象，例如，文字、图片、表格等等。占位符的大小可以调整，位置可以移动，也可以被复制，可以在被复制的占位符内添加对象。对占位符的操作和其他对象的操作是一致的。

（3）输入文本：在幻灯片中输入文本一般有以下 3 种方式。

1）在占位符中输入文本：单击占位符内部，光标变为闪烁的"|"形状时即可输入文本。

2）在"幻灯片/大纲窗格"中输入文本：在"幻灯片/大纲窗格"选中"大纲"选项卡，将光标定位到需要输入文本的幻灯片后，输入文本即可。

3）在文本框中输入文本：在 PowerPoint 2010 中，除了在占位符中输入文本之外，还可以使用文本框输入文本内容。PowerPoint 2010 中使用文本框的方法和 Word2010 中是一致的，在这里就不再重复。

（4）插入幻灯片：我们在制作演示文稿时需要不断增加新的幻灯片。通常使用以下 3 种方法创建一张新的幻灯片。

1）方法一：在普通视图下插入新幻灯片。在幻灯片窗格中，选择一张幻灯片，单击"开始"选项卡中"幻灯片"组中的"新建幻灯片"按钮，在弹出的菜单中选择需要的版式。

2）方法二：在幻灯片浏览视图下插入新幻灯片；在"幻灯片/大纲窗格"中插入幻灯片：在幻灯片窗格中选择一张幻灯片，右击，在弹出的快捷菜单中选择"新建幻灯片"命令，则在选定的这张幻灯片之后插入一张默认样式的幻灯片。

3）方法三：利用快捷键"Ctrl＋M"均可直接新建一张与选定幻灯片相同版式的幻灯片。

（5）设置幻灯片版式：幻灯片的布局格式也常常称为幻灯片的版式。使用 PowerPoint 提供的幻灯片版式可以快速的制作出整齐的幻灯片。创建演示文稿后，默认的第 1 张幻灯片的版式为"标题幻灯片"，在 PowerPoint 2010 中，为用户提供了 11 种标准版式，当然用户可以根据自己的需要，制作、修改自己的版式。

设置幻灯片的版式通常有以下 3 种方法。

1）方法一：从"开始"选项卡的"幻灯片"组中选择"新建幻灯片"，这时会自动生成和上一张幻灯片相同版式的幻灯片。

2）方法二：选中目标幻灯片，从"开始"选项卡的"幻灯片"组中单击"版式"，在弹出的下拉菜单中选择要设置的版式。

3）方法三：选中目标幻灯片，单击鼠标右键，在弹出的快捷菜单中选择"版式"命令，并在级联菜单中选择要设置的版式。

任务 5-2　把 Word 文档转换成演示文稿

（一）任务描述

打开"素材\第 5 章\第 1 节\我的班级.pptx"，这是一个空白文件，只有一张幻灯片，没有任何内容，幻灯片的文字内容在文档"我的班级.docx"中，添加内容后的效果如图 5-6 所示。

【操作要求】

1. 根据提供的 Word 文档，生成 6 张演示文稿。

2. 根据每一张幻灯片的内容选择合适的版式。

3. 给演示文稿排版。

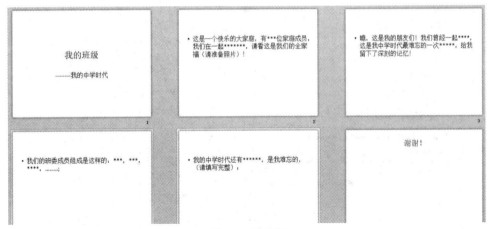

图 5-6　效果图

4. 根据文档提供的内容给第 2～第 6 张幻灯片添加内容。

5. 以文件名"中学时代.pptx"把幻灯片保存在你的"个人文件夹"下。

（二）任务实现

1. 打开"素材\第 5 章\第 1 节\我的班级.docx"文档，全部选中，并"复制"选中文本。

2. 启动 PowerPoint，选择"普通"视图，单击"大纲"标签，如图 5-7 所示。

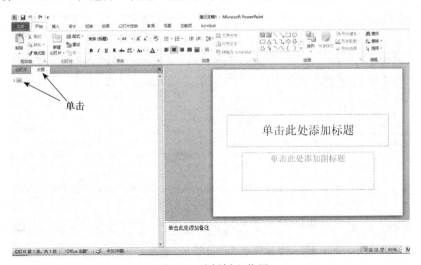

图 5-7　选择插入位置

3. 将光标定位到"大纲"窗格的第一张幻灯片处，执行"粘贴"命令，则可将 Word 文档中的全部内容插入到了第 1 幻灯片中。如图 5-8 所示。

4. 将光标定位到"我的中学时代"处，按回车键，生成第 1 张幻灯片。如图 5-9 所示。

5. 重复步骤 4，生成其余幻灯片。

6. 删除每张幻灯片中的多余的文字。

7. 保存文件在"个人文件夹"下，文件名为"中学时代"，文件类型为默认。

（三）相关知识点

通常在做 PPT 之前都会用到 Word 文档，在 office2010 中可以把 Word 文档直接转换为 PowerPoint 演示文稿。把 Word 文档转换为 PPT 的方法有很多，但是无论是哪一种方法，最好

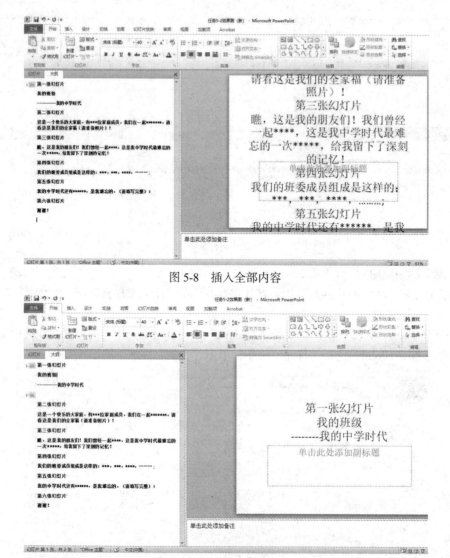

图 5-8　插入全部内容

图 5-9　生成第一张幻灯片

先根据需要设置好 Word 文档的样式,在转换过程中就可以避免上面任务实现中后期操作的麻烦。下面就简单的介绍三种方法,供大家根据需要选择。

(1)方法一:在 Word 文档中直接发送

打开 Word 文档,单击"文件→发送→MicrosoftOfficePowerPoint",PowerPoint 就会自动打开,并且把 Word 内容全部转换到 PowerPoint 中。

(2)方法二:在 PowerPoint 中直接打开 Word 文档

打开 PowerPoint,单击"文件"→"打开文件",在对话框的"文件类型"里选择"所有文件",找到并选中要转换的文件,单击"打开",就会生成一个 PowerPoint 演示文稿。

(3)方法三:使用转换工具

把 Word 转换成 PPT 的常用工具是 PDF 转换器。打开 PDF 转换器,在左侧栏中找到"文件转 PPT"单击"添加文件",单击"开始转换",在"输出"中选择转换好的 PowerPoint 文件的存放位置。

【注意】不论是哪一种方法，都要重新编辑。先把幻灯片分页，把光标放到第 1、第 2 张幻灯片的分页处，按回车键，即可创建出一张新的幻灯片。依此类推，完成幻灯片的分页。精简幻灯片中的内容，只留标题和核心词语。选择模板，调整文字的颜色、大小、字体等。

任务 5-3　编辑"滨职拍客"演示文稿

（一）任务描述

打开"素材\第 5 章\第 1 节\滨职拍客任务 5-3.pptx"，这是任务 5-1 中我们创建的演示文稿。我们按照下面的操作要求，对这个演示文稿进行文字的编辑。效果如图 5-10 所示。

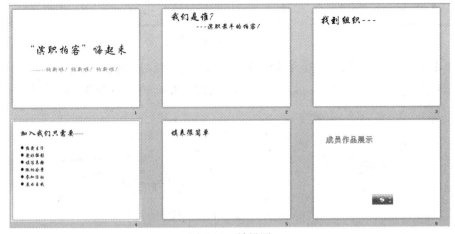

图 5-10　效果图

【操作要求】

1．将第 1 张幻灯片的主标题内容设置为华文行楷、66 磅，副标题设置为华文行楷、36 磅。第 2 张幻灯片标题字体内容设置为华文行楷、60 磅。

2．将第 3 张幻灯片主标题内容设置为华文行楷、54 磅，副标题设置为华文行楷、40 磅。

3．将第 4 张幻灯片的主标题内容设置为华文行楷、44 磅，幻灯片内容设置为华文行楷、28 磅，并添加项目符号"●"。

4．将第 6 张幻灯片标题设置艺术字样式为"填充—无，轮廓——强调文字颜色 2"。

5．交换第 2 张和第 3 张幻灯片的位置。

6．将文档放在"个人文件夹"下，并另存为"滨职拍客任务 5-4.pptx"。

（二）任务实现

1．打开文件"素材\第 5 章\第 1 节\滨职拍客任务 5-3.pptx"，光标定位在第 1 张幻灯片上。选中主标题："滨职拍客"嗨起来，从"字体"组中单击字体下拉按钮，选择"华文行楷"，再从字号选择框中选择"66"。

2．选中副标题"——纳新啦！纳新啦！纳新啦！"，按照设置主标题的方法设置字体和字号。以同样的操作设置第 2 张、第 3 张幻灯片。

3．光标定位在第 4 张幻灯片，首先按照步骤 1 的方法设置字体和字号，然后全部选中内容部分，单击"段落"组的第一行"项目符号"，如图 5-11 所示，找到项目符号"●"并选中单击。

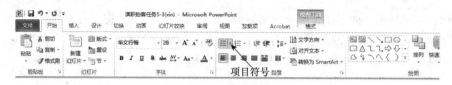

图 5-11　选择项目符号

4. 定位到第 6 张幻灯片，选中标题"成员作品展示"，在菜单栏会出现一个新的菜单"格式"，如图 5-12 所示。单击箭头所指按钮，选择"填充—无，轮廓——强调文字颜色 2"。

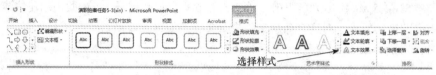

图 5-12　选择艺术字样式

5. 单击菜单栏"视图"，功能区右侧会出现"演示文稿视图"组，如图 5-13 所示。选择"幻灯片浏览视图"，出现所有幻灯片，选中第 2 张幻灯片，并按下鼠标左键将其拖拽至第 3 张幻灯片后，放开鼠标键。

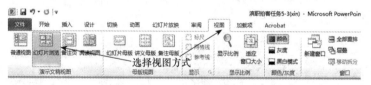

图 5-13　选择视图方式

6. 单击"文件"菜单，选择"另存为"，在"个人文件夹"下输入文件名"滨职拍客任务 5-4"。

（三）相关知识点

1. 幻灯片中的文本

文本是幻灯片内容的基础，优秀的幻灯片必须有简洁形象的文本，这就需要我们能够对幻灯片中的文本进行有效的编辑。

（1）文字格式化：在 PowerPoint 2010 中，对文字的格式化编辑和 Word2010、Excel2010 中的操作完全一致。利用"开始"选项卡中"字体"组中的按钮可以改变文字的格式设置，如对字体、字号、加粗、倾斜、下划线和字体颜色等进行设置。

（2）段落格式化：段落的格式化一般包括段落的缩进、对齐方式、行距、项目符号或编号等，这些的操作和 Word2010、Excel2010 中的操作也是一致的，我们可以按照前面两个软件的操作方法实现。

（3）插入艺术字：幻灯片中，经常会用到艺术字。常用的插入艺术字的方法有以下两种。

1）方法一：先输入文本，然后选中文本内容，会自动出现一个"绘图工具"选项卡，如图 5-14 所示。单击"艺术字"下方的下拉按钮，选择合适的艺术字形式。

图 5-14　插入艺术字

2）方法二：直接单击"插入"选项卡，在"文字"组中单击"艺术字"按钮，出现如上图中的"绘图工具"选项卡，单击"艺术字"，选择合适的艺术字样式。

2．选定幻灯片

在插入、复制、移动、删除幻灯片之前，要先确定我们要操作的幻灯片。在 PowerPoint 2010 的 6 种视图中，普通视图、幻灯片视图、母版视图等视图方式可以选定幻灯片。选定幻灯片的常用操作有以下几种。

（1）选定"单张幻灯片"单击要选定的幻灯片可选定该幻灯片。

（2）选定"多张幻灯片"按住 Ctrl 键不放，逐个单击要选定的多张幻灯片，可选定任意多张幻灯片。

（3）选定"多张连续的幻灯片"单击第 1 张要选定的幻灯片，按住 Shift 键不放，单击最后 1 张要选定的幻灯片，可选定多张连续的幻灯片。

3．复制幻灯片

制作格式或者内容大致相同的幻灯片时，可以通过复制操作来提高工作效率。复制幻灯片大致有以下两种情况。

（1）在同一演示文稿中复制幻灯片：在"幻灯片/大纲窗格中"中选定幻灯片，选择"开始"选项卡中"剪贴板"组的"复制"命令（或按快捷键"Ctrl＋C"）。在"幻灯片/大纲窗格中"中选定需要粘贴位置的前一张幻灯片后，单击"粘贴"按钮（或按快捷键"Ctrl＋V"）。

（2）复制不同演示文稿中的幻灯片：在"幻灯片/大纲窗格中"中选定幻灯片，按住 Ctrl 键将幻灯片拖动到需要复制到的位置即可完成对幻灯片的复制。

4．移动幻灯片

一般情况下，在"幻灯片浏览"视图下移动幻灯片是最简单快捷的。可以直接选定要移动的幻灯片，按住鼠标左键拖动到目标位置即可。也可以利用"开始"选项卡中"剪切板"组中的"剪切"和"粘贴"命令完成对幻灯片的移动，或者单击右键，使用快捷菜单中的"剪切""粘贴"命令，可以达到同样的效果。

5．删除幻灯片

在演示文稿中，我们常常需要删除不需要的幻灯片。选中要删除的幻灯片再按 Delete 键，或者单击右键，在弹出的快捷菜单中选择"删除幻灯片"，即可删除。

6．重设幻灯片

如果需要取消或者修改幻灯片的样式，选择"重设幻灯片"命令，将幻灯片恢复到修改之前的状态。

第 2 节　给演示文稿添加多媒体对象

任务 5-4　给"滨职拍客"添加多媒体对象

（一）任务描述

打开"素材\第 5 章\第 2 节\滨职拍客任务 5-4.pptx"，这是任务 5-3 的效果幻灯片，请按照操作要求完成下面操作，给幻灯片添加多媒体对象，添加后的效果图如图 5-15 所示。

【操作要求】

1．给第 1 张幻灯片添加背景"填充，图案填充，5%"。

图 5-15　效果图

2．给第 2 张幻灯片插入图片"班级合影"，并设置图片格式为"映像圆角矩形"。

3．给第 3 张幻灯片插入 SmartArt 图，选择"层次结构，表层次结构"，并更改图的颜色为"彩色范围—强调文字颜色 2 至 3"。

4．给第 4 张幻灯片插入剪贴画"人物，businessmen"。

5．给第 5 张幻灯片插入一个 5 列 9 行的表格，并给表头添加内容，表格样式选择"中度样式 2-强调 1"。

6．给第 6 张幻灯片插入图片"玫瑰.jpg"和"温德瑞湖.jpg"。

7．将文件保存在"个人文件夹"下，文件名为"任务 5-4 效果.pptx"。

（二）任务实现

1．打开文件"素材\第 5 章\第 2 节\滨职拍客任务 5-4.pptx"，定位第 1 张幻灯片，单击"设计"菜单项，然后单击"背景"组的"背景样式"选项。如图 5-16 所示。

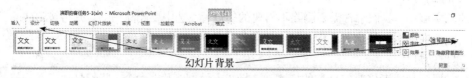

图 5-16　幻灯片背景

2．在"背景样式"下拉框中，选择"设置背景格式"，出现如图 5-17 所示的选项卡，在"填充"选项卡的"图案填充"选项中，选择"5%"图案，如图 5-17 所示，之后单击"关闭"按钮。

3．定位至第 2 张幻灯片，单击"插入来自文件的幻灯片"，如图 5-18 所示，找到文件所在位置"素材\第 5 章\第 2 节\班级合影.jpg"，单击"确定"按钮。

4．单击图片，在"图片样式"组中，选择"映像圆角矩形"。如图 5-19 所示。

5．定位至第 3 张幻灯片，单击"插入"菜单，选择"插图"组的"SmartArt"图表，选择"层次结构"选项的"表层次结构"。如图 5-20 所示。

6．单击工具栏的"更改颜色"图标，选择"彩色"组的"彩色范围—强调文字颜色 2 至 3"。如图 5-21 所示。

图 5-17　设置背景格式

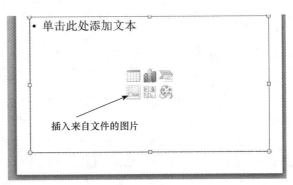

图 5-18　插入图片

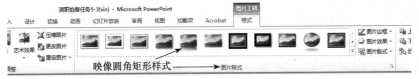

图 5-19　设置图片样式

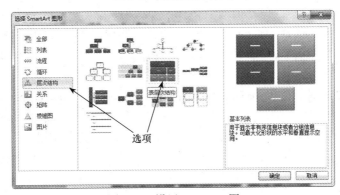

图 5-20　设置 SmartArt 图

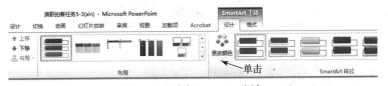

图 5-21　更改 SmartArt 颜色

7. 定位到第 4 张幻灯片，单击"插入剪贴画"，在显示区右侧"剪贴画"窗口"搜索文字"框输入"人物"，单击"搜索"按钮，选择"businessmen，concepts"并单击图片。如图 5-22 所示。

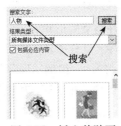

图 5-22　插入剪贴画

图 5-23　插入表格

8. 定位到第 5 张幻灯片，单击"表格"图标，如图 5-23 所示。在"插入表格"对话框中输入"5"列，"9"行；然后选择表格样式"中度样式 2——强调 1"。如图 5-24 所示。

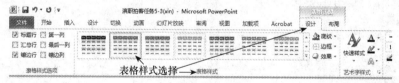

图 5-24 表格样式

9. 定位到第 6 张幻灯片，单击"插入来自文件的幻灯片"，找到文件所在位置"素材\第 5 章\第 2 节\玫瑰.jpg"，单击"确定"按钮。用同样方法插入"素材\第 5 章\第 2 节\温德瑞湖.jpg"。

10. 单击"文件"菜单，保存文件在"个人文件夹"下，文件名为"任务 5-4 效果.pptx"。

（三）相关知识点

1. 在幻灯片中插入图片及相关对象

幻灯片中常用的和图片相关的对象有来自文件的图片、剪贴画、形状、SmartArt 以及图表、相册等，这些对象都在"插入"选项卡中，如图 5-25 所示，其操作方法也是一致的。

图 5-25 插入选项卡

（1）来自文件的图片：在 PowerPoint 2010 中能插入的图片文件格式有 jpg、bmp、png、gif 等。

插入图片文件的方法：选择"插入"选项卡中"插图"组中的"图片"按钮，打开"插入图片"对话框，如图 5-26 所示，选择需要插入的图片，单击"确定"按钮。

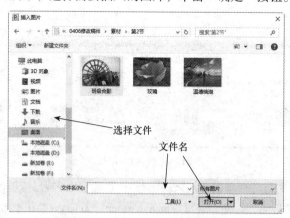

图 5-26 插入来自文件的图片

（2）添加形状：PowerPoint 2010 为用户提供了 9 种类型的形状库，分别是线条、矩形、基本形状、箭头汇总、公式形状、流程图、星与旗帜、标注和动作按钮。

添加这些形状的方法：在"开始"选项卡中单击"绘图"组的"形状"按钮，在弹出的菜单中选择需要添加的形状选项，当鼠标光标变成十字形状时，在幻灯片中拖动鼠标左键绘制形状。也可以通过"插入"选项卡"插图"组中的"形状"按钮来实现。

（3）插入 SmartArt：SmartArt 图能够形象直观的表达复杂关系，传递复杂信息。PowerPoint

2010 为我们提供了列表、流程、循环、层次结构、关系、矩阵、棱锥图和图片 8 种 SmartArt 图形。

插入 SmartArt 的方法为：在幻灯片中单击"插入"选项卡"插图"组的"SmartArt"按钮，打开"选择 SmartArt 图形"对话框，如图 5-20 所示。选择需要插入的 SmartArt 图形并单击确定，或者双击该图形。

（4）插入剪贴画：单击"插入"选项卡"图像"组的"剪贴画"按钮，在出现的"剪贴画"窗格中单击"搜索按钮"，如图 5-22 所示。也可以输入"搜索文字"，选择媒体文件类型，如果选择了"包括 Office.com 内容"则会搜索 Office.com 服务器提供的剪贴画。单击选择的剪贴画右边的下拉按钮，在弹出菜单中选择"插入"命令，也可以直接单击插入。

（5）插入表格：PowerPoint 中同样提供了表格。在幻灯片中插入表格的方法常用的有两种形式。

1）方法一：直接在幻灯片内容编辑区单击"表格"图标，如图 5-27 所示。在"插入表格"对话框中输入相应的行数和列数，单击"确定"按钮，自动生成表格，然后再对表格进行设计、美化。

2）方法二：单击"插入"选项卡，单击"表格"下拉按钮，出现"插入表格"框，如图 5-28 所示，直接拖动鼠标选择合适的行和列，或者单击"插入表格"或者"绘制表格"或者是"Excel 电子表格"。

图 5-27　用表格图标插入表格

图 5-28　选项卡插入表格

2．幻灯片背景的设置

在 PowerPoint 中可以更改幻灯片的设计背景。打开演示文稿，选择需要更改背景的幻灯片，单击"设计"选项卡中的"背景样式"下拉按钮，可以选择现有样式给幻灯片设置背景，如果对选择的背景不满意，可以单击下面的"重置幻灯片背景"。另外，还可以根据自己的需要设计符合幻灯片特色的背景，单击"设置背景格式"，如图 5-29 所示。弹出"设置背景格式"对话框，根据需要设置填充效果、图片更正、图片颜色、艺术效果等不同的幻灯片效果。设置结束后，单击"关闭"按钮。如果想把所有幻灯片设置为同样的背景，单击"全部应用"按钮，即可，如图 5-30 所示。如果对设置的幻灯片的背景不满意可以选择"重置背景"按钮，重复上面的方法重新选择即可。

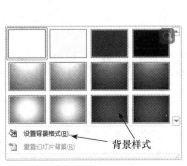

图 5-29　设置背景格式

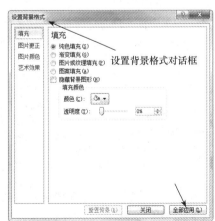

图 5-30　应用背景格式

任务 5-5　编辑并完善"滨职拍客"的多媒体资源

（一）任务描述

打开"素材\第 5 章\第 2 节\滨职拍客 5-5.pptx"，这是我们在任务 5-4 中编辑的幻灯片，请按照下面要求编辑完善幻灯片。效果如图 5-31 所示。

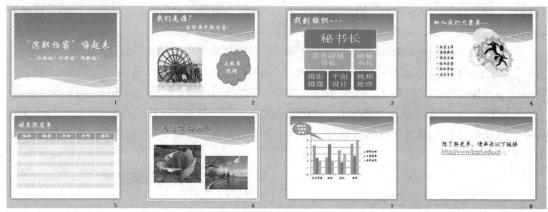

图 5-31　效果图

【操作要求】

1. 给幻灯片添加主题"波形"。

2. 在第 6 张幻灯片后新增 2 张幻灯片，版式为"空白"。

3. 在第 7 张幻灯片插入"簇状柱形图"图表，源数据文件在"素材\第 5 章\第 2 节\任务 5-5 图表素材.xlsx"中。

4. 在第 7 张幻灯片中插入形状"椭圆形标注"，在标注中插入文本"社团成员动机分析"。

5. 在第 8 张幻灯片中插入文本框，在框内输入内容"想了解更多，请单击以下链接 http://www.bzpt.edu.cn"，并设置超链接到该地址。

6. 在第 2 张幻灯片插入形状"爆炸型 1"，并添加文字"点我看视频"，设置超链接到视频文件"素材\第 5 章\第 2 节\滨职的春天.wmv"。

（二）任务实现

1. 打开"素材\第 5 章\第 2 节\滨职拍客 5-5.pptx"，光标定位在第一张幻灯片上，单击选项卡"设计"，单击"主题"组右侧的下拉按钮，找到"波形"并单击，完成主题设置，如图 5-32 所示。

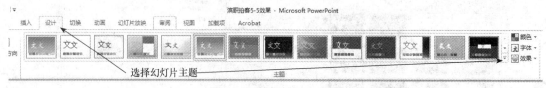

图 5-32　选择幻灯片主题

2. 在幻灯片普通视图下，定位光标在最后一张幻灯片，使用快捷键"CTRL＋M"插入第 7 张幻灯片，单击"开始"选项卡，在"幻灯片"组单击"版式"选择"空白"版式。以同样方法插入第 8 张幻灯片并设置版式。

3. 光标定位在第 7 张幻灯片，单击"插入"选项卡，在"插图"组，选择"图表"并单击，单击"柱形图"选项，在右侧栏选择"簇状柱形图"并单击"确定"按钮，如图 5-33 所示。

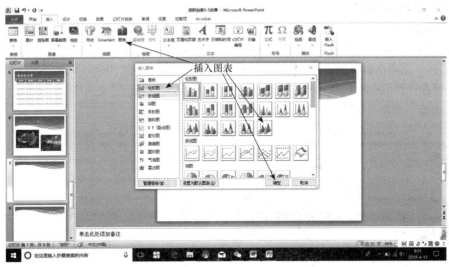

图 5-33　插入图表

4. 根据"素材\第 5 章\第 2 节\任务 5-5 图表素材.xlsx"表格中的数据修改 Excel 表格的内容，如图 5-34 所示。

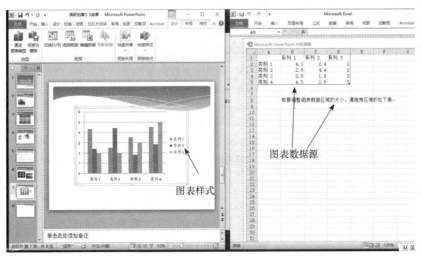

图 5-34　图表数据表

5. 分别把"系列 1、系列 2、系列 3"修改为"滨职拍客、日英联盟、其他社团"，把"类别 1、类别 2、类别 3、类别 4"修改为"就业需要、爱好、跟风、其他"，如图 5-35 所示，关闭数据表。

图 5-35　插入文本框

6. 单击"插入"选项卡，选择"插图"组"形状"，选择"椭圆形标注"，拖动鼠标画出形状图，右击画出的椭圆形标注图，在弹出的快捷菜单中选择"编辑文字"，输入"社团成员动机分析"，调整形状图的位置。

7. 光标定位在第 8 张幻灯片，单击"插入"选项卡，在"文本"功能区，单击"文本框"图标下方的按钮，如图 5-36 所示。单击"横排文本框"选项，用鼠标画出文本框，并输如文字"想了解更多，请单击以下链接 http://www.bzpt.edu.cn"，然后选中"http://www.bzpt.edu.cn"，单击鼠标右键在快捷菜单中选择"超链接"，如图 5-37 所示。在"地址"栏中输入"http://www.bzpt.edu.cn"，单击"确定"按钮。

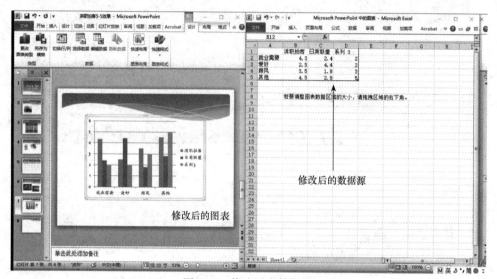

图 5-36　修改图表数据表

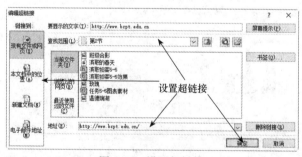

图 5-37　设置超链接

8. 光标定位在第 2 张幻灯片，单击"插入"选项卡，选择"形状"下的"星条与旗帜"组的"爆炸型 1"，拖拽鼠标画出形状，然后单击鼠标右键，在快捷菜单中选择"编辑文字"，在形状内输入"单击看视频"。选中"单击看视频"，单击鼠标右键，选择"超链接"，链接到文件"素材\第 5 章\第 2 节\滨职的春天"。

（三）相关知识点

1. 图片的编辑

对幻灯片中图片的编辑一般是编辑图片样式、排列方式、图片大小等方面。当选中任一图片时，会出现图片工具"版式"所有的对图片的编辑都通过"版式"选项卡的"调整""图片样式""排列方式""大小"等组来实现。如图 5-38 所示。

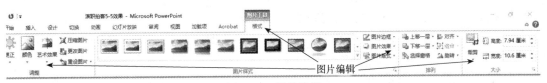

图 5-38 图片编辑

2. 文本框

在 PowerPoint 中有横排文本框和垂直文本框两种形。插入文本框的方法有两种。

（1）方法一：单击"插入"选项卡下"文本"组中"文本框"下方的黑色三角，在弹出的菜单中选择"横排文本框"或"垂直文本框"命令，当光标变为"垂直箭头"或"水平箭头"形状，拖动鼠标在幻灯片中绘制出需要的文本框的大小，输入内容。

（2）方法二：单击"插入"选项卡下"插图"组"形状"按钮下方的下拉按钮，在弹出菜单中找到"基本形状"组，选择"文本框"或者"垂直文本框"命令，当光标变为"垂直箭头"或"水平箭头"形状，在幻灯片中拖动鼠标绘制即可。

3. 演示文稿主题

主题是指一组有关幻灯片外观的格式，包括颜色、背景、字体、幻灯片版式等。PowerPoint 2010 内置了一些主题，可以在"设计"选择卡中使用它们，也可以设计自己的主题。使用现有的主题，只需要单击"设计"选项卡，选择需要的主题即可，如图 5-39 所示。

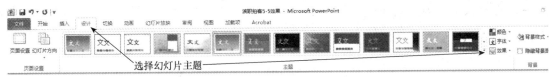

图 5-39 设置幻灯片主题

设计自己的主题方法是：先选择已有主题，然后单击"主题"组中的"颜色"、"字体"或"效果"按钮，对主题进行调整，完成后单击"主题"组的下拉按钮，选择"保存当前主题"，输入适当的名字即可保存，如图 5-40 所示。

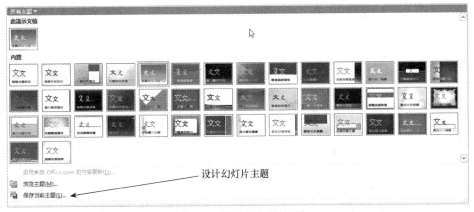

图 5-40 设计幻灯片主题

4. 超链接

是一个对象跳转到另一个对象的快捷途径，可以通过单击幻灯片中有链接的文字、图片、地址等快速开启相应内容。演示文稿中超链接的设置方法和 Word 及 Excel 中的设置方法一致。

插入超链接时，首先要选中插入超链接的对象，然后在菜单中选择"插入"，单击链接组中的"超链接"命令，对弹出的"插入超链接"对话框进行设置即可，通常链接的位置有下列三种。

（1）现有文件或网页：可链接到已存在的文件上，或链接到指定地址的网站。在"插入超链接"对话框中找到要链接的文件或在"地址"栏中输入网站地址，单击"确定"按钮即可。

（2）本文档中的位置：可链接到当前演示文稿中的任何一张幻灯片上，在"请选择文档中的位置"下面的列表框中选择要链接的幻灯片即可。

（3）删除超链接：用鼠标右击已插入超链接的对象，在弹出的快捷菜单中执行"删除超链接"命令，即可删除。

5. 图表的编辑

图表能够形象的把枯燥的数据关系表达出来，在 Excel 中我们已经详细介绍了图表。在 PowerPoint 中同样可以使用图表，数据的来源也是 Excel 表格。在 PowerPoint 中插入图表的常用操作方法是：光标定位在需要插入图表的幻灯片，单击"插入"选项卡，单击"图表"按钮，操作方法如图 5-33 所示，修改数据源表格。

6. 幻灯片中的媒体编辑

幻灯片中除了可以插入图片、图表、超链接等元素外，还可以插入多种媒体元素。在幻灯片中常用的多媒体元素一般有声音、视频和 Flash 动画（扩展名为.swf，这种文件通常通过 Internet 传送）3 种。

（1）插入声音文件：单击"插入"选项卡"媒体"组中"音频"按钮，共有 3 个选项：文件中的音频、剪贴画音频、录制音频。以插入"文件中的音频"为例：在幻灯片中插入音频。单击弹出菜单中"文件中的音频"命令，弹出"插入音频"对话框，如图 5-41 所示。选择需插入的音频文件，单击"插入"按钮，完成向幻灯片中插入音频。

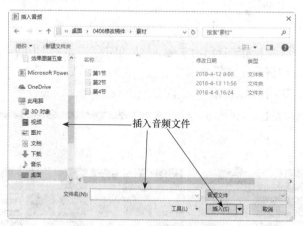

图 5-41　插入音频文件对话框

同样的方法可以在幻灯片中插入"剪贴画音频"和"录制音频"。

（2）插入视频文件：在幻灯片中插入视频也有 3 种形式，即文件中的视频、来自网站的视频和剪贴画视频，它们的操作方法是一致的。以插入文件中的视频为例介绍插入视频的方法：单击"插入"选项卡"媒体"组中"视频"按钮，选择弹出菜单中"文件中的视频"命令，弹出"插入视频文件"对话框，选择需插入的视频文件，单击"插入"按钮，完成向幻灯片中插入视频。

在幻灯片中，不但可以加入图片、图表和组织结构图等静态图像，还可以插入影片或声音。插入声音后，幻灯片中将出现一个"喇叭"声音图标，声音图标可改变大小、移动位置，还可以按 Delete 键删除。

任务 5-6　把"滨职拍客 5-5 效果"保存为幻灯片模板并编辑

（一）任务描述

打开"素材\第 5 章\第 2 节\滨职拍客 5-5 效果.pptx"，这是任务 5-5 的效果文件，请按照要求把幻灯片保存为模板，并完成下面的操作，效果图如图 5-42 所示。

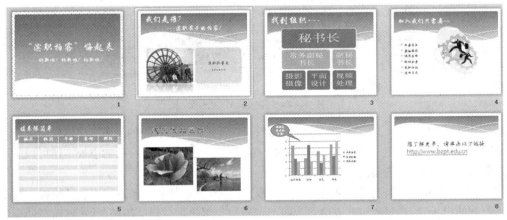

图 5-42　任务 5-6 效果图

1. 把文件另存为"滨职拍客模板一.potx"，并放在你的"个人文件夹"下。

2. 修改第 2 张幻灯片的右侧内容为视频"滨职的春天"，视频样式"映像圆角矩形"。

3. 另存幻灯片为"滨职拍客展示.pptx"并保存在"个人文件夹"下。

（二）任务实现

1. 打开"素材\第 5 章\第 2 节\滨职拍客 5-5 效果.pptx"，单击"文件"选项卡，选择"另存为"，在"另存为"对话框中，选择保存位置为"个人文件夹"，文件名输入"滨职拍客模板一"，在文件类型列表框中选择"PowerPoint 模板（*.potx）"，如图 5-43 所示，单击"保存"。

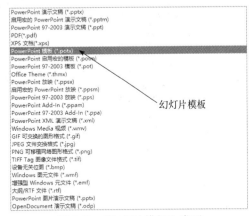

图 5-43　"幻灯片模板"类型

2. 打开"滨职拍客模板一.potx"，光标定位在第 2 张幻灯片，选中右侧的"爆炸型 1"形状，连同文字一起删除，并定义幻灯片版式为"两栏内容"。在右侧内容处单击"插入媒体剪辑"图标，选择"素材\第 5 章\第 2 节\滨职的春天.wmv"，单击"插入"。单击"视频工具"→"格式"选项卡下的"视频样式"按钮，如图 5-44 所示，选择"映像圆角矩形"单击，设置完成。

3. 单击"文件"选项卡，在"个人文件夹"下另存为"滨职拍客展示.pptx"。

（三）相关知识点

1. 模板

模板是一张或一组幻灯片的图案或蓝图，是一种特殊的演示文稿文件，默认文件扩展名

图 5-44 "视频样式"选择

为.potx。模板一般包含以下信息：主体特定的内容、背景格式、对象的颜色、字体效果以及占位符中的文本。用户可以使用 PowerPoint 2010 内置模板，也可以创建自己的模板，还可以从微软网站或者第三方网站下载模板。

若要使用模板，可以选择"文件"中的"新建"。若要重复使用最近使用过的模板，可单击"最近打开的模板"。若要使用已安装到本机上的模板，可单击"我的模板"，选择所需的模板。若要使用在线模板，可以选择"Office.com 模板"中的一个模板，单击"下载"，将其从 Office.com 网站下载到本地磁盘后使用。如图 5-45 所示。

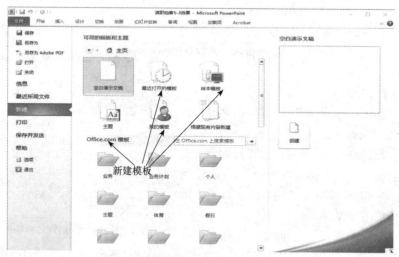

图 5-45 "新建模板"窗格

若创建自己的模板，可以通过打开或创建演示文稿，更改演示文稿的设置，包括母版等，如修改占位符的字符、字体、字号等。选择"文件"的"另存为"命令，打开"另存为"对话框，根据需要，在"保存类型"列表中选择"PowerPoint 模板""PowerPoint 启用宏的模板"或"PowerPoint97-2003 模板"，并选择要保存模板的文件夹。在"文件名"框中输入新模板的名称，单击"保存"按钮。

演示文稿创建模板时，该演示文稿上的所有文本、图形、幻灯片等对象都会出现在新模板中。

如果不希望每次使用模板时都出现演示文稿中的某些部分，可以将其删除。

2．编辑幻灯片母版

（1）插入幻灯片母版：一般情况下，一套幻灯片母版包括 1 张主母版和 11 张版式母版。如果需要，可以通过"编辑母版"组中"插入幻灯片母版"，在原有母版后插入新的幻灯片母版。

（2）插入版式：在幻灯片母版中，默认只提供了 12 个版式。用户可根据需要单击"编辑母版"组中"插入版式"按钮，在选择的幻灯片后插入一个标题幻灯片。

（3）重命名：选择一个幻灯片版式，执行"编辑母版"组中的"重命名"，在弹出的"重命名版式"对话框中设置版式名称，单击"重命名"完成版式名称的更改。

3．设置版式

版式定义了幻灯片显示内容的位置与格式信息，主要包括占位符、标题、页脚。

插入占位符：单击"幻灯片母版"选项卡中"母版版式"组中"插入占位符"按钮，在弹出的菜单中选择需要插入的占位符类别，在幻灯片中拖动鼠标左键，插入占位符。PowerPoint 2010 为我们提供了内容、文本、图表等 10 种占位符。

第 3 节　演示文稿的动画设置

制作幻灯片，我们不仅要在内容设计上保证制作精美，动画设置也是确保幻灯片质量很重要的因素之一。好的动画能使我们的演示文稿更加生动、有趣，增加对观众的吸引力。

任务 5-7　给你的演示文稿添加"进入"和"退出"动画效果

（一）任务描述

打开素材\第 5 章\第 3 节\滨职拍客动画 1.pptx，这是前面任务的效果文件，这也是一个没有动画的文件。请按照下列要求给第 1 张和第 2 张幻灯片添加动画效果。

【操作要求】

1．将第 1 张幻灯名片中标题"'滨职拍客'嗨起来"设置为以"弹跳"效果进入。

2．将第 1 张幻灯名片中副标题"——纳新啦！纳新啦！纳新啦！"设置为以"飞入"效果进入，并"自左上部"飞入。

3．将第 2 张幻灯名片中标题"我们是谁？——滨职最牛的拍客！"设置为以"空翻"效果进入。

4．将第 2 张幻灯片中的图片设置为"玩具风车"的退出效果。

（二）任务实现

1．打开"素材\第 5 章\第 3 节\滨职拍客动画 1.pptx"。

2．选中第 1 张幻灯片中标题："'滨职拍客'嗨起来"，单击"动画"选项卡，单击右侧下拉列表按钮，如图 5-46 所示。在弹出的列表框中选择"弹跳"效果，如图 5-47 所示。

图 5-46　"动画"选项卡

图 5-47 "进入"效果

3. 选中第 1 张幻灯名片中副标题 "——纳新啦！纳新啦！纳新啦！"，重复上步操作，在弹出的列表框中选择 "飞入"效果，如图 5-48 所示。单击 "动画"选项卡右侧的 "效果选项"，在列表中选择 "自左上部"选项，如图 5-49 所示。

图 5-48 选择 "效果"列表框

4. 选中第 2 张幻灯片文字标题 "我们是谁？——滨职最牛的拍客！"，重复步骤 3，单击 "更多进入效果（E）…"，如图 5-50 所示。在弹出的列表框中选择 "空翻"效果，如图 5-51 所示。

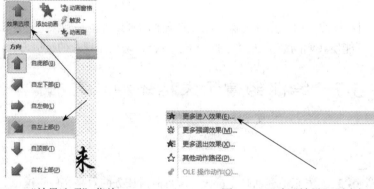

图 5-49 "效果选项"菜单　　　　　　图 5-50 "动画效果"列表框

5. 选中图片，单击 "动画"下拉按钮，单击 "更多退出效果（X）…"，在弹出的列表框中选择 "玩具风车"退出效果，如图 5-52 所示。

图 5-51 "动画进入效果"列表框　　　　图 5-52 "退出效果"列表框

（三）相关知识点

在上面的任务中，我们利用 PowerPoint 2010 提供的动画方案，给"滨职拍客动画 1.pptx"幻灯片添加了动画效果，使原本静止的演示文稿更加生动、形象。

在普通视图中，单击要创建动画的文本或对象，切换到"动画"选项卡，从"动画"组的动画样式列表框中选择合适的动画即可，如图 5-53 所示。

图 5-53　"动画组"列表

单击"动画"选项卡右侧的"效果选项"按钮，从下拉列表中可选择动画的运动方向。

1."进入"效果。有"进入"和"更多进入效果（E）…"，如图 5-54 所示，这些都是自定义动画对象的进入动画形式。比如，可以使对象逐渐淡入焦点、从边缘飞入幻灯片或者跳入视图中等。进入效果分"基本型""细微型""温和型"和"华丽型"4 种类型。

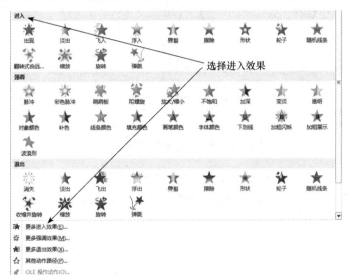

图 5-54　设置"动画进入效果"

2."退出"效果。有"退出"和"更多退出效果（X）…"，如图 5-55 所示，这些都是自定义动画对象的退出动画形式。退出效果也分为"基本型""细微型""温和型"和"华丽型"4 种类型。

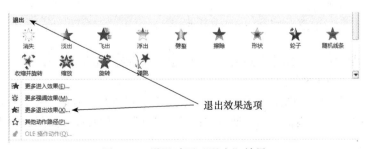

图 5-55　设置动画"退出"效果

任务 5-8　给演示文稿添加"强调"动画效果

（一）任务描述

打开"素材\第 5 章\第 3 节\滨职拍客动画 2.pptx"，请按照下列操作要求给文件中的第 3 张和第 4 张幻灯片添加"进入"和"退出"动画效果。

【操作要求】

1. 将第 3 张幻灯片文字标题"找到组织——"设置"放大/缩小"强调效果。
2. 将第 3 张幻灯片中的 SmartArt 图设置为"对象颜色"强调效果，效果选项为"红色"。
3. 将第 4 张幻灯片的图片左侧文字部分设置为"跷跷板"强调效果。
4. 将第 4 张幻灯片的图片设置为"脉冲"强调进入。

（二）任务实现

1. 打开"素材\第 5 章\第 3 节\滨职拍客动画 2.pptx"。
2. 选中第 3 张幻灯片中标题"找到组织——"，单击"动画"选项卡，单击右侧下拉列表按钮，在弹出的列表框中选择"放大/缩小"效果，如图 5-56 所示。

图 5-56　设置"强调"效果（一）

3. 选中第 3 张幻灯片中的 SmartArt 图，单击"动画"，在弹出的列表框中选择"对象颜色"效果，如图 5-57 所示。单击"动画"选项卡中的"动画"组中的"效果选项"，在颜色列表中选择"红色"选项，如图 5-58 所示。

图 5-57　设置"强调"效果（二）

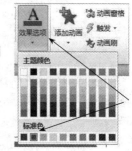

图 5-58　设置"效果选项"

4. 选中第 4 张幻灯片的图片左侧文字部分，单击"动画"选项卡，在"动画"组中选择"跷跷板"强调效果，如图 5-59 所示。

5. 选中第 4 张幻灯片的图片，重复步骤 3 的操作，在弹出的列表框中，单击"更多强调效果（M）…"，在弹出的列表框"细微型"中选择"脉冲"强调效果，如图 5-60 所示。

图 5-59　设置"强调"效果（三）

图 5-60　设置"强调"效果（四）

（三）相关知识点

"强调"效果的选项有很多种类，除去常规的强调效果外，还有"更多强调效果（M）…"可以选择，如图 5-61 所示。强调效果分为"基本型""细微型""温和型"和"华丽型"4 种类型。

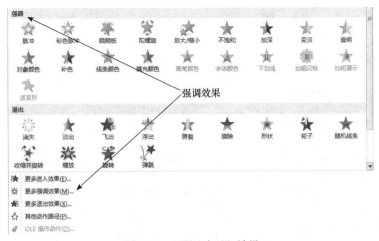

图 5-61　"强调动画"效果

任务 5-9　给演示文稿添加"组合"动画效果

（一）任务描述

打开"素材\第 5 章\第 3 节\滨职拍客动画 3.pptx"，为文件中的第 5 张和第 6 张幻灯片添加"进入"和"退出"动画效果。

【操作要求】

1. 为第 5 张幻灯片文字标题"填表很简单"设置"擦出"进入效果和"波浪形"强调效果。

2. 设置第 5 张幻灯片表格以"缩放"进入效果，以"形状"效果退出。

3. 为第 6 张幻灯片文字标题"成员作品展示"设置"劈裂"进入效果，设置"放大/缩小"强调效果。

4. 为第 6 张幻灯片中的左侧图片设置"脉冲"强调效果，右侧图片用动画刷设置为同样动画效果。

（二）任务实现

1. 打开"素材\第 5 章\第 3 节\滨职拍客动画 3.pptx"。

2. 选中第 5 张幻灯片文字标题"填表很简单"，单击"动画"选项卡，单击右侧下拉列表按钮，在弹出的列表框中选择"擦除"进入效果，如图 5-62 所示。单击"高级动画"组中的"添加动画"命令，在弹出的列表框中选择"波浪形"强调效果，如图 5-63 所示。组合动画效果如图 5-64 所示。

图 5-62　选择"进入效果"

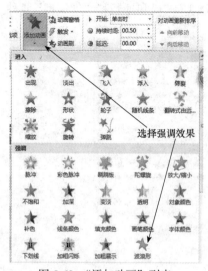

图 5-63　"添加动画"列表

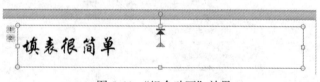

图 5-64　"组合动画"效果

3. 选中第 5 张幻灯片中的表格，单击"动画"选项卡，在"动画"组中选择"缩放"进入效果。单击"高级动画"中的"添加动画"命令，选择"形状"退出效果。

4. 选中第 6 张幻灯片文字标题"成员作品展示"，单击"动画"选项卡，单击右侧下拉列表按钮，在弹出的列表框中选择"劈裂"进入效果。单击"高级动画"中的"添加动画"命令，在弹出的列表框中选择"放大/缩小"强调效果。

5. 选中第 6 张幻灯片中的左侧图片，单击"动画"选项卡，单击右侧下拉列表按钮，在弹出的列表框中选择"脉冲"强调效果。选中左侧图片，单击"高级动画"中的"动画刷"命令，鼠标箭头变为格式刷，单击右侧图片，如图 5-65 所示。

（三）相关知识点

1. 动画组合

当一种动画效果不能满足需求时，我们可以尝试使用动画组合，形成一组完整的动画形式。例如，可以对一行文本应用"飞入"进入效果及"陀螺旋"强调效果，使它旋转起来，也可以对自定义动画设置出现的顺序、开始时间、延时或者持续动画时间等。合理的组合动画能够实现文字、表格、图片和图表等的自然切换，让观众感受到幻灯片的动感。设置好的组合动画效果可以通过动画窗格显示，如图 5-66 所示。

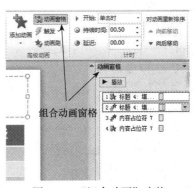

图 5-65　使用"动画刷"　　　　　图 5-66　"组合动画"窗格

2. 动画刷

动画刷提供了使一个对象能复制另一个对象的动画功能。动画刷在"动画"选项卡的"高级动画"组里。"动画刷"的使用方法：先单击有动画源的对象，然后单击"动画刷"按钮，当鼠标变成刷子形状的时候，单击目标对象即可，如果需要给多个对象设置相同的动画，可以双击"动画刷"按钮，然后逐个单击目标对象。

3. 删除动画效果

选定目标对象，切换到"动画"选项卡，在"动画样式"列表框中选择"无"选项，如图 5-67 所示，也可单击对象左上角的动画编号，然后按"Delete"键，即可删除。也可单击"高级动画"组中的"动画窗格"按钮，打开后在动画窗格列表区域中单击要删除的动画，从弹出的快捷菜单中选择"删除"命令。

图 5-67　删除动画效果

第4节　制作个性化影集

PowerPoint 另外一个强大的功能是可以很方便地制作个性化的影集，而且制作方法简单。制作的影集不但可以在幻灯片中播放，也可以直接生成视频文件单独播放。

任务 5-10　制作"滨职的春天"相册

（一）任务描述

"滨职拍客"社团要制作一个电子相册，要求一方面可以单独在宣传大屏幕上播放，另一方面还可以插入宣传幻灯片中播放。"鲁滨"需要根据给出的素材，按照下面要求，完成电子相册的制作。

【操作要求】

1. 按照"相片 5.jpg""相片 6.jpg""相片 1.jpg""相片 2.jpg""相片 3.jpg""相片 4.jpg""相片 7.jpg"的顺序将上述照片插入相册中。

2. 相片版式选择"一张图片"，相框形状选择"矩形"。

3. 相册主题选择"龙腾四海"。

4. 修改相册封面标题为"滨职的春天"，字号为 72 号，字型为默认，副标题为"——滨职拍客制作"，字号为 40 号，字型为默认。

5. 将文件另存为"滨职的春天.wmv"并放在"个人文件夹"下。

（二）任务实现

1. 单击"插入"选项卡，在"图像"组中，单击"相册"→"新建相册"，在"相册"对话框中单击按钮"文件/磁盘"，在"素材\第 5 章\第 4 节\"文件夹中选择文件"相片 5.jpg"，单击"插入"按钮，依次插入"相片 6.jpg""相片 1.jpg""相片 2.jpg""相片 3.jpg""相片 4.jpg""相片 7.jpg"，如图 5-68 所示。

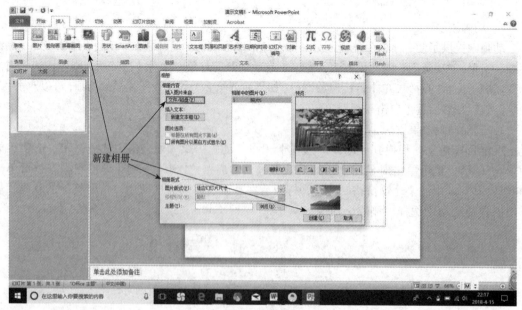

图 5-68　制作相册对话框

2．在"相片版式"框中选择"一张相片"，然后在"相框形状"框中选择"矩形"，如图 5-68 所示。

3．单击"主题"框后面的"浏览"按钮，找到"Dragon.thmx"，单击"选择"按钮，如图 5-69 所示。

图 5-69　选择相册主题

4．单击第 1 张幻灯片，把"相册"修改为"滨职的春天"，设置字号为 72。把"由 Windows 用户创建"修改为"——滨职拍客制作"，字号为 40 号。

5．单击"文件"→"另存为"，选择"Windows media 视频（*.wmv）"，文件名为"滨职的春天.wmv"，并将其放在"个人文件夹"下。

（三）相关知识点

电子相册不仅仅可以以"*.WMV"的视频文件形式独立播放，也可以插入幻灯片中播放，也可以保存为"*.PPTX"的形式，像编辑普通的 PowerPoint 文件一样进行编辑。另外，在电子相册中，图片版式、相框形状以及相片的透明度、对比度、角度调整等都可以根据用户需要自由调整，还可以在电子相册中插入音频。

第 5 节　演示文稿的放映

演示文稿在放映过程中，由一张幻灯片转入另一张幻灯片就是幻灯片的切换。为使幻灯片放映更具有趣味性，我们可在幻灯片切换中使用不同的技巧和效果。

任务 5-11　给演示文稿添加幻灯片切换效果

（一）任务描述

打开"素材\第 5 章\第 5 节\滨职拍客放映 1.pptx"，按照下面的操作要求，为演示文稿添加幻灯片切换效果。

【操作要求】

1．为第 1 张幻灯片添加"百叶窗"切换效果，效果选项为"水平"项，声音设置为"鼓掌"，持续时间为"01.25"。

2．为第 2 张幻灯片添加"立方体"切换效果，效果选项为"自右侧"项，声音设置为"风铃"，持续时间为"01.00"。

3．为第 3 张幻灯片添加"摩天轮"切换效果，效果选项为"自左侧"项，声音设置为"无声音"，持续时间设置为"02.00"，换片方式选择"设置为自动换片"时间为"00：02.00"。

（二）任务实现

1．打开"素材\第 5 章\第 5 节\滨职拍客放映 1.pptx"。

2．选中第 1 张幻灯片，单击"切换"选项卡，在"切换到此幻灯片组"中选择"百叶窗"，如图 5-70 所示。

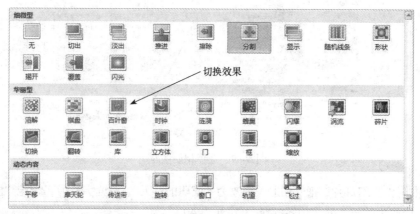

图 5-70　设置切换效果

3．单击"效果选项"按钮，选择"水平"选项，如图 5-71 所示。

4．单击"声音"下拉列表框，选择"鼓掌"选项，如图 5-72 所示。"持续时间"调整为"01.25"，如图 5-73 所示。

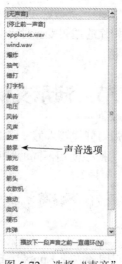

图 5-71　选择"效果"　　　图 5-72　选择"声音"　　　图 5-73　设定声音"持续时间"

5．光标定位在第 2 张幻灯片，切换效果的设置同第一张一样。

6．光标定位在第 3 张幻灯片，重复上述步骤来设置切换效果。换片时间可在"换片方式"

中选择"自动换片时间设置",并在选项后面设置为"02:00.00",如图 5-74 所示。

图 5-74 设置"自动换片时间"

7. 保存文件在"个人文件夹"下,并命名为"滨职拍客放映 2.pptx"。

(三)相关知识点

1. 选择切换效果。选中要设置的幻灯片,单击打开"切换"任务窗格,有"细微""华丽"和"动态内容"3 类切换效果,可根据需要自行选择。

2. 设置切换效果,可选择"效果选项"。不同的切换效果有不同的"效果选项"。如图 5-75 所示,例如"分割"效果就有 4 种效果选项。

3. 设置切换声音。幻灯片切换声音类型也有很多,可根据演示文稿主题需要自行选择。

选择好"声音"后,再设置"持续时间",选择以"秒"计,格式为"00.00"。若声音设置应用到全部幻灯片,可单击"应用到全部"。

4. 设置"换片方式"。换片方式有"单击鼠标时"和"设置自动换片时间"两类,可选一种,也可全部选择。

图 5-75 设置"切换效果"

任务 5-12 播放演示文稿

(一)任务描述

打开"素材\第 5 章\第 5 节\滨职拍客放映 2.pptx",按照操作要求,设置播放动作并播放已完成切换设置的"滨职拍客放映 2.pptx"文件,在放映过程中添加墨迹注释。

【操作要求】

1. "从头开始"放映幻灯片,观看放映效果。

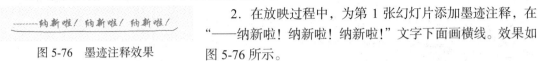

图 5-76 墨迹注释效果

2. 在放映过程中,为第 1 张幻灯片添加墨迹注释,在"——纳新啦! 纳新啦! 纳新啦!"文字下面画横线。效果如图 5-76 所示。

3. 为第 7 张幻灯片中的图表插入动作,当"鼠标移过"时,幻灯片播放跳跃到第 5 张幻灯片。

4. 设置演示文稿的放映方式:"放映类型"设置为"演讲者放映","放映选项"设置为"循环放映,按 ESC 键终止","绘图笔颜色"设置为"绿色"。

5. "从头开始"放映幻灯片,观看放映效果。

6. 保存文件在"个人文件夹"下,文件名为"滨职拍客放映.pptx"。

(二)任务实现

1. 打开"素材\第 5 章\第 5 节\滨职拍客放映 2.pptx"。

2. 单击"幻灯片放映"选项卡，在"开始放映幻灯片"组，单击"从头开始"放映幻灯片，即可开始放映。如图 5-77 所示。

图 5-77　"幻灯片放映"选项

3. 在第 1 张幻灯片放映过程中，鼠标右击幻灯片，在快捷菜单中选择"指针选项"→"笔"，按下鼠标左键滑动即可在"——纳新啦！纳新啦！纳新啦！"文字下面画上横线。如图 5-78 所示。

4. 选中第 7 张幻灯片中的图表，单击"插入"菜单项，单击"动作"后弹出"动作设置"对话框。单击"鼠标移过"选项卡，选择"超链接到"，单击下拉列表选择"幻灯片…"后，在弹出的对话框中选择"5. 填表很简单"，单击"确定"，返回上一级对话框后，再单击"确定"，如图 5-79 所示。

图 5-78　设置"墨迹注释"

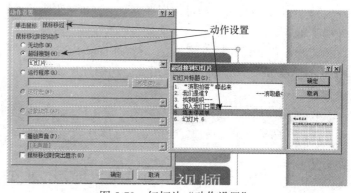

图 5-79　幻灯片"动作设置"

5. 在"幻灯片放映"功能区的"设置"组中，单击"设置幻灯片放映"，弹出设置放映方式对话框，设置"放映类型"为"演讲者放映"，"放映选项"设置为"循环放映，按 ESC 键终止"，"绘图笔颜色"设置为"绿色"，如图 5-80 所示。

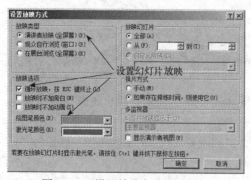

图 5-80　"设置放映方式"对话框

6. 重复步骤 2，播放演示文稿。

7. 保存文件在"个人文件夹"下，文件名为"滨职拍客放映.pptx"。

（三）相关知识点

1. 设置幻灯片放映方式

在幻灯片放映前，可以按照播放要求设置放映方式。设置放映方式一般由以下几种需要设置的参数：①放映类型设置，它包括"演讲者放映""观众自行浏览"和"在展台浏览"，可以根据不同场合选用。②放映选项设置，如需要循环放映演示文稿，可以选择"循环放映，按 ESC 键终止"项。③可设置"绘图笔颜色"和"激光笔颜色"。④可选择"全部"或"部分"幻灯片放映。⑤可设置换片方式，若选择"手动"，则放映时必须人为干预才能切换幻灯片，若选择"如果出现时，则使用它"，并且设置了自动换页时间，则幻灯片在播放时便能自动切换了。

2．放映幻灯片

由于默认的放映方式是"演讲者放映"，在此方式下，一是可直接放映，单击"幻灯片"放映菜单项，在"开始放映幻灯片"功能区域中，单击"从头开始"或"从当前幻灯片开始"即可直接放映。二是可通过快捷菜单控制放映过程。快捷菜单常用的命令如下。

（1）下一张：选择此命令可以切换到下一张幻灯片。

（2）上一张：选择此命令可以切换到上一张幻灯片。

（3）定位至幻灯片：可选择幻灯片标题切换到指定的幻灯片。

（4）指针选项：可设置鼠标指针。其中，"箭头"选项用来将鼠标指针设置为箭头形状，"圆珠笔""毛尖笔"和"荧光笔"选项用来将鼠标指针设置为笔的形状，可在幻灯片播放过程中对内容进行墨迹注释。"墨迹颜色"命令用于设置墨迹注释颜色，"橡皮擦"和"擦除幻灯片上的所有墨迹"命令可擦除幻灯片上的墨迹。

（5）屏幕有如下功能："黑屏"或"白屏"，使整个屏幕变成黑色或白色，直到单击鼠标为止。"显示/隐藏墨迹标记"可控制墨迹的显示和隐藏。"演讲者备注"可控制显示演讲者在幻灯片中的备注内容。选择"切换程序"命令，可以在放映幻灯片时通过任务栏切换到其他程序。

（6）结束放映：即结束演示文稿放映。结束放映也可直接按 ESC 键。

3．排练计时

排练计时可以跟踪每张幻灯片的显示时间，为整个演示文稿估计一个放映时间，方便用户自动放映。操作如下。

（1）切换到"幻灯片放映"菜单，单击"排练计时"，功能如图 5-81 所示，在播放的幻灯片左上角显示录制计时器，如图 5-82 所示。

图 5-81　设置"排练计时"

图 5-82　"录制计时器"窗口

（2）结束放映或单击"录制"计时器关闭按钮时，系统弹出提示框，单击"是"即可保存排练计时，如图 5-83。

图 5-83　保存排练计时

4．插入动作

动作的插入，为演讲者提供了幻灯片放映过程中的另一种人机交互途径。可方便演讲者根据需要选择幻灯片的播放顺序和演示内容，既可以在多个幻灯片中实现跳转，也可以链接到指定地址的网站，还可以启动一个应用程序或宏。具体操作是：单击"插入"菜单项，单击"动作"后弹出"操作设置"对话框，即可进行相应的设置。

本 章 小 结

本章介绍了 PowerPoint 2010 的基本概念和基本操作，包括幻灯片的编辑、给幻灯片添加多媒体资源、幻灯片动画效果设置、演示与发布演示文稿等。通过完成任务，相信同学们应该已经能够独立创建各种精美、实用、满足工作要求的演示文稿，也能对演示文稿进行放映和发布。

自 测 题

一、单项选择题

1. PowerPoint 2010 中演示文稿文件的扩展名为（　　）。

　　A. ppt　　　B. pptx　　C. pot　　D. potx

2. 在 PowerPoint 2010 中的（　　）视图可以查看演示文稿中的图片、形状与动画效果。

　　A. 幻灯片放映视图

　　B. 幻灯片浏览视图

　　C. 普通视图

　　D. 备注页视图

3. PowerPoint 2010 为用户提供了链接幻灯片的功能，一般情况下用户可通过（　　）方法，链接本演示文稿中的幻灯片。

　　A. 文本框　　　　B. 动作按钮与形状

　　C. 动画　　　　　D. 超链接

4. 演示文稿的超链接的链接目标可以是（　　）。

　　A. 文件或网页　　B. 电子邮件地址

　　C. 本文档中的位置 D. 以上说法都正确

5. 播放演示文稿时，以下说法正确的是（　　）。

　　A. 只能按顺序播放

　　B. 只能按幻灯片编号的顺序播放

　　C. 可以按任意顺序播放

　　D. 不能倒回去播放

6. PowerPoint 2010 中主要的编辑视图是（　　）。

　　A. 幻灯片浏览视图

　　B. 普通视图

　　C. 幻灯片放映视图

　　D. 备注页视图

7. （　　）视图是进入 PowerPoint 2010 后的默认视图。

　　A. 幻灯片浏览　　B. 大纲

　　C. 幻灯片　　　　D. 普通

8. PowerPoint 2010 中，能编辑幻灯片中对象（如"图片、艺术字、文本框中的文本"等）的视图是（　　）。

　　A. 普通视图　　B. 幻灯片放映视图

　　C. 母版视图　　D. 幻灯片浏览视图

9. 在 PowerPoint 2010 中制作演示文稿时，若要插入一张新幻灯片，其操作为（　　）。

　　A. 单击"文件"选项卡下的"新建"命令

　　B. 单击"开始"选项卡→"幻灯片"组中的"新建幻灯片"按钮

　　C. 单击"插入"选项卡→"幻灯片"组中的"新建幻灯片"按钮

　　D. 单击"设计"选项卡→"幻灯片"组中的"新建幻灯片"按钮

10. 在制作幻灯片时，若要插入一名为"a. jpg"的照片文件，应该采用的操作是单击（　　）。

　　A. "插入"选项卡下"剪贴画"按钮

　　B. "插入"选项卡下"文本框"按钮

　　C. "插入"选项卡下"图片"按钮

　　D. "插入"选项卡下"形状"按钮

11. 从当前幻灯片开始放映的快捷键是（　　）。

　　A. Shift＋F5　　　B. Shift＋F4

　　C. Shift＋F3　　　D. Shift＋F2

12. 从第一张幻灯片开始放映的快捷键是（　　）。

　　A. F2　　　　　　B. F3

　　C. F4　　　　　　D. F5

13. 若要使幻灯片在播放时能每隔 3 秒自动转到下一页，可以在（　　）选项卡中设置。

　　A. 开始　　　　　B. 设计

　　C. 切换　　　　　D. 动画

14. PowerPoint 2010 提供的幻灯片模板，主要是解决幻灯片的（　　）。

　　A. 文字格式　　　B. 文字颜色

　　C. 背景图案　　　D. 以上全是

15. 在 PowerPoint 2010 中，要设置幻灯片间切换效果（例如从一张幻灯片"溶解"到下一张幻灯片),应使用(　　)选项卡进行设置。

    A."动作设置"　　B."设计"

    C."切换"　　　　D."动画"

二、多项选择题

    1. 在"幻灯片放映"选项卡中,可以进行的操作有(　　)。

    A. 选择幻灯片的放映方式

    B. 设置幻灯片的放映方式

    C. 设置幻灯片的背景样式

    D. 设置幻灯片放映时的分辨率

    2. 在进行幻灯片动画设置时,可以设置的动画类型有(　　)。

    A. 进入　　　　　B. 强调

    C. 退出　　　　　D. 动作路径

    3. 在"切换"选项卡中,可以进行的操作有(　　)。

    A. 设置幻灯片的切换效果

    B. 设置幻灯片的换片方式

    C. 设置幻灯片切换效果的持续时间

    D. 设置幻灯片的版式

    4. PowerPoint 2010 的操作界面由(　　)组成。

    A. 显示区　　　　B. 工作区

    C. 状态区　　　　D. 功能区

    5. 下列属于 PowerPoint 2010 幻灯片放映类型是(　　)。

    A. 演讲者放映　　B. 放映时不加动画

    C. 在展台浏览　　D. 观众自行浏览

三、操作题

    1. 打开"素材\第 5 章\综合练习\电脑保健.pptx"文件进行如下操作:

    (1)在第 1 张幻灯片上插入声音"明天,你好.mp3",设置声音循环播放、隐藏声音图标。

    (2)将第 2 张幻灯片的目录内容设置动态效果为"飞入"、"方向自左侧"、"快速"。

    (3)在第 3 张幻灯片上插入图片"伸懒腰.gif",设置高度 12cm,宽度 8cm,调整到合适的位置。

    (4)设置所有幻灯片的切换效果为"水平

百叶窗""风铃音""每隔 5 秒自动换页"。

    (5)为第 2 张幻灯片添加"花束"背景。

    2. 打开"素材\第 5 章\综合练习\CANON.pptx"文件,进行如下操作。

    (1)在第 4 张幻灯片后插入一张新幻灯片,设置该幻灯片的版式为空白,并插入艺术字"谢谢观看",艺术字样式任意。

    (2)为第 2 张幻灯片中的"佳能 EOS 发展史"设置超链接,使其超链接到第 3 张幻灯片。

    (3)为第 4 张幻灯片中的"佳能 EOS 产品展示"设置自左侧"飞入"进入动画效果。将第 1 张幻灯片的切换效果设置为"闪光"。

    (4)为演示文稿设置"水滴"主题。

    (5)为幻灯片设置从头至尾播放的背景音乐"bj.mp3"。

    3. 打开"素材\第 5 章\综合练习\如何成功.pptx",完成以下操作并以原文件名保存。

    (1)为幻灯片选取合适的主题应用,增加PPT 美感。

    (2)插入一张幻灯片作为第 2 张幻灯片,插入"SmartArt"图形中"列表"中的"垂直曲形列表",输入以下内容,并更改颜色为任一彩色,设置 SmartArt 样式为"优雅"。

将以下内容作为第 2 张幻灯片内容。

SmartArt
- 取得成功要处理好的关系
- 政治与业务的关系
- 理想与勤奋的关系
- 学习与创新的关系

---

    (3)设置超链接,使得在播放第 2 张幻灯片、单击"学习与创新的关系"时,能够播放以"学习与创新的关系"为标题的幻灯片。

    (4)修改以"理想与勤奋的关系"为标题的幻灯片版式为"两栏内容",并在右侧插入图片"勤奋.jpg"。

    (5)为以"理想与勤奋的关系"为标题的幻灯片各项内容设置任一动画效果,为所有幻灯片设置任一幻灯片切换效果。

第 6 章

应用网络资源

情境引入

"鲁滨"家里组装了新电脑，虽然早就可以使用电脑上网、查学习资料、听歌、看视频，但是他以前对于配置网络、如何高效率的使用网络等知识了解甚少。下面，我们就与"鲁滨"同学一起通过对本章内容的学习来更好地了解网络、使用网络。

第1节 计算机网络基础

通过本节的学习，我们将了解网络的基础知识，学会配置无线路由器，并能上网搜索下载资料，熟练使用搜索引擎的高级搜索功能。

任务 6-1 配置无线路由器

（一）任务描述

"鲁滨"家准备使用 ADSL 连接上网的宽带业务，电信网络公司的人员已经安装好了相关设备并调试过 ADSL 网络。"鲁滨"想自己配置无线路由器，可是他不知道如何进行操作，下面我们来帮帮他吧！

【操作要求】

1. 启动电脑和路由器设备。

2. 进入路由器的设置界面。

3. 通过"设置向导"设置路由器。

（二）任务实现

1. 将网线、路由器和电脑之间的线路连接好，启动电脑和路由器设备。

2. 通过电脑端的浏览器进入到路由器的设置界面。浏览器地址栏输入"192.168.1.1"并回车访问该地址，如图 6-1 所示。如进入不了网页，请翻看路由器底部铭牌或者路由器使用说明书，不同型号路由器设置的默认地址都不一样。此处是以 Tp-link 路由器为例。

3. 在弹出的"Windows 安全"对话框中，输入用户名和密码。一般用户名为 admin，密码为 admin，单击"确定"按钮进行登录。如图 6-2 所示。

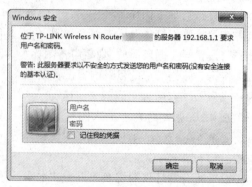

图 6-1 输入路由器设置界面地址

图 6-2 Windows 安全对话框

4．进入到 Tp-link 路由器的设置界面。如图 6-3 所示。

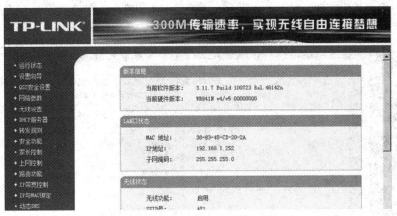

图 6-3　Tp-link 路由器的设置界面

5．单击设置界面左边列表中的"设置向导"，打开"设置向导"对话框，单击"下一步"。如图 6-4 所示。

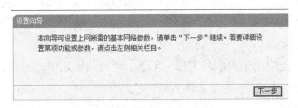

图 6-4　"设置向导"对话框

6．根据设置向导一步步设置。首先选择上网方式，通常 ADSL 用户选择第 2 项 PPPoE，如图 6-5 所示，然后单击"下一步"按钮。

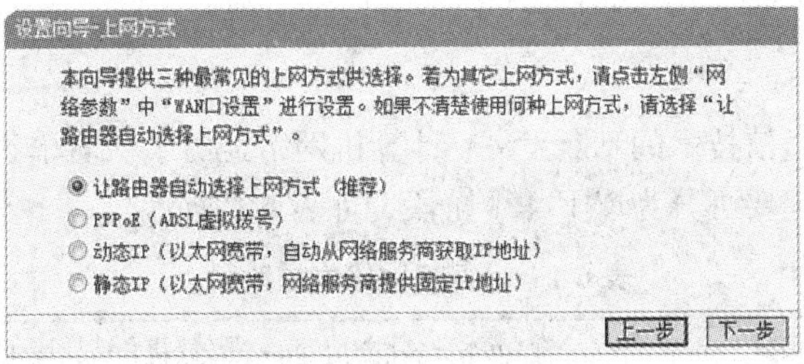

图 6-5　"设置向导-上网方式"对话框

7．输入从网络服务商申请到的账号和密码，如图 6-6 所示，输入完成后直接单击"下一步"按钮。

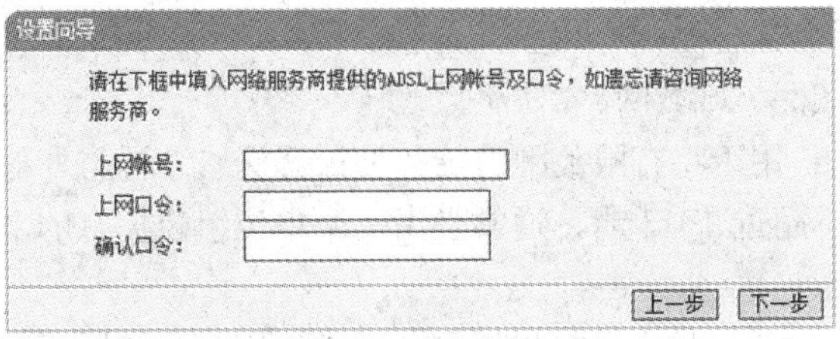

图 6-6　"输入上网账号和口令"对话框

8. 如果想要设置 Wifi 密码，注意尽量使用字母数字组合比较复杂一点的密码。在无线参数的基本设置中输入相应密码，如图 6-7 所示，正确后单击保存。一般会提示是否重启路由器，确认重启后，重新启动路由器后即可正常上网。

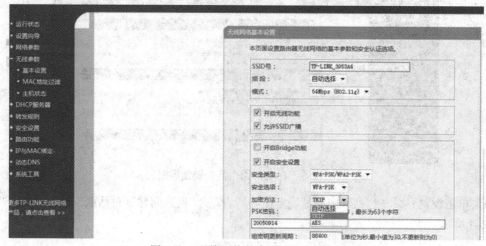

图 6-7 "无线网络基本设置"对话框

（三）相关知识点

计算机网络已被广泛应用于人们的工作、生活、学习和娱乐中。因此，我们还需要了解一些有关网络的基本知识。

1. 计算机网络

计算机网络是指将位置不同的具有独立功能的多台计算机及其外部设备，通过通信线路连接起来，在网络操作系统、网络管理软件及网络通信协议的管理和协调下，实现资源共享和信息传递的计算机系统。通俗地说，网络就是通过光缆、电话线、微波、卫星等传输介质互连的计算机的集合。

2. 计算机网络的形成与发展

随着计算机技术和通信技术的不断发展，计算机网络经历了从简单到复杂，从单机到多机的发展过程，其演变过程主要可分为以下 4 个阶段，如表 6-1 所示。

表 6-1 计算机网络发展阶段

第一阶段	20 世纪 50 年代	以单个计算机为中心的远程联机系统，构成面向终端的计算机通信网
第二阶段	20 世纪 60 年代末	多个自主功能的主机通过通信线路互联，形成资源共享的计算机网络
第三阶段	20 世纪 70 年代末	形成具有统一的网络体系结构，遵循国际标准化协议的计算机网络
第四阶段	始于 20 世纪 80 年代末	向互连、高速、智能化方向发展的计算机网络，以 Internet 为典型代表

3. 计算机网络的分类

计算机网络分为局域网、城域网、广域网。

（1）局域网（LAN）：用于将有限范围内的各种计算机、终端与外部设备互联成网，限于较小的地理区域内，一般不超过 10 千米，通常是由一个单位组建拥有的。如机关网、企业网、校园网均属于局域网。

（2）城域网（MAN）：是一种大型的局域网，通常使用与局域网相似的技术，但它的作用范围可从几十千米到上百千米，可覆盖一个城市，能满足较广范围内的多个企事业单位的局域网互联需求。使用者多为需要在城市内进行高速通信的较大单位。

（3）广域网（WAN）：广域网常常借用现有的公共传输信道进行计算机之间的信息传递，如电话线、微波、卫星或者它们的组合信道。因特网、ChinaDDn 网（中国公用数字数据网）、Chinanet 网（中国公用计算机互联网）都是广域网。

4．网络拓扑结构

计算机网络拓扑结构是指网络中各个节点相互连接的形式，主要有总线型、星型、树型、环型、网状型 5 种，如图 6-8 所示。

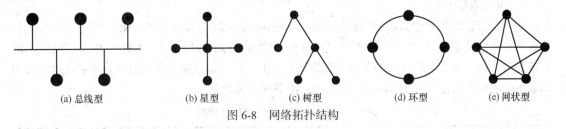

(a) 总线型   (b) 星型   (c) 树型   (d) 环型   (e) 网状型

图 6-8　网络拓扑结构

5．网络硬件设备

（1）局域网的组网设备：包括传输介质、网卡和交换机等，如图 6-9 所示。常用的传输介质有双绞线、同轴电缆、光纤电缆、无线电波等。

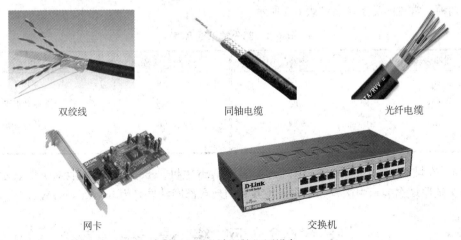

双绞线   同轴电缆   光纤电缆

网卡   交换机

图 6-9　局域网的组网设备

（2）网络互联设备：常用的网络互联设备主要有路由器、网桥和调制解调器等，如图 6-10 所示。目前家庭上网用得最多的设备是路由器。

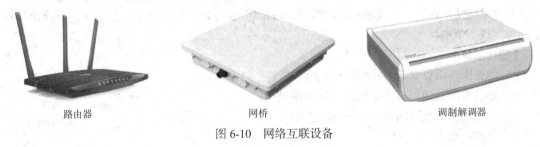

路由器   网桥   调制解调器

图 6-10　网络互联设备

6. 网络通信协议

通信协议就是通信双方都必须要遵守的通信规则，是一种约定。TCP/IP 是 Internet 最基本的协议，是 Internet 的基础，它是一个协议组，包括上百个各种功能的协议。

7. IP 地址

IP 地址存在的目的是为了确保各计算机在相互通信时不出现混乱。每一台连入 Internet 的计算机都必须有一个唯一的、能相互识别的网络地址。目前最常使用的 IP 地址是 IPv4 结构，由 32 位二进制数构成，将这 32 位二进制数分成 4 组，中间用 "." 隔开，即 "a.b.c.d" 的形式。其中，a、b、c、d 都是 0～255 之间的十进制整数。例如：192.168.1.66。

8. 域名系统 DNS

用户难以记忆数字形式的 IP 地址，因此 Internet 引入域名服务系统 DNS。这是一个分层和分布式管理的命名系统，域名的结构由若干个分量组成，其结构形式是：主机名. ……类型名. 国家或地区代码。国家或地区代码又称为顶级域名，由 ISO3166 规定，常见的部分国家或地区代码如表 6-2 所示（美国作为 Internet 的起源地，不适用国家代码）。

表 6-2　常见的部分国家或地区代码

国家或地区	中国	英国	法国	德国	日本	加拿大	意大利	韩国
国家或地区顶级域名	cn	gb	fr	de	jp	ca	it	kr

类型名又称为二级域名，表示主机所在单位的类型，我国的二级域名又分为类型域名和行政区域名两种，常见的类型域名如表 6-3 所示。

表 6-3　部分常见域名表

机构域名	适用对象	机构域名	适用对象
edu	教育	net	网络
gov	政府	org	非盈利组织
mil	军事	int	国际机构
com	商业		

例如，在域名 www.abc.edu.cn 中，www 表示 Web 主机，abc 表示单位名称，edu 表示教育机构，cn 为顶层域名表示中国，如中华人民共和国教育部网站域名为 www.moe.gov.cn。

任务 6-2　网络漫游

（一）任务描述

"鲁滨"家里的电脑已经能够上网了，但是他还不知道如何设置 IE 浏览器的浏览模式。另外，有一些学习网站里面有他非常感兴趣的课程，"鲁滨"想方便快捷地登录这些网站，下面让我们帮助他实现愿望吧！

【操作要求】

1. 将百度首页设置为 IE 浏览器的主页。
2. 通过百度新闻网页了解最新的新闻报道。
3. 将 "学堂在线" 网站添加到收藏夹中。
4. 整理收藏夹。

（二）任务实现

1．启动 IE 浏览器

（1）用鼠标双击桌面上的 IE 快捷方式。打开如图 6-11 所示的 IE 浏览器界面。

图 6-11　IE 浏览器界面

（2）单击图 6-11 中的"设置"按钮，打开下拉菜单，选择"Internet 选项"，弹出如图 6-12 所示的"Internet 选项"对话框，在主页的地址中输入百度网址，然后单击"确定"按钮，这样就可以将百度设为主页。

（3）重新启动桌面上的 IE 快捷方式，会发现打开的是百度首页，如图 6-13 所示。

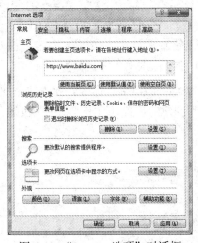

图 6-12　"Internet 选项"对话框

图 6-13　百度首页

（4）在百度首页上有"新闻""地图""视频""贴吧"等链接。单击"新闻"链接，会打开如图 6-14 所示的百度新闻网页，我们就可以通过该网页了解最新的新闻报道。

2．收藏网站

收藏夹是 IE 浏览器提供的功能，方便用户在上网时记录自己喜欢、常用的网站。

（1）启动桌面上的 IE 快捷方式，打开的是我们之前设定的百度首页，在百度搜索框中输入学习网站的名字，如"学堂在线"。如图 6-15 所示。

（2）选择搜索到的第一个链接，进入"学堂在线"网站的首页。如图 6-16 所示。

图 6-14　百度新闻网页

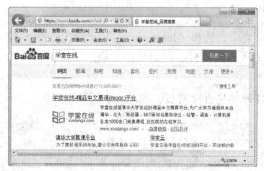

图 6-15　搜索"学堂在线"

图 6-16　"学堂在线"首页

（3）选择菜单栏上的"收藏夹"，在弹出的菜单中找到"添加到收藏夹"命令。弹出"添加收藏"对话框，如图 6-17 所示。在这里输入收藏网页的名称和创建的位置，单击"添加"按钮，即可完成收藏网站的操作。

图 6-17　将网址添加到收藏夹

3．整理收藏夹

如果收藏夹中的内容太多，用户在收藏夹中寻找某一网页的地址时会非常困难，可以使用整理收藏夹功能，将不同分类网址分别放在不同的子收藏夹中。下面我们就整理一下前面收藏的学习网站。

（1）单击浏览器中的"收藏夹"菜单，选择"整理收藏夹"命令，打开"整理收藏夹"对话框。

（2）单击"新建文件夹"按钮，输入新文件夹的名字，如"学习网站"。然后将列表中的有关学习网站的网页地址拖动到该文件夹中即可。如图 6-18 所示。

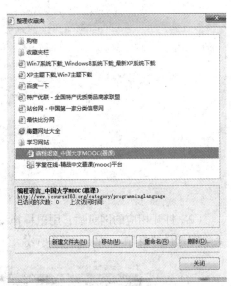

图 6-18 整理收藏夹对话框

（三）相关知识点

1．Internet

Internet 中文正式译名为因特网，又称国际互联网。它是由使用公用语言互相通信的计算机连接而成的全球网络。一旦连接到它的任何一个节点上，就意味着这台计算机已经连入 Internet。Internet 目前的用户已经遍及全球。

1969 年美国国防部高级研究计划局（Advance Research Projects Agency，ARPA）出于军事需要建立了一个名为 ARPANET 的网络，人们普遍认为这就是 Internet 的起源。

2．Internet 相关概念

（1）浏览器（Browser）：万维网（Web）服务的客户端浏览程序，是我们网上漫游不可或缺的一款软件。目前我们最常用的浏览器是微软公司的 Internet Explorer，简称 IE 浏览器。

（2）主页（HomePage）：Internet 上的信息以页面的形式来组织，我们称之为网页（Web）。若干主题相关的 Web 页面集合构成了 Web 网站。主页就是这些页面集合的一个特殊页面。

（3）HTTP（HyperText Transfer Protocol）：超文本传输协议。

（4）超文本标记语言（HTML）：是用于创建 Web 网页的一种计算机程序语言，它定义格式化的文本、图形与超文本链接等，使声音、图像、视频等多媒体信息可以集成在一起，特别是其中的超文本和超媒体技术。用户在浏览 Web 网页时，可以随意跳转到其他的页面，极大地促进了 WWW 的迅速发展。

任务 6-3 下载网络资源

（一）任务描述

又是一年毕业季，"鲁滨"所在的学校要举办一场欢送毕业生的晚会。老师让作为学生会干部的"鲁滨"制作一个有关毕业生的 PPT，并在晚会上播放。"鲁滨"想在 PPT 中插入一些文字、图片和背景音乐，很快他在网上找到了合适的内容，但是他不知道如何下载，下面我们一起来帮帮他吧！

【操作要求】

1．通过百度搜索有关欢送毕业生的文章，并将搜索到的文字复制到字处理软件中。

2．下载有关毕业生的图片。

3．下载并安装百度音乐软件。

4．通过百度音乐软件下载"鸿雁"音乐文件。

（二）任务实现

1．下载文字

（1）启动 IE 浏览器：打开如图 6-13 所示的百度首页，在搜索框中输入文本"欢送毕业生的文章"，单击回车键，出现如图 6-19 所示的搜索结果。

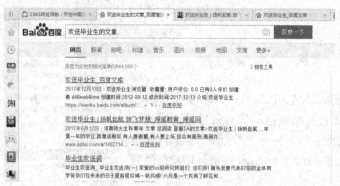

图 6-19　搜索"欢送毕业生的文章"搜索结果

（2）打开相应的网页后，用鼠标拖动的方法选择合适的文字内容，然后右击，在弹出的快捷菜单中选择"复制"。如图 6-20 所示。

图 6-20　选中文字并复制

（3）再打开相应的字处理软件，如 Word、写字板或记事本等软件，将文字内容"粘贴"到字处理软件新建的文档中，保存即可。如图 6-21 所示。

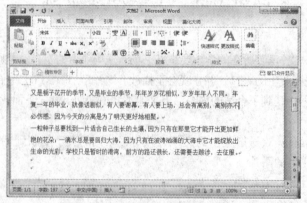

图 6-21　将文字粘贴到 Word 文档中

2．下载图片

（1）启动 IE 浏览器，打开如图 6-13 所示的百度首页，在搜索框中输入文本"毕业生"，然后单击"图片"链接，出现如图 6-22 所示的搜索结果。

图 6-22 搜索毕业生图片

（2）选定要保存的图片，右击，在图 6-23 所示的快捷菜单中单击"图片另存为"（该菜单中的"目标另存为"可以保存文字链接的整个网页内容），在出现如图 6-24 所示的"保存图片"对话框中指定图片名称、保存位置和保存类型后，单击"保存"按钮即可。

图 6-23 快捷菜单   图 6-24 "保存图片"对话框

3．下载音乐

许多软件都提供了下载音乐的功能，其中百度音乐是中国第一音乐门户，提供了海量正版高品质音乐，可以让听众更快地找到喜爱的音乐，是听众比较喜爱的音乐平台之一。这里介绍通过"百度音乐"软件来下载音乐的方法。

（1）首先需要下载"百度音乐"的客户端。打开 IE 浏览器，在百度搜索框中输入文本"百度音乐"，找到如图 6-25 所示的搜索项。选择"普通下载"即可下载该软件。

（2）下载完该软件，找到下载的文件，双击进行安装，会出现如图 6-26 所示的安装界面，单击"快速安装"。

（3）打开如图 6-27 所示的安装目录界面，选择"更改"按钮，找到合适的安装位置，单击"开始安装"按钮。

图 6-25 搜索"百度音乐"

图 6-26 "百度音乐"安装界面

（4）安装成功后会出现如图 6-28 所示的安装完成界面，单击"完成"按钮完成安装。

图 6-27 "选择安装目录"对话框

图 6-28 安装完成界面

（5）打开百度音乐客户端。在首页左边列表中可以看到和其他音乐类客户端类似的"在线音乐""我的音乐"等选项，在界面上面的搜索框中可以按照歌手姓名、歌曲类型等查找歌曲。这里搜索歌曲"鸿雁"，如图 6-29 所示。然后选择搜索出的列表中的一首歌曲，右击，在弹出的快捷菜单中选择"下载"命令。

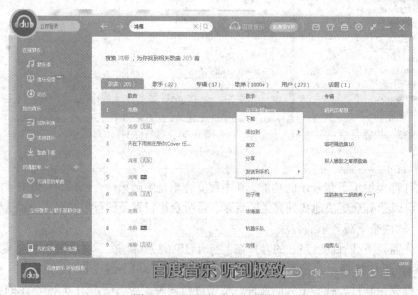

图 6-29 百度音乐客户端首页

（6）弹出如图 6-30 所示的"下载歌曲"对话框，单击"标准品质"，选择"立即下载"按钮即可将歌曲下载到默认文件夹中。

（7）我们可以单击界面左边的"歌曲下载"项，在右边窗口中即可找到下载的音乐文件，选择该文件右击，选择"打开文件所在目录"，如图 6-31 所示，就可以找到该音乐文件。

图 6-30 "下载歌曲"对话框

（三）相关知识点

互联网上提供了很多的下载工具，除各种浏览器内置的下载工具外，还有如迅雷、快车、旋风、电驴等专门下载工具软件。下面以迅雷为例介绍下载工具的一些功能和特点。

迅雷支持超文本传输协议、文件传输协议、BitTorrent 协议、eDonkey 网络的下载，它可下载电影、视频、音乐、游戏、软件、驱动程序等文件。迅雷软件的特点如下。

图 6-31 "歌曲下载"界面

1. 下载加速镜像服务器

加速全网数据挖掘，自动匹配与资源相同的镜像用户下载。

2. P2P 加速

利用 P2P 技术进行用户之间的加速，该通道产生的上传流量会提升通道的健康度，从而提升通道加速效果。

3. 高速通道加速

高速 CDN 加速，高速通道可以利用用户物理带宽的上限进行加速，如用户是 4M 的宽带，那用户最高的下载速度是"390-420KB/S"，用户下载了一个迅雷服务器上没有的资源，迅雷会记录资源地址，云端准备完成后其他用户在下载时即可用高速通道下载。

4. 离线下载加速

用户只需提交任务链接，云端准备完成后即可高速下载。

第 2 节 电子邮件与网络安全

电子邮件（Electronic Mail，E-mail）是用户或用户组之间通过计算机网络收发信息的服务。

电子邮件服务是目前互联网上最基本的服务项目和使用最广泛的功能之一。

传统的计算机安全着眼于单个计算机，主要强调计算机病毒对于计算机运行和信息安全的危害，在安全防范方面主要研究计算机病毒的防治。当前正处于全球信息化、网络化的知识经济时代，离开网络的单个计算机应用即将退出历史舞台，因此网络安全已成为未来信息技术中的主要问题之一。

任务 6-4　申请和使用电子邮箱

（一）任务描述

"鲁滨"的学校要求每位同学提交一份暑期个人调查计划报告。需要将报告提交到学校的公共电子邮箱，但是"鲁滨"没有个人电子邮箱，更不知道如何操作，我们一起来帮帮他吧！

【操作要求】

1．申请一个 126 网易邮箱。

图 6-32　126 搜索项

2．通过 126 邮箱发送一封电子邮件。

（二）任务实现

1．申请电子邮箱

（1）打开 IE 浏览器，在百度搜索框中输入 126 邮箱，在搜索到的结果中找到如图 6-32 所示的搜索项，单击注册邮箱。

（2）进入 126 邮箱注册界面，如图 6-33 所示，填写信息即可。此时注册方式显示字母邮箱、手机邮箱和 VIP 邮箱 3 种，用户可以任选一种进行注册。这里我们选择"字母邮箱"注册，在填完基本信息后，之前输入的手机号会收到 126 邮箱发送一个验证码，把验证码填上去，单击立即注册。

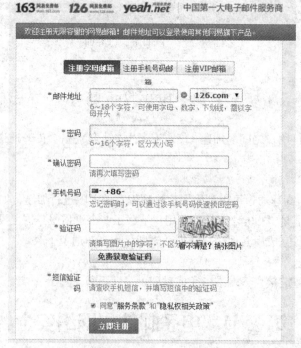

图 6-33　126 邮箱注册界面

（3）返回百度搜索界面，如图 6-32 所示，输入刚才注册的账号和密码，单击登录。

（4）登录后，将进入个人的 126 邮箱首页，如图 6-34 所示。现在你就可以收发电子邮件了。

图 6-34　个人 126 邮箱首页

2．发送邮件

（1）登录个人 126 邮箱后，请单击页面左上角"写信"按钮，就来到写信页面了。如图 6-35 所示。

图 6-35　126 邮箱写信界面

（2）在"收件人"一栏中填入收信人的邮箱地址，在主题一栏中输入邮件的主题名。如果需要随信附上文件或者图片，单击"添加附件"，再单击"浏览"按钮，在弹出的对话框中，选择要添加的附件后点"打开"即可，也可单击"删除"按钮，删掉不要的附件。若要添加多个附件，重复单击"添加附件"。填写正文信息时，在正文框中填写。

（3）一切准备就绪后，单击页面上方或下方任意一个"发送"按钮，如图 6-36 所示，你的邮件就发出去了。如果选择了附件，在发送的同时，上传的附件也跟随信件正文一起发送出去。

（三）相关知识点

1．什么是电子邮件

电子邮件程序（Email program），是一种用电子手段提供信息交换的通信方式，是互联网应用最广的服务。通过网络的电子邮件系统，用户可以以非常低廉的价格、非常快速的方式，

图 6-36　发送邮件

与世界上任何一个角落的网络用户联系。但值得我们注意的是，电子邮件的广泛使用，也使它成为了互联网病毒传播的主要途径。

2．电子邮件的工作方式

电子邮件有两种工作方式，第 1 种工作方式是在网页方式下收发邮件，基本方法是登录到某一个邮件网址，输入用户名和密码，然后就可以收发邮件了。目前，有许多网站开通了这项服务，如网易、雅虎、搜狐、新浪等。第 2 种方式是采用 SMTP 服务器发送邮件，并采用 POP 服务器接收邮件。

3．发送电子邮件注意事项

电子邮件地址的格式为"用户名@服务器域名"。发送邮件时，在"收件人"一栏中填入收信人的邮箱地址。如果是多个地址，在地址间需用英文状态下的分号隔开"；"或者单击右边"通讯录"中一位或多位联系人，选中的联系人地址将会自动填写在"收件人"一栏中。如果单击联系组，该组内的所有联系人地址都会自动填写在"收件人"栏。

若想抄送信件，单击"添加抄送"，将会出现抄送地址栏。抄送就是将信同时也发给收信人以外的抄送栏中的人，将他（她）的邮箱地址写在这一栏中。

若想密送信件，单击"添加密送"，将会出现密送地址栏，再填写密送人的邮箱地址。密送就是将信秘密发送给邮箱地址在密送栏的人，与此同时，所有收到该邮件的人将不会知道这封信密送给其他人。

任务 6-5　防范网络风险

（一）任务描述

网络是许多人的生活必需品，因此，随之带来的安全问题也越来越多。"鲁滨"如何既能享受网络的便捷，又能保障自己的网络安全呢？完成下面操作可以帮助他。

【操作要求】

1．设置 IE 浏览器安全级别。

2．Windows 防火墙的启用。

（二）任务实现

1．IE 浏览器安全级别设置

IE 浏览器是普通网民使用的最频繁的软件之一，也是常常受到网络攻击的软件。其实，在 IE 浏览器中有不少容易被我们忽视的安全设置，通过这些设置我们能够在很大程度上避免网络攻击。

（1）打开 IE 浏览器，单击菜单栏上"工具"中的"Internet 选项"。如图 6-37 所示。

（2）在打开"Internet 选项"对话框中，选择"安全"选项卡。如图 6-38 所示。

（3）安全设置中可以分别对 Internet、本地 Intranet、受信任的站点和受限制的站点 4 个区域进行设置，通过对滑块调整进行安全级别的更改，单击"确定"保存即可生效。

2．Windows 防火墙的启用

（1）单击桌面左下角的"开始"按钮，在弹出的窗口中选择"控制面板"。如图 6-39 所示。

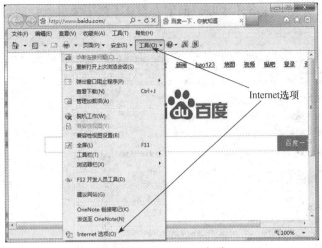
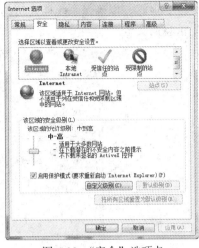

<table>
<tr><td>图 6-37　Internet 选项</td><td>图 6-38　"安全"选项卡</td></tr>
</table>

（2）在打开的"控制面板"窗口中，选择"网络和 Internet"下的"查看网络状态和任务"。如图 6-40 所示。

图 6-39　选择"控制面板"　　　　　　图 6-40　　"控制面板"窗口

（3）在弹出的"网络和共享中心"窗口中选择左下角的"Windows 防火墙"。如图 6-41 所示。

（4）在"Windows 防火墙"窗口左侧边栏中，选择"打开或关闭 Windows 防火墙"。如图 6-42 所示。

（5）在打开的"自定义设置"窗口中选择"启用 windows 防火墙"，单击"确定"即可。如图 6-43 所示。

（三）相关知识点

1．网络安全

目前国际上对计算机网络安全还没有一个统一的定义，我国提出的定义是：网络安全是指网络系统的硬件、软件及其系统中的数据受到保护，不受偶然的或恶意的原因而遭受的破坏、更改、泄露，以确保系统能稳定的运转，网络服务不中断。网络安全从本质上来讲就是网络上信息的安全。

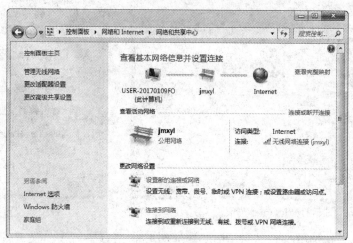

图 6-41 "网络和共享中心"窗口

图 6-42 Windows 防火墙窗口

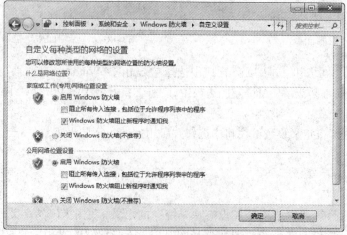

图 6-43 "自定义设置"窗口

（1）从技术上讲，计算机网络安全分为 3 种。

1）实体的安全性：即保证系统硬件和软件的安全。

2）运行环境的安全性：即保证计算机在良好的环境下连续正常地工作。

3）信息的安全性：即保障信息不被非法窃取、泄露、删除和破坏，防止计算机网络资源被未授权者使用。

（2）网络安全应具有以下 5 个方面的特征。

1）保密性：信息不泄露给非授权用户、实体或进程，或供其利用的特性。

2）完整性：数据未经授权不能进行改变的特性。即信息在存储或传输过程中保持不被修改、不被破坏和丢失的特性。

3）可用性：可被授权实体访问并按需求使用的特性。即当需要时能否存取所需的信息。例如网络环境下拒绝服务、破坏网络和有关系统的正常运行等都属于对可用性的攻击。

4）可控性：对信息的传播及内容具有控制能力。

5）可审查性：出现安全问题时提供依据与手段。

2．网络面临的威胁

一般认为，影响计算机网络因素很多，有些因素可能是有意的，也可能是无意的；可能是人为的，也可能是非人为的。归结起来，针对网络安全的威胁主要有如下两点。

（1）人为无意失误：如操作员安全配置不当造成的安全漏洞、用户安意识不强、用户口令选择不慎、用户将自己的账号随意转借他人或者跟别人共享等都会对网络安全带来威胁。

（2）人为地恶意攻击：这是计算机网络面临的最大的威胁，主要有黑客的攻击和计算机病毒两个方面。

3．网络软件的漏洞和“后门”

网络不可能是百分之百的无缺陷和无漏洞的，然而这些漏洞和缺陷恰恰是黑客进行攻击的首选目标。曾经出现过的黑客攻入网络内部的事件大部分就是因为安全措施不完善所导致的苦果。软件的“后门”则是软件公司的设计编程人员为了自便而设置的，一般不为外人所知，但一旦“后门”被打开，其后果将不堪设想。

4．防范措施

（1）加强教育、增强网络安全防范措施：对于网络用户来说，加强教育、提高网络安全防范意识是解决安全问题的根本。要依靠管理和使用网络的人，发挥他们主观能动性，自觉维护和遵守有关网络信息安全的政策、法规和保密的法则以及使用因特网的职业道德。

（2）身份验证和访问控制策略：身份验证是向计算机系统证明自己的身份，如通过口令。身份验证主要包含验证依据、验证系统和安全要求。访问控制则规定何种主体对何种客观具有何种操作权利。

（3）防火墙控制：所谓防火墙指的是一个由软件和硬件设备组合而成、在内部网和外部网之间、专用网与公共网之间的界面上构造的保护屏障，是一种获取安全性方法的形象说法。防火墙是保护计算机网络安全的技术性措施，它是一个用以阻止网络中的黑客访问某个机构网络的屏障。

（4）信息加密策略：信息加密的目的是保护网内的数据、文件、口令和控制信息，保护网上传输的数据。信息加密的过程是由形形色色的加密算法来具体实现的。它以很小的代价提供了很大的安全保护。

第3节 网眼看世界

网络世界丰富多彩，网络的发展把世界变小了，远隔千万里也可以进行交流、共享、投放简历。充分、合理地利用网络资源可以为我们的学习工作服务，也可以起到事半功倍的效果。

任务 6-6 使用腾讯 QQ 传送文件和远程协助

（一）任务描述

"鲁滨"经常使用 QQ 进行聊天，在学习计算机操作时遇到困难时，他发现，聊天求助好友有时说不清楚。那么，能不能通过其他方式与好友进行交流，让好友协助完成相应操作呢？利用腾讯 QQ 提供的给好友传送文件、远程演示、远程桌面、收发邮件等操作可满足他的需求。

【操作要求】

1．登录 QQ，给好友传送"素材\第 6 章\第 3 节\中职生公约.docx"文件。

2．邀请好友进行远程演示。

3．邀请好友进行远程协助。

4．登录 QQ 邮箱，为好友发送一封邮件。

（二）任务实现

1．传送文件

（1）登录 QQ，在联系人中找到好友，双击好友图标打开聊天窗口。

（2）在聊天窗口的中间工具栏位置，单击"发送文件"按钮，弹出如图 6-44 所示菜单项。

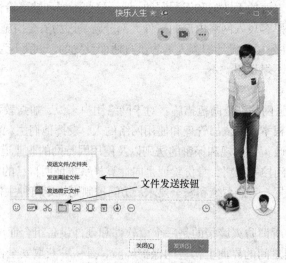

图 6-44　QQ 聊天窗口

（3）单击"发送文件/文件夹"选项，弹出如图 6-45 所示的"选择文件/文件夹"对话框。

（4）选择"素材\第 6 章\第 3 节\中职生公约.docx"文件，单击"发送"按钮即可发送。如果好友不在线，可单击"转为离线发送"，或在上一步中选择"发送离线文件"。所发送离线文件可暂存 7 天。

（5）如果好友在线，会实时收到接受文件通知，单击"接收文件"，即可把文件保存。如果好友不在线，当他后来登录 QQ 时，也可接收文件。图 6-46 所示的即"接收文件"。

图 6-45　"选择文件/文件夹"对话框

图 6-46　接收文件

（6）如果在图 6-44 中选择"发送微云文件"，可以选择将存储在微云中的文件发送给好友，如图 6-47 所示"选择微云文件"。

图 6-47　选择微云文件

2．远程演示

（1）单击聊天窗口上边工具栏中的"分享屏幕/演示白板"按钮，弹出"分享屏幕"和"演

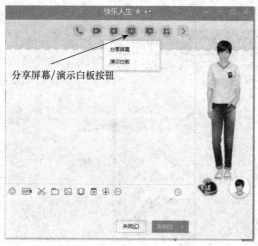

图 6-48　远程演示

示白板"选项。如图 6-48 所示。

（2）单击"分享屏幕"，可把当前屏幕内容和操作在好友电脑上实时显示。

（3）单击"演示白板"，可利用白板画图，并实时展示给好友。

3．远程桌面

（1）单击聊天窗口上边工具栏中的"远程协助"按钮，弹出"请求控制对方电脑""邀请对方远程协助"和"设置"列表框。如图 6-49 所示。

（2）单击"请求控制对方电脑"，对方接受请求后，就可以在本地远程控制对方电脑，犹如操作自己电脑。

（3）单击"邀请对方远程协助"，对方接受请求后，对方就可以远程控制发出邀请的电脑。

4．QQ 邮箱

（1）单击 QQ 主窗口上面工具栏中的"邮箱"按钮，如图 6-50 所示。打开默认浏览器，进入 QQ 邮箱。

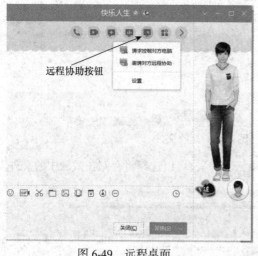

图 6-49　远程桌面

图 6-50　QQ 主窗口

（2）在 QQ 邮箱中即可进行电子邮件的收发等相关操作。如图 6-51 所示。

（3）单击"写信"按钮，进入写信页面，在通讯录中选择好友，可给好友发送电子邮件。

（三）相关知识点

1．即时通信软件

随着网络的高速发展，即时通信软件的功能越来越丰富，已具备了视频、语音、电子邮件、博客、空间、音乐、传送文件、远程协助、存储、游戏等多种功能。即时通信软件已不是一个单纯的聊天工具，它已成为集交流、资讯、娱乐、搜索、电子商务、办公协作和企业客户服务等功能为一体的综合化信息交流平台。常用的即时通信软件有腾讯 QQ、微信、阿里旺旺等。

图 6-51　QQ 邮箱

2. 腾讯 QQ 简介

腾讯 QQ（简称"QQ"）是腾讯公司 1999 年 2 月自主开发的基于 Internet 的即时通信软件——腾讯即时通信（TencentInstantMessenger，简称 TM 或腾讯 QQ），其设计合理、功能丰富、运行稳定，深受广大用户喜欢。腾讯 QQ 支持在线聊天、视频通话、点对点断点续传文件、共享文件、网络硬盘、自定义面板、QQ 邮箱、发送贺卡、储存文件等功能，并可与移动通讯终端、IP 电话网、无线寻呼等多种通讯方式相通。这些强大的实用功能，使 QQ 不仅仅是单纯意义的网络虚拟寻呼机，而是一种方便、高效的即时通信工具。目前 QQ 已经覆盖 Microsoft Windows、OS X、Android、iOS、Windows Phone 等多种主流操作系统平台。

任务 6-7　使用百度网盘存储和下载文件

（一）任务描述

"鲁滨"存储文件一般使用 U 盘，但他经常忘记携带 U 盘，且发现 U 盘容易丢失。听说网盘是一个存储文件的好东西，他想深入学习一下有关网络存储的知识，以便随时随地使用和存储自己的文件。

【操作要求】

1. 下载百度网盘客户端，注册百度网盘账号并登录。

2. 在百度网盘中新建"素材"文件夹，把"素材\第 6 章\第 3 节\中职生公约.docx"文件，并将其上传至新建的"素材"文件夹。

3. 下载"中职生公约.docx"文件，将其存储到个人文件夹中。

4. 分享"中职生公约.docx"文件。

（二）任务实现

1. 注册登录百度网盘

（1）打开 https://pan.baidu.com/网站，下载百度网盘客户端，双击安装。安装完成打开。如图 6-52 所示。

（2）如已有百度账号（百度文库、百度 Hi 等），可直接输入账号、密码登录，也可使用微博或 QQ 账号登录。如图 6-52 所示。

（3）如果没有百度账号，单击"立即注册百度账号"按钮，进入注册页面。如图 6-53 所示。

（4）在如图 6-53 所示对话框中，输入手机号，设置密码，单击"获取短信验证码"按钮，

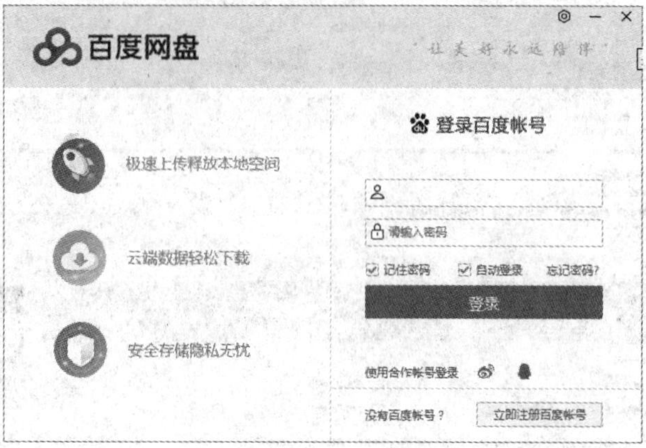

图 6-52　百度网盘登录

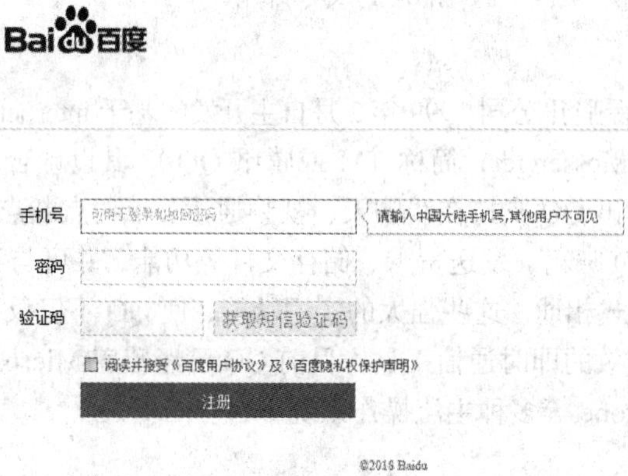

手机号		请输入中国大陆手机号,其他用户不可见
密码		
验证码		获取短信验证码

☐ 阅读并接受《百度用户协议》及《百度隐私权保护声明》

注册

©2016 Baidu

图 6-53　注册账号

查看手机收到的短信验证码,输入验证码,选择"阅读并接受《百度用户协议》及《百度隐私权保护声明》",单击"注册"按钮。

(5)注册成功,登录即可。如图 6-54 所示。

图 6-54　百度网盘

2. 新建"素材"文件夹、上传文件

（1）单击"新建文件夹"按钮，如图 6-55 所示。建立一个新文件夹，命名为"素材"。

图 6-55　"素材"文件夹

（2）双击"素材"文件夹即可打开此文件夹，单击"上传"或者"上传文件"按钮，打开"请选择文件/文件夹"对话框。如图 6-56 所示。

（3）在对话框中打开"素材\第 6 章\第 3 节\中职生公约.docx"文件，单击"存入百度网盘"按钮，即可把文件上传至网盘的"素材"文件夹中。如图 6-57 所示。

图 6-56　选择文件或文件夹

图 6-57　上传文件

3. 下载"中职生公约.docx"文件

（1）在网盘中选中"中职生公约.docx"文件，单击"下载"按钮。如图6-58所示。

图6-58　下载文件

（2）弹出"设置下载存储路径对话框"，如图6-59所示。单击"浏览"按钮，选择保存位置，然后单击"下载"按钮，即可完成下载。

4. 在网盘中分享"中职生公约.docx"文件

（1）在网盘中分享文件。单击"分享"按钮，弹出如图6-60所示对话框。单击"创建链接"按钮，生成链接和密码，如图6-61所示。通过QQ、微信、微博、邮箱等将链接和密码发送给好友，好友可通过链接和密码下载文件。

图6-59　设置下载存储路径

图6-60　分享文件

（2）如果在图6-60中，单击"发给好友"标签，可以将文件分享给百度好友。如图6-62所示。

图6-61　分享链接及密码

图6-62　发给好友

5．网盘的其他功能

（1）我们可以对网盘中的文件进行删除、重命名、移动、复制等操作。右键单击文件，弹出如图 6-63 所示右键菜单。选择相应命令，进行上述操作，这与电脑上存储文件的操作方法基本相同。

（2）百度网盘具有自动分类整理文件功能，我们上传的文件将被自动按图片、视频、文档、音乐、种子、其他进行归类，方便用户快速查看同各类型文件。如图 6-64 所示。

（3）如需更多功能，还可开通超级会员，享受更优服务。如图 6-65 所示。

图 6-63　右键菜单　　图 6-64　分类整理文件　　　　图 6-65　开通超级会员

（三）相关知识点

通过完成上面的任务，我们熟悉了百度网盘上传、下载、分享等操作，文件的存储，不再受地域、空间限制，不用随身携带，为我们的工作和学习带来极大方便。

1．网盘

网盘，又称云盘、网络 U 盘、网络硬盘，是由互联网公司推出的在线网络存储服务，服务器为用户提供文件的存储、下载、备份、共享等文件管理功能。目前使用较多的网盘有百度网盘、360 云盘、金山快盘等。

2．百度网盘简介

百度网盘（原百度云）是百度于 2012 年推出的一项免费云存储服务，首次注册即可获得 5GB 的空间。已覆盖主流 PC 和手机操作系统，目前有 Web 版、Windows 版、Mac 版、Android 版、iPhone 版和 Windows Phone 版。用户可以将自己的文件上传到网盘上，并可以随时随地查看、上传、下载、分享。百度网盘提供离线下载、文件智能分类浏览、视频在线播放、文件在线解压缩、免费扩容等功能。

任务 6-8　在智联招聘网站投放简历

（一）任务描述

"鲁滨"同学快毕业了，想提前联系工作。老师建议他通过网络投份简历试试。

【操作要求】

1．注册、登录智联招聘账号。

2. 创建一份个人简历。

（二）任务实现

1. 注册登录智联招聘账号

（1）打开 https://www.zhaopin.com/网站，如图 6-66 所示。单击"注册找工作"按钮注册账号，也可以使用微信、QQ、微博直接登录。

图 6-66　智联招聘首页

（2）打开注册账号页面，输入各项信息，单击"立即注册"按钮。如图 6-67 所示。

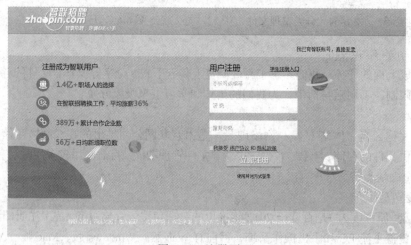

图 6-67　注册页面

2. 创建一份个人简历

（1）注册成功，填写个人信息。如图 6-68 所示。

（2）填写最近工作/实习经历、教育经历、求职意向信息，单击"创建完成"按钮，如图 6-69～图 6-71 所示。

（3）创建完成后，显示如图 6-72 所示。单击"完善简历"按钮，进一步完善简历信息。单击"简历预览"按钮，可预览简历信息。单击"置顶简历"按钮，可以购买置顶服务。

（4）选择"智联推荐，最适合您的职位"后，出现如图 6-73 所示的窗口，可以查看推荐的职位信息。单击"申请选中职位"按钮，可对自己满意的职位进行申请，申请后等待单位电话联系或面试通知。

1.个人信息　　　2.创建简历　　　√创建完成

个人信息

* 姓名 ☐　　请输入您的姓名

* 性别 ○男　○女

* 出生年月 ☐ 年 ▼　☐ 月 ▼

* 参加工作年份 ☐ ▼

* 户口所在地 ☐

* 现居住城市 ☐

* 手机号码 ☐

* 电子邮箱 ☐

下一步

图 6-68　填写个人信息

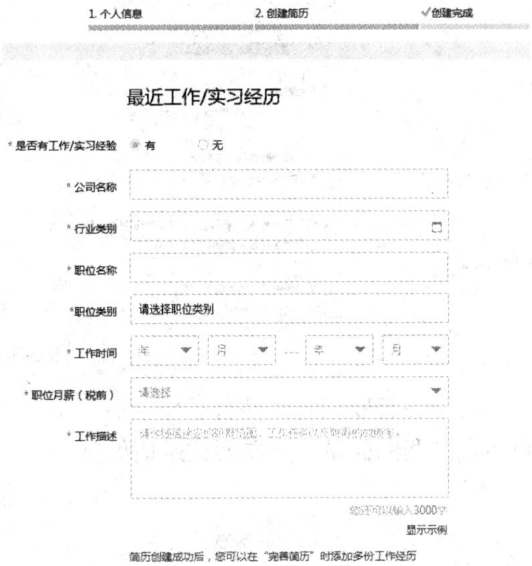

1.个人信息　　　2.创建简历　　　√创建完成

最近工作/实习经历

* 是否有工作/实习经验 ◉有　○无

* 公司名称 ☐

* 行业类别 ☐

* 职位名称 ☐

* 职位类别 请选择职位类别

* 工作时间 年 ▼ 月 ▼ — 至 ▼ 月 ▼

* 职位月薪（税前） 请选择 ▼

* 工作描述 请简要描述这份工作的职责，工作经历越完善被关注的概率越大

您还可以输入3000字
显示示例

简历创建成功后，您可以在"完善简历"时添加多份工作经历

图 6-69　最近工作/实习经历

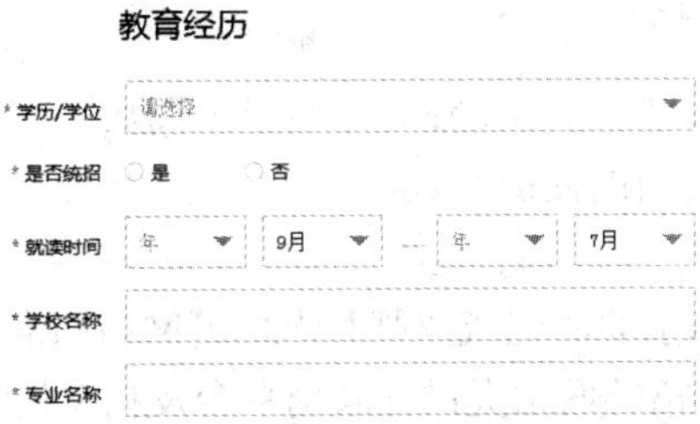

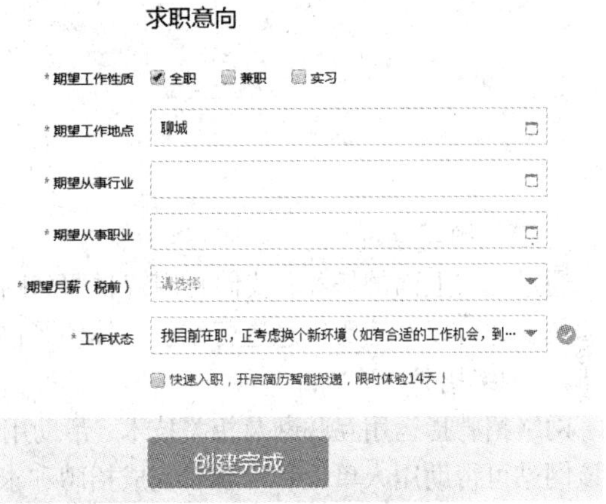

求职意向

* 期望工作性质 ☑全职　☐兼职　☐实习

* 期望工作地点 聊城

* 期望从事行业 ☐

* 期望从事职业 ☐

* 期望月薪（税前） 请选择 ▼

* 工作状态 我目前在职，正考虑换个新环境（如有合适的工作机会，到… ▼ ✓

快速入职，开启简历智能投递，限时体验14天！

创建完成

教育经历

* 学历/学位 请选择 ▼

* 是否统招 ○是　○否

* 就读时间 年 ▼ 9月 ▼ — 年 ▼ 7月 ▼

* 学校名称 ☐

* 专业名称 ☐

图 6-70　教育经历

图 6-71　求职意向

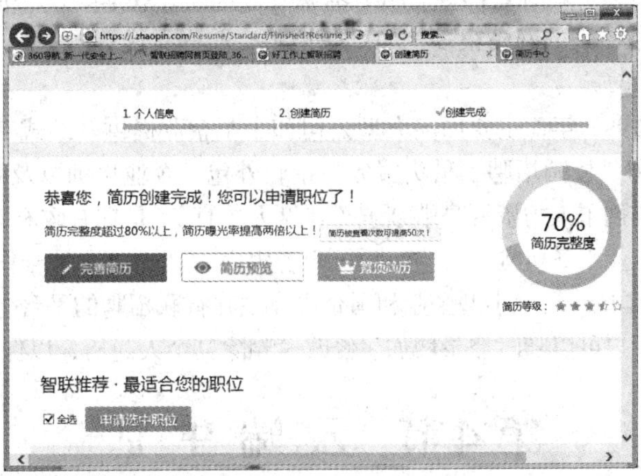

1.个人信息　　　2.创建简历　　　√创建完成

恭喜您，简历创建完成！您可以申请职位了！

简历完整度超过80%以上，简历曝光率提高两倍以上！

✎ 完善简历　　👁 简历预览　　⬇ 智览简历

70%
简历完整度

简历等级：★ ★ ★ ☆

智联推荐·最适合您的职位

☑全选 申请选中职位

图 6-72　创建完成

图 6-73　推荐职位

（5）在智联招聘网站首页登录后，单击"简历中心"，进入"我的智联"，如图 6-74 所示。可单击"我的面试"查看面试邀请信息。

图 6-74　简历中心

（三）相关知识点

通过完成上面的任务，我们利用智联招聘网站进行了网上求职，制作了自己的简历，还申请了职位，并可以对简历信息进行维护，体验了网络投放简历的便捷高效。

1. 网络招聘

网络招聘指运用互联网及相关技术，帮助用人单位和求职者完成招聘和求职的网络站点。通过该网站可帮助用人单位和求职者完成招聘和求职过程。招聘网站提供互联网平台及相关技术手段，包括针对用人单位的服务和针对求职者的服务，如招聘信息发布、简历下载、定制招聘专区、求职简历生成、职位搜索、薪酬查询等。网上求职方便快捷、效率高，已成为广大求职者找工作的重要途径。提供网络招聘的网站很多，如智联招聘、前程无忧等。

2. 智联招聘简介

智联招聘创建于 1997 年，主要面向大型公司和中小企业提供一站式专业人力资源服务，包括网络招聘、报纸招聘、校园招聘、猎头服务、招聘外包、企业培训以及人才测评等。

智联招聘在中国首创了人力资源高端杂志《首席人才官》，是拥有政府颁发的人才服务许可证和劳务派遣许可证的专业服务机构。日均活跃求职者用户 468 万，累计合作企业 351 万家。截至 2016 年 12 月 31 日，跨国公司、中小型企业和国企等雇主在智联招聘的平台上年度共计发布约 4111 万个工作职位。个人用户可以随时登录增加、修改、删除其个人简历，以保证简历库的时效性。

第4节　云端生活

随着网络新技术如云计算、大数据、电子商务、移动互联等的不断发展与融合，人们的生活、工作和学习方式也在发生改变。新技术给我们的生活带来了极大的便利，我们可以足不出户购物，可以享受物联网带来的智能生活，在网络高速发展的今天，我们的学习、工作、生活将会更加智能化、网络化。

任务 6-9 网 上 购 物

（一）任务描述

"鲁滨"听说有的同学在网上购物，他对此充满了好奇。他也想体验一下网络购物的方便和快捷。下面就让我们共同体验网上购物的乐趣吧！

【操作要求】

1. 注册、登录淘宝账号。
2. 购买一件商品。

（二）任务实现

1. 注册、登录淘宝账号

（1）打开链接 https://www.taobao.com/，即淘宝网，单击"注册"按钮，进入注册页面，输入手机号进行注册。如图 6-75 所示。

图 6-75 用户注册

（2）输入手机短信收到的验证码，单击"确定"按钮。如图 6-76 所示。

（3）设置密码和会员名，单击"提交"按钮。如图 6-77 所示。

图 6-76 输入验证码

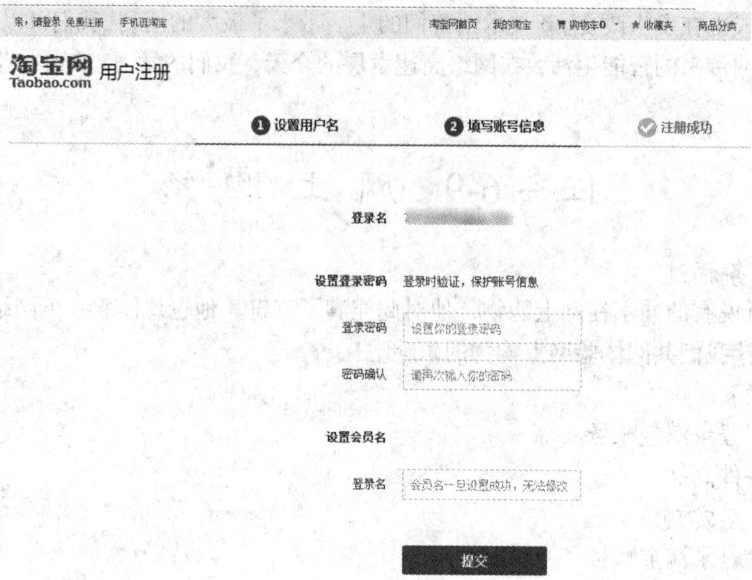

图 6-77 设置密码

（4）设置支付方式，输入银行卡号，持卡人姓名、身份证号、手机号码，输入验证码，设置支付密码，最后单击"同意协议并确定"按钮。如图 6-78 所示。

图 6-78 设置支付方式

（5）注册成功，账号已登录，如图 6-79 所示。单击淘宝网首页，即可开始搜索宝贝，开启购物之旅。

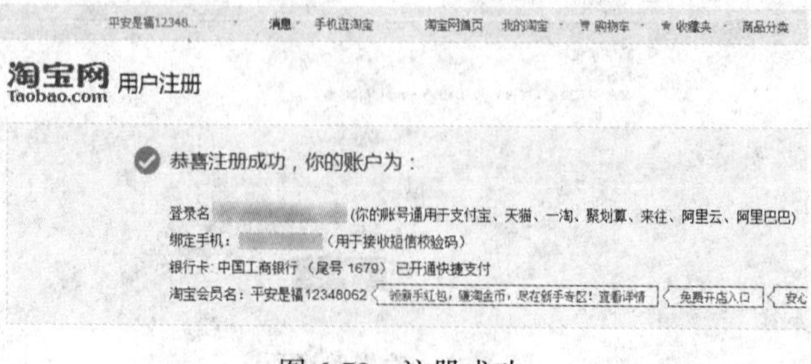

图 6-79 注册成功

2．购物之旅

（1）在淘宝首页的搜索栏输入需要的商品名称，单击"搜索"按钮。如图 6-80 所示。

图 6-80　搜索商品

（2）通过搜索，淘宝网会为用户列出相应商品，单击商品，可查看商品详情。如图 6-81 所示。

图 6-81　选择商品

（3）选择商品后，单击"立即购买"按钮，进入购买过程，或单击"加入购物车"，可暂时保存商品信息到购物车，方便用户继续查看其他商品，进行比较。如图 6-82 所示。

图 6-82　立即购买

（4）因为注册账号后首次购物，因而会弹出"创建收货地址"对话框，如图 6-83 所示。设置收货地址等信息，单击"保存"按钮。以后购物时就不用输入这些信息了。

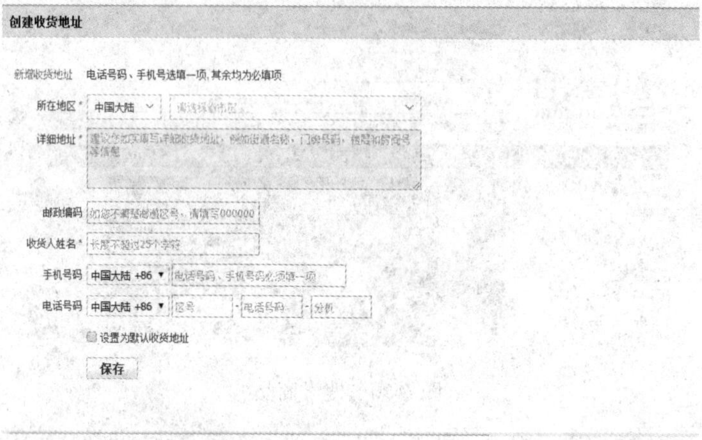

图 6-83　创建收货地址

（5）核对信息正确，提交订单，输入支付宝支付密码，单击"确认付款"，即可完成购物，等待快递送货。如图 6-84 所示。

图 6-84　确认付款

（6）快递到达后，快递员会电话联系，送货上门，验收签字即可。

（7）再次打开淘宝，找到订单，单击"确定收货"按钮，即可完成交易。

（三）相关知识点

通过完成上面的任务，我们体验了网络购物的一般流程。首次购物有点烦琐，以后再购物时直接选择商品提交订单即可，这就是电子商务带给我们的快捷和高效，使我们的交易方式发生了巨大变化。

1. 电子商务概念

电子商务是指在互联网上进行的，买卖双方不谋面地各种商贸活动的总称。电子商务实现了消费者的网上购物、商户之间的网上交易和在线电子支付。电子商务是利用微电脑技术和网络通信技术进行商品交换的商务活动。电子商务将传统的商业活动进行电子化、网络化、信息化。

2. 电子商务的特点

（1）普遍性：电子商务作为一种新型的交易方式，将生产企业、流通企业以及消费者带入了一个商务活动的新高度。

（2）方便性：在电子商务环境中，人们不受地理位置的限制，客户能非常方便地完成商务活动，同时提高了企业对客户的服务质量。

（3）整体性：电子商务能够规范商务活动的工作流程，将人工操作和电子信息处理集成为一个整体，这样既能提高效率，又能提高系统运行的严密性。

（4）安全性：在电子商务中，安全性是核心问题。它要求网络能提供一种端到端的安全解决方案，如加密机制、签名机制、安全管理、存取控制、防火墙、防病毒保护等，这与传统的商务活动有着很大的不同。

（5）协调性：商务活动本身是一种协调过程，需要客户与公司、生产商、批发商、零售商间的相互协调。在电子商务活动时，要求银行、配送中心、通信部门、技术服务等各个部门通力协作，才能使商务活动顺利完成。

（6）集成性：电子商务以计算机网络为基础，对商务活动的各种功能进行集成，同时也对参加商务活动的各方商务主体进行集成。高度的集成性使电子商务进一步提高了效率。

任务 6-10　注册和使用石墨账号

（一）任务描述

"鲁滨"所在的小组准备写一份调查报告，需要小组成员共同参与调查报告的编写。下面就让我们与"鲁滨"同学一起利用在线办公软件共同完成吧！

【操作要求】

1. 注册、登录石墨账号。

2. 石墨文档的基本操作。

（二）任务实现

1. 注册、登录石墨账号

（1）打开 https://shimo.im/网站，浏览对石墨文档软件的介绍，单击"免费注册"按钮。如图 6-85 所示。

图 6-85　免费注册

（2）进入注册页面，可以通过邮箱注册、微信扫一扫注册等方式注册，如图 6-86 所示。输入昵称、邮箱、密码等进行注册，输入完成后，单击"下一步"按钮。

（3）输入企业信息或者单击"跳过，我是个人用户"。注册企业版或个人用户。如图 6-87 所示。

图 6-86　注册页面　　　　　　　　图 6-87　注册企业版或个人用户

（4）注册完成后，即可自动登录，打开石墨文档工作页面。如图 6-88 所示。

图 6-88　石墨文档

2. 石墨文档基本操作

（1）鼠标移动到如图 6-89 所示的"新建文件"按钮上，可以新建文档、表格、文件夹等，如图 6-90 所示。新建一个名字为"调查报告"的文件夹。

（2）单击左侧"我的桌面"，显示"调查报告"文件夹，如图 6-91 所示。单击文件夹，即可打开文件夹。

（3）打开文件夹后，单击"新建文件"中的"文档"按钮，可在文件夹中建立一个文档，并进入编辑状态，如图 6-92 所示。在此页面可输入文档内容，编辑排版等，操作方法和 Word 相同。

图 6-89　新建文件　　图 6-90　新建文件类型　　　　图 6-91　我的桌面

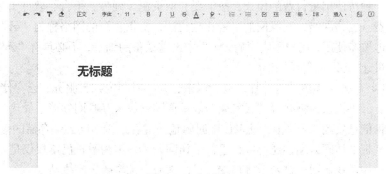

图 6-92　文档窗口

（4）单击窗口右上角"添加协作者"，如图 6-93 所示，可以添加小组成员，共同编辑文档。每个协作者编辑的内容都会自动记录、实时同步。如图 6-94 所示。

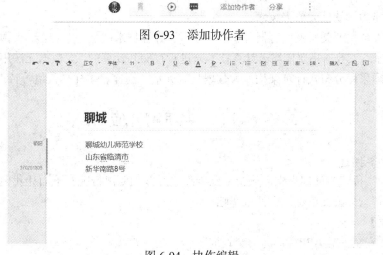

图 6-93　添加协作者

图 6-94　协作编辑

（5）单击窗口右上角"分享"，以链接的形式分享文件。如图 6-95 所示。

（6）以上操作都会自动保存到云端，无需我们进行保存操作，协作者编辑后也会自动更新。也可以支持新建表格或者从本地导入文件，企业版还可设置协作者权限。

图 6-95 分享

（三）相关知识点

1. 石墨文档简介

石墨文档是中国第一款支持云端实时协作的企业办公服务软件，可以实现多人同时在同一文档及表格上进行编辑和实时讨论，是团队协作的得力助手。2016 年 8 月，石墨文档上线企业版，提供权限分级、数据保护等加强功能，目前注册企业超过两万家。同时，石墨文档还与钉钉达成深度战略合作，成为钉钉首批推荐应用中的唯一的新品，也是唯一的云文档类应用。

2. 云计算

云计算是一种按使用量付费的模式，按需要获取资源（硬件、平台、软件）、使用资源，按使用量进行付费。云是网络、互联网的一种比喻说法，提供资源的网络称为"云"。云提供的资源可以随时随地按需使用，用户不需了解"云"中设施设备的细节，不必具有"云"的专业知识，不需要投入大量建"云"资金。

自 2006 年谷歌公司提出"云计算"概念以来，几年时间内，云服务、云存储、云安全、云杀毒、云游戏、云手机、云物联等"云家族"成员便陆续成为互联网领域中最热门的词汇。

只要我们将信息放到"云"上，就可以随时随地通过客户端访问云端存储的信息。我们不仅可以在电脑、平板上访问云端，还可以在手机上访问云端，因为手机已不仅仅是一个通信工具，更是一台云客户端。我们通过这台云客户端，可以随心所欲享受云端生活。

3. 大数据

大数据又称巨量数据、海量数据，是由数量巨大、结构复杂、类型众多的数据构成的数据集合，是基于云计算的数据处理与应用模式，通过数据的集成共享、交叉复用形成的智力资源和知识服务能力。从某种程度上说，大数据是数据分析的前沿技术。从各种类型的数据中，快速获得有价值信息的能力，就是大数据技术。

云计算与大数据的关系就像容器和水的关系。云计算技术就是一个容器，大数据正是存放在这个容器中的水。大数据是要依靠云计算技术来进行存储和计算的。大数据无法用单台的计算机进行处理，必须采用分布式计算架构。大数据具有大量、高速、多样、价值等特点。

任务 6-11 物联网应用

（一）任务描述

假期到了，"鲁滨"计划去青岛旅游。到青岛之后该如何出行呢？下面让我们与鲁滨一起通过手机提前了解青岛公交信息，方便乘车吧！

【操作要求】

1. 下载、安装手机 APP "青岛公交查询"。
2. 使用青岛公交查询。

（二）任务实现

1. 下载、安装手机 APP

（1）打开手机上的浏览器软件或应用市场、应用商店之类的软件，搜索"青岛公交查询"，如图 6-96 所示，单击"下载"按钮，即可下载"青岛公交查询"APP 软件。

（2）下载完成，进入安装界面，单击"安装"按钮，开始安装。如图 6-97 所示。

2．使用青岛公交查询

（1）在手机桌面上找到"青岛公交查询"APP 图标，单击打开，进入 APP 软件界面。如图 6-98 所示。在下方有实时、换乘、便民、更多 4 个选项。

图 6-96　搜索 APP　　　　　图 6-97　安装 APP　　　　图 6-98　青岛公交查询软件

（2）图 6-98 显示的是"实时"选项的内容，在查询框中输入需要查询的公交线路可进行查询，实时显示每个站点信息、即将到站公交车车牌及距离，让乘客做好乘车准备。根据公交车的行驶，信息会实时更新。如图 6-99 所示。

（3）单击"换乘"选项，可查询从起始位置到目的地的公交线路信息，为乘客选择乘车提供帮助，如图 6-100 所示。单击某条信息可进行查看详细情况，并显示地图信息，如图 6-101 所示。

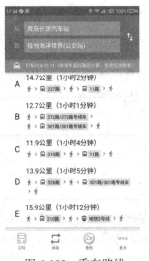

图 6-99　实时查询公交信息　　　图 6-100　乘车路线　　　　图 6-101　线路详细情况

（4）"便民"选项提供的是便民信息，如图 6-102 所示。"更多"选项提供了一些有关公交的热线信息。

图 6-102　便民信息

（三）相关知识点

1. 物联网

物联网就是物物相连的互联网，是通过信息传感设备，按约定的规则，把物品与互联网连接起来，进行信息交换和通信，实现智能化识别、定位、跟踪、监控和管理的一种网络。物联网通过智能感知、识别技术等技术，广泛应用于网络的融合中，被称为继计算机、互联网之后世界信息产业发展的第三次浪潮。

2. 物联网的组成

物联网本质上是一个信号采集和处理的网络。物联网利用各种传感器或人为设置的各种身份识别码，把物品的信息变为电信号，通过网络传送到计算机进行处理。经过处理后的数据可存储备查。根据设定条件，计算机将发出报警信号或者控制信号，报警信号或者控制信号再由网络送到指定的设备。物联网主要由以下几个部分组成。

（1）传感器：传感器是一种物理装置或生物器官，能够探测、感受外界的信号、物理条件（如光、热、湿度）或化学组成（如烟雾），并将探知的信息传递给其他装置或器官。

（2）电子标签（ID）：电子标签是 20 世纪发展起来的技术，已经获得了很多应用，例如超市用于标识商品的条形码。现有的电子标签有条形码、二维码、磁卡、接触式 IC 卡、非接触卡、射频识别（RFID）等。

（3）通信网络：现有的通信网络有电缆、光缆、微波、蓝牙、红外、WiFi、移动通信（2G、3G、4G）、卫星。

（4）数据处理：物联网采集到的数据是为了达成各种不同的目的、为满足不同需求。这些数据需要经过计算机的数据处理。这些处理包括汇总求和、统计分析、阈值判断、专业计算、数据挖掘等。

（5）显示系统：物联网采集到的信息经过处理后，需要通过不同的方式反馈给用户，反馈最直接的方式就是显示器或显示屏，把结果通过文字、图像、图表、曲线等形式显示出来。

（6）报警系统：对于物联网采集到的信息，当参数偏离预先设定的条件而需要报警时，就会传送到报警系统，常见的报警形式有声、光、电（电话、短信）。

（7）控制执行系统：物联网不仅要采集信号、处理信号、存储信号，还需要发出控制指令，经过网络传输到指定设备，通过指定设备的指令执行行动，以达到控制目的。

3. 物联网的应用

物联网应用涉及现代生活的多个方面。信息化时代，物联网无处不在。物联网的应用领域主要有如下几个。

（1）智能交通：物联网目前广泛用于公路、桥梁、公交、停车场等。物联网技术可以自动检测公路、桥梁的"健康状况"，也能够根据光线强度对路灯进行自动开关控制。在交通控制方面，当道路拥堵或特殊情况发生时，系统将自动调配红绿灯，并可以向车主预告拥堵路段、推荐最佳行驶路线。在公共交通方面，物联网技术构建的智能公交系统通过综合运用网络通信、GIS 地理信息、GPS 定位及电子控制等手段，集智能运营调度、电子站牌发布、IC 卡收费、ERP（快速公交系统）管理等于一体。

（2）数字家庭：在连接家庭设备的同时，通过物联网与外部的服务连接起来，真正实现服务与设备互动。通过物联网，可以在办公室指挥家庭电器的操作运行，在下班回家的路上，饭菜已经煮熟，空调已经开放，回家就能享受温馨的家庭生活。

（3）定位导航：物联网与卫星定位技术、GSM/GPRS/CDMA 移动通信技术、GIS 地理信息系统相结合，能够在互联网和移动通信网络覆盖范围内使用 GPS 技术，使得物联网使用和维护的成本大大降低，并能实现端到端的多向互动。

（4）现代物流管理：在物流商品中放入传感芯片，这样商品的生产制造、购买、包装、装卸、运输、配送、出售、服务等各个环节都能准确无误地被感知和掌握。这些感知信息与后台的 GIS/GPS 数据库无缝结合，成为强大的物流信息网络。

（5）食品安全控制：食品安全是国计民生的重要任务。通过标签识别和物联网技术，可以随时随地对食品生产过程进行实时监控，对食品质量进行联动跟踪，对食品安全事故进行有效预防，提高食品安全的管理水平。

（6）数字医疗：自动识别技术可以帮助医院实现对病人不间断地监控、会诊和共享医疗记录，以及对医疗器械的追踪等，而物联网将这种服务扩展至全世界范围。自动识别技术与医院信息系统及药品物流系统的融合，是医疗信息化的发展方向。

（7）防入侵系统：通过成千上万个覆盖地面、栅栏和低空探测的传感节点，可达到防止入侵者的翻越、偷渡、恐怖袭击等攻击性入侵的目的。

本 章 小 结

本章主要介绍了计算机网络的基本知识，主要包括：连接 Internet 常见硬件的功能，配置无线路由器；查找网上资源；免费电子邮箱的申请以及收发电子邮件，网络安全知识；利用腾讯 QQ 给好友传送文件、远程演示、远程桌面、收发邮件等操作；使用云盘来保存；通过智联招聘网站会网上求职；通过淘宝网站，体验网络购物；通过使用石墨文档，多人共同编辑同一文档，体会到了云计算技术的简单应用；通过下载的手机 APP 软件，实时查询公交信息等，所有这些操作都无疑会给我们的生活带来巨大的改变。活学活用计算机网络知识将使我们的工作和生活变得高效、简单。

自 测 题

一、单项选择题

1. 广域网又称（　　）。

A. 网间网　　　　B. WAN

C. LAN　　　　　D. 远程网

2. E-mail 邮件的本质是（　　）。

A. 一个文件　　　B. 一份传真

C. 一个电话　　　D. 一个电报

3. 网络"黑客"是指（　　）的人。

A. 总在夜晚上网

B. 在网上恶意进行远程信息攻击

C. 不花钱上网

D. 匿名上网

4. 下面是即时通信软件的是（　　）。

A. Internet Explorer　B. QQ

C. OFFICE2010　　　D. 迅雷

5. 下列网上购物平台中，属于 C2C 的是（　　）。

A. 淘宝网　　　　B. 京东

C. 阿里巴巴　　　D. 当当网

二、多项选择题

1. 下面 4 个 IP 地址中，不合法的是（　　）。

A. 311.311.311.311　B. 9.23.01

C. 1.2.3.4.5　　　　D. 211.211.211.211

2. 下面哪个选项是不正确的邮件地址？（　　）。

A. xiao5678@sina.com

B. 123456qq.com

C. qq.com

D. efg78@qq

3. 下列网址格式不正确的是（　　）。

A. http//www.163.com

B. http:/163.com

C. http:\\www.163.com

D. http://www.163.com

4. 利用 QQ 可采用下列哪些方式帮助好友解决计算机相关问题（　　）。

A. QQ 空间　　　B. 远程桌面

C. 分享屏幕　　　D. QQ 群聊

5. 大数据的特点是（　　）。

A. 大量　B. 高速　C. 多样　D. 价值

三、操作题

1. 制作一个关于"母亲节"的演示文稿，其中用到的文字、图片、音乐通过 IE 浏览器下载。

2. 安装迅雷软件，尝试使用迅雷下载资源。

3. 练习微云同步盘的使用。

4. 登录淘宝网，申请开一个网店。

第7章 多媒体应用

　　"鲁滨"在使用电脑的过程中经常遇到需要对图片、音频、视频等多种媒体素材进行处理的情况。对素材做一些简单的处理"鲁滨"没问题，但是若要对照片进行精细处理，对音视频进行剪辑及处理，他自知难度很大还需要进一步地学习。

第1节　图形图像的基础知识

　　多媒体一词来自英文 Multimedia，是一个复合词，由 Multiple（多重）和 Medium（媒体）的复数形式 Media 组成。在计算机领域中，媒体包括两个含义：一是指存储信息的实体即存储媒体，如光盘、磁盘等；二是指表示信息的载体，如文本、图形图像、音频、动画和视频等。通常，人们所指的多媒体中的媒体是表示媒体，而多媒体是融合两种或两种以上的表示媒体的一种人机交互式信息交流和传播媒体，它是多种媒体信息的综合。

　　多媒体技术是 20 世纪 80 年代发展起来的一门综合电子信息技术，是指将文本、图形图像、音频、动画和视频等多种媒体信息，通过计算机进行数字化采集、编码、存储、传输、处理和再现等，使多种媒体信息建立起逻辑连接，并集成为一个具有交互性的系统的技术。

　　人类生活的世界是一个色彩斑斓的世界。把人类的视觉所见反映到人的大脑中，便构成了一幅幅丰富多彩的场景和画面。当前社会生活中经常需要我们把这些场景和画面以数字化的形式存储到计算机中，做进一步的处理，从而得到我们想要的图形图像。本节将全面介绍图像格式、分辨率、像素以及色彩等相关知识。

任务 7-1　查看图像基本属性

（一）任务描述

通过"素材\第 7 章\任务 7-1\小鱼.jpg"，了解图像的基本属性。

【操作要求】

1. 通过"常规"选项卡查看图像的格式、大小、路径等基本属性。

2. 通过"详细信息"选项卡查看图像的分辨率属性。

（二）任务实现

1. 打开文件夹"素材\第 7 章\任务 7-1"→右单击"小鱼.jpg"→"属性"。

2. 在"属性"对话框"常规"选项卡中可以看到图片"小鱼.jpg"的格式（文件类型）为"jpg"，路径（位置）为"D：素材\第 7 章\任务 7-1"，大小为"6.15MB"。如图 7-1 所示。

3. 在"属性"对话框"详细信息"选项卡中可以查看图片"小鱼.jpg"的分辨率（尺寸）为"5184×3456"。如图 7-2 所示。

（三）相关知识点

1. 图形与图像

计算机图像分为两大类，即位图图像和矢量图形。

（1）位图图像：又称为位图或点阵图，通常通过我们称为像素的一格一格的像素点来描述图

图7-1 文件"属性"中的"常规"选项卡 图7-2 文件"属性"中的"详细信息"选项卡

像。当放大图像时，像素点也放大了，但每个像素点表示的颜色是单一的，所以位图放大后就会出现平时所见到的马赛克状。位图图像在计算机中的存储格式有 bmp、pcx、tif、gifd 等，一般数据量都较大，它除了可以表达真实的照片，也可以表现复杂绘画的某些细节，并具有灵活和富于创造力等特点。

（2）矢量图形：也称为面向对象的图像或绘图图像，在数学上定义为一系列由线连接的点，是通过一个指令集合来描述的。这些指令用来描述图中线条的形状、位置、颜色等各种属性和参数。矢量图形与分辨率无关，将它缩放到任意大小，都不会失真。

2．图像的技术指标

衡量图像的技术指标有分辨率、像素深度及颜色数。

（1）分辨率：分辨率是影响图像质量的重要参数，主要包括显示分辨率、图像分辨率、扫描分辨率、打印分辨率等。

显示分辨率，又称屏幕分辨率，是显示器在显示图像时的分辨率，指显示器所能显示的像素数目，即整个显示器所有可视面积上水平像素和垂直像素的数量。例如 800×600 像素的分辨率，是指在整个屏幕上水平显示 800 像素、垂直显示 600 像素。显示分辨率与显示器的硬件条件有关，同时也与显示卡的缓冲存储器容量有关，其容量越大，显示分辨率越高。显示器可显示的像素越多，画面就越精细，同样的屏幕区域内能显示的信息也越多。显示分辨率的水平像素和垂直像素是成一定比例的，一般有 4：3、16：9 等。每个显示器都有自己的最高分辨率，并且可以兼容其他较低的显示分辨率。所以一个显示器可以用多种不同的分辨率显示。

（2）像素深度及颜色数：像素深度是指存储每个像素所用的位数，它也是用来度量图像的分辨率。像素深度决定彩色图像的每个像素可能有的颜色数，或者确定灰度图像的每个像素可能有的灰度级数。通常，若用 n 代表像素深度，那么颜色数是 2 的 n 次方。例如，像素深度为 1，颜色数就为 $2^1=2$，即黑白两色。像素深度为 24 位时可表现 1670 万（2 的 24 次方）种颜色，即真彩色。表示一个像素的位数越多，它能表达的颜色数目就越多，而它的深度就越深。

3．图形图像的文件格式

图像格式即图像文件存放的格式，通常有 JPEG、TIFF、RAW、BMP、GIF、PNG 等，由于存储空间的限制，图像通常都会经过压缩再储存。

4．颜色及颜色模式

（1）色彩三要素：色彩可用色相、饱和度和明度来描述。人眼看到的任一彩色物质都是这 3

个特性的综合效果，这 3 个特性即是色彩的三要素。三要素及其关系如图 7-3 所示。

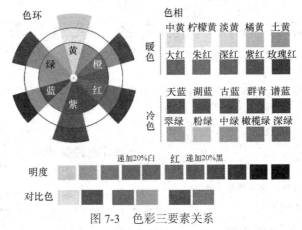

图 7-3　色彩三要素关系

1）色相：红——绿就是色相变化，色相是色彩的首要特征，简单来说就是一眼望去是什么颜色，就是什么色相。

2）明度：黑——白就是明度变化，就是感官上的亮和暗。除了简单的添加黑白使明度变化外，不同纯色也有明度差异，把不同的纯色去色后，就可以比较明度了。

3）饱和度：颜色越灰，一眼望去色相越不明确，饱和度就越低。色环上的相邻色混合不会降低饱和度，如黄加红得到的橙色，饱和度就不降低，色环的相反色混合则会降低饱和度，如红与绿。

（2）常用的色彩模式：色彩模式是将某种颜色表现为数字形式的模型，或者说是一种记录图像颜色的方式。分为 RGB 模式、CMYK 模式、HSB 模式、LAB 颜色模式、位图模式、灰度模式、索引颜色模式、双色调模式和多通道模式。

我们在实际工作中用到最多的就是 RGB 和 CMYK 两大色彩模式，它们二者的区别如下。

1）RGB 色彩模式是发光的，存在于屏幕等显示设备中，不存在于印刷品中。CMYK 色彩模式是反光的，需要外界辅助光源才能被感知，它是印刷品唯一的色彩模式。

2）色彩数量上 RGB 色域的颜色数比 CMYK 多出许多，但两者各个部分色彩是互相独立（即不可转换）的。

3）RGB 通道灰度图中偏白表示发光程度高，CMYK 通道灰度图中偏白表示油墨含量低。反之，表示发光程度低，油墨含量高。

（3）颜色搭配要点：在多媒体创作过程中，应根据要表达的思想和目的，将尽可能少的颜色搭配起来产生美感。依据视觉平衡的原理，当不同的物件颜色具有共同属性时易于调和，会产生和谐美感。如果颜色相冲突时，就会产生不和谐的感觉而破坏美感。

在颜色搭配时，应根据不同的需要、不同的场合、不同的表达内容，选择不同的用色类型。

第 2 节　常见美图软件的使用

在使用计算机时，对于图片的浏览和编辑处理是必不可少的。多媒体素材中，图片的种类繁多，存放位置也各有不同。当面对大量的图片时，"鲁滨"应如何进行高效的管理呢？在面对版面设计、特效、批处理、拼接、编辑等方面的要求时，他又应如何进行适当的处理以实现功能呢？

本节内容以对截图工具、光影魔术手、美图秀秀软件的相关操作为例，介绍图片的获取、整理和简单加工处理的方法。

任务 7-2　用"截图工具"进行屏幕截图

（一）任务描述

用 Windows 7 操作系统自带的"截图工具"进行屏幕截图。

【操作要求】

1. 截取"百度"首页图片。

图 7-4　"截图工具"运行界面

2. 图片格式保存为"GIF 文件"。

（二）任务实现

1. 单击"开始"→"所有程序"→"附件"→"截图工具"使"截图工具"处于软件运行状态，如图 7-4 所示。

2. 单击"模式"按钮旁边的下拉按钮，选择"矩形截图"模式。

3. 单击"新建"按钮，这时鼠标变成了十字图标，屏幕变白变模糊，按下鼠标左键，划出要截取的部分，松开鼠标后，要截取的部分就会被截取出来了。如图 7-5 所示。

图 7-5　截取"百度"首页图片

4. 单击"保存"按钮，弹出"另存为"对话框，输入文件名"截图"，选择保存的图片格式"GIF 文件"，选择路径"个人文件夹"，单击"保存"按钮。

（三）相关知识点

1. "截图工具"的截取模式

（1）自由截取：自己任意绘制要截取的区域。单击"新建"按钮旁边的下拉箭头，选择"任意格式截图"，就进入了截取屏幕模式。这时鼠标变成了剪刀状图标，屏幕变白变模糊，可以单击鼠标在屏幕上自由划出要截取的部分，松开鼠标后，要截取的部分就会被截取出来了。

（2）矩形截取：按规则矩形截取屏幕。单击"新建"按钮旁边的下拉箭头，选择"矩形截图"，进入截取屏幕模式。单击鼠标后拖动，松开鼠标后要截取的部分就会被截取出来了。

（3）窗口截取：可以截取某一个特定窗口或对话框。单击"新建"按钮旁边的下拉箭头，选择"窗口截图"，进入截取屏幕模式。鼠标移动到要截取的窗口上，当前窗口周围会有红框表示，单击一下鼠标，当前窗口就被完整截取出来了。

（4）全屏截图：截取全部屏幕图像。单击"新建"按钮旁边的下拉箭头，选择"全屏幕截图"，即可直接将全屏进行截图。

2．添加注释

（1）在截图工具中用笔给截图添加注释。

（2）添加注释时，可以设置笔的颜色，使用橡皮擦可以擦除最后写的内容。

3．快捷键组合

截图工具进入截图模式的快捷键组合是"CTRL＋PrtScn"，退出截图模式快捷键是"Esc"。

任务 7-3　用"光影魔术手"对图片进行简单处理

（一）任务描述

用"光影魔术手"对"素材\第 7 章\任务 7-3"中的几张图片进行处理，请按下面操作要求进行，处理后效果如图 7-6 所示。

图 7-6　用"光影魔术手"简单处理图片后效果

【操作要求】

1．将图片"1 大象与熊猫.jpg"进行裁剪，留下图片中的"熊猫"。

2．调整图片"2 猫先生.jpg"的大小为"600×800"。

3．将图片"3 狮子大王"添加边框效果。

4．在图片"4 圣诞快乐.jpg"上添加文本"圣诞快乐"。

5．将图片"5 圣诞老人.jpg"添加水印效果。

（二）任务实现

1．启动"光影魔术手"，单击"浏览图片"按钮。如图 7-7 所示。

图 7-7　用"光影魔术手"浏览图片

2．打开"素材\第 7 章\任务 7-3"文件夹，在"文件列表"窗格中选定"1 大象与熊猫.jpg"，单击"编辑图片"按钮可将图片显示在"照片预览区"。如图 7-8 所示。

3．单击工具栏中"裁剪"按钮，当"照片预览区"变暗同时鼠标样式改变时，表示可以裁减了。此时，拖动鼠标拉出一个裁剪矩形框使其框住"熊猫"，单击"确定"按钮。如图 7-9 所示。

4．图片进行裁剪后，单击工具栏中"另存"按钮，保存到"个人文件夹"位置，文件名存为"1 熊猫"，保存类型"gif 文件"，单击"保存"按钮。如图 7-10 所示。

图 7-8　用"光影魔术手"选择图片

图 7-9　用"光影魔术手"裁剪图片

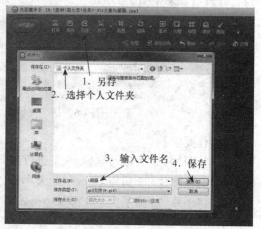

图 7-10　用"光影魔术手"保存图片弹出"另存为"对话框

5. 启动"光影魔术手"打开"素材\第 7 章\任务 7-3"文件夹，在图 7-8 所示"文件列表"窗格中双击"2 猫先生.jpg"可将图片显示在"照片预览区"。单击工具栏中"尺寸"按钮，取消"锁定宽高比"，宽度输入"600"，高度输入"800"，单击"确定"按钮，如图 7-11 所示。图片调整尺寸后，以文件名"2 猫先生.gif"保存到个人文件夹中。

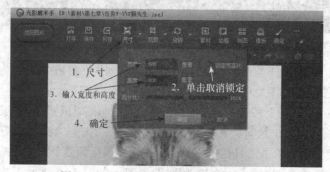

图 7-11　用"光影魔术手"调整图片尺寸

6. 启动"光影魔术手"打开"素材\第 7 章\任务 7-3"文件夹，在图 7-10 所示"文件列表"窗格中双击"3 狮子大王.jpg"，单击工具栏中"边框"按钮，在"边框"菜单中选择"花样边框"。如图 7-12 所示。

图 7-12 用"光影魔术手"添加边框

7. 在"花样边框"窗格中选定喜欢的边框效果，单击"确定"按钮，即可给图片添加精美的边框，如图 7-13 所示，添加边框后将文件命名为"3 狮子大王.gif"，并保存到个人文件夹。

图 7-13 用"光影魔术手"选择边框样式

8. 启动"光影魔术手"，打开"素材\第 7 章\任务 7-3"文件夹，在图 7-8 所示"文件列表"窗格中双击"4 圣诞快乐.jpg"，单击右侧任务窗格"文字"选项，输入文字"圣诞快乐"，在文本格式栏中选择字体类型、字体大小、字体颜色、加粗、倾斜、对齐等常用格式，拖动文本至合适位置，效果如图 7-14 所示。添加文字后以文件名"4 圣诞快乐.gif"保存到个人文件夹。

9. 启动"光影魔术手"打开"素材\第 7 章\任务 7-3"文件夹，在图 7-8 所示"文件列表"窗格中双击"5 圣诞老人.jpg"，单击右侧任务窗格"水印"选项，在"打开"对话框中选择文件"水印.jpg"，单击"打开"按钮。如图 7-15 所示。

10. 通过拖动水印图片可以改变"水印"的位置，在"水印"效果区可以调整水印的透明度、旋转角度和水印大小等，如图 7-16 所示。添加水印后将文件命名为"5 圣诞老人.gif"并保存到个人文件夹。

（三）相关知识点

1. 启动光影魔术手

双击桌面上的光影魔术手图标或在"开始"菜单"程序"中选择"光影魔术手"即可启动该软件。

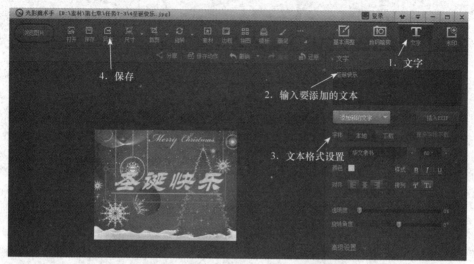

图 7-14 用"光影魔术手"添加文字

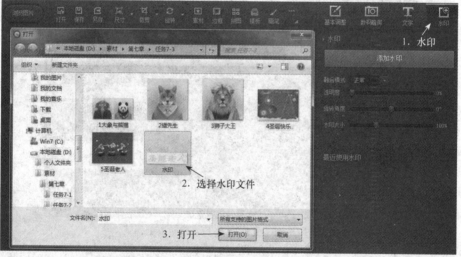

图 7-15 用"光影魔术手"选择水印文件

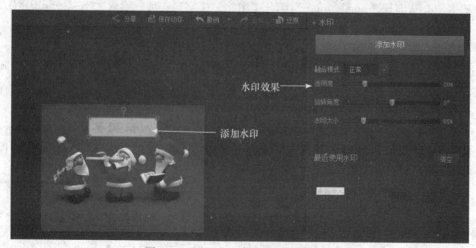

图 7-16 用"光影魔术手"添加水印

2．光影魔术手的工作界面

主要包括标题栏、菜单栏、工具栏、任务窗格、照片预览区域以及状态栏。

3．对照片进行裁剪

单击工具栏中的"裁剪"按钮，在预览窗口中会出现一个带有 8 个控点和中心十字线的矩形方框，将鼠标移至矩形方框内部时，按住鼠标左键拖动矩形方框将其移动到合适位置。将光标移至 8 个控点上，光标将变成双向箭头，这时按住左键不松进行拖动，可以改变矩形方框的大小，单击"确定"按钮结束裁剪。

4．调整照片的大小

"调整大小"功能可以将照片的分辨率放大或缩小，从而使照片所占的空间变大或缩小。为使图片能够在网上发布和传输，往往会使用"照片缩小"功能，而"照片放大"会降低画面质量，所以，除特殊需要外，这一功能使用较少。

单击工具栏中的"尺寸"按钮，在"宽度""高度"数值框中输入照片的宽度像素值和高度像素值或百分比，单击"确定"按钮结束操作。

5．添加边框

"添加边框"功能可使照片更为美观，可以按个人喜好为照片添加个性边框。

单击工具栏中的"尺寸"按钮，选择不同的边框类型，可以为图片选择多种不同的边框样式，单击"确定"按钮结束操作。

6．"任务窗格"中的效果处理

（1）"基本调整"选项：可以对图像进行一键美化、曝光、白平衡、模糊、锐化等效果调整。

（2）"数码暗房"选项：可以进行各种胶片效果、人像效果的处理，如人像的去红眼效果、风景的晚霞渲染效果、对焦突出显示等效果的处理。

（3）"文字"选项：可以为图像添加文字。

（4）"水印"选项：可以对图像进行水印效果的设置。

任务 7-4 用"光影魔术手"批量处理图片

（一）任务描述

用"光影魔术手"查看"素材\第 7 章\任务 7-4\小鱼 1.jpg"的属性，并对此文件夹下的其他图片进行属性的批处理操作。

【操作要求】

1．大小调整为"200×200"。

2．添加文字"海底世界"。

3．格式改变为".bmp"并保存到个人文件夹。

（二）任务实现

1．启动"光影魔术手"，打开"素材\第 7 章\任务 7-4\小鱼 1.jpg"，单击下方的"图片信息"即可查看图片"小鱼 1.jpg"的属性。如图 7-17 所示。

2．单击工具栏中"批处理"按钮，在"批处理"对话框下方单击"添加"按钮，在打开对话框中选择"素材\第 7 章\任务 7-4"下的全部图片，单击"打开"按钮。如图 7-18 所示。

3．在"批处理"对话框中将图片全部选定，单击"下一步"。如图 7-19 所示。

4．在"批处理"对话框中单击"调整尺寸"按钮，选择"按宽高"，单击"锁定比例"解除比例的锁定，宽度输入："200"，高度输入："200"，单击"确定"按钮。如图 7-20 所示。

图 7-17　用"光影魔术手"查看图片信息

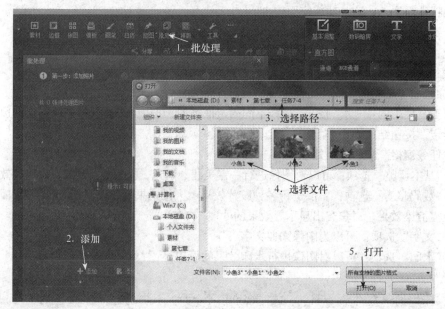

图 7-18　用"光影魔术手"进行批处理

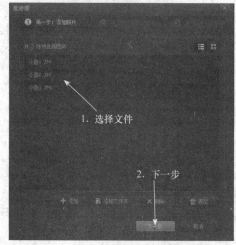

图 7-19　用"光影魔术手"选择多个图片文件
进行批处理

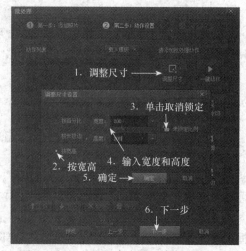

图 7-20　用"光影魔术手"中的"批处理"
统一调整尺寸

5.在"批处理"对话框中单击"添加文字"按钮,输入文字"海底世界",调整文字的颜色、加粗、倾斜、字体、字号等格式,调整文字位置,单击"确定"按钮。如图 7-21 所示。

图 7-21　用"光影魔术手"中的"批处理"统一添加文字

6.设置的效果会显示在"批处理"对话框的"动作列表中"中,单击"下一步"。如图 7-22 所示。

7.保存路径选择"个人文件夹",单击"开始批处理"按钮即可。

（三）相关知识点

1.查看图片属性

在"光影魔术手"中,打开图片后,可以通过单击下方的"图片信息"查看图片名称、路径、类型、尺寸、大小等属性。

2.批处理

可以选择工具栏中的"批处理"按钮,对多个图片同时进行调整尺寸、添加文字、添加水印、添加边框、转换图像格式等操作。

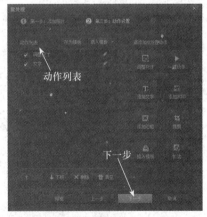

图 7-22　"光影魔术手"中的"批处理"
之"动作列表"

任务 7-5　用"美图秀秀"进行图片调色

（一）任务描述

用"美图秀秀"对"素材\第 7 章\任务 7-5\调色.jpg"进行调色处理,并对比调整前后效果。

【操作要求】

1.调整图片"调色.jpg"的亮度,对比查看调整前后效果。

2. 调整图片"调色.jpg"的对比度，对比查看调整前后效果。

3. 调整图片"调色.jpg"的色彩饱和度，对比查看调整前后效果。

4. 调整图片"调色.jpg"的清晰度，对比查看调整前后效果。

5. 对图片"调色.jpg"进行智能补光，对比查看补光前后效果。

6. 对图片"调色.jpg"设置"经典 lomo"的特效并保存此效果。

（二）任务实现

1. 启动"美图秀秀"，单击"美化图片"。如图 7-23 所示。

图 7-23　启动"美图秀秀"美化图片

2. 单击"打开一张图片"，选择"素材\第 7 章\任务 7-5"下的图片文件"调色"，单击"打开"按钮。如图 7-24 所示。

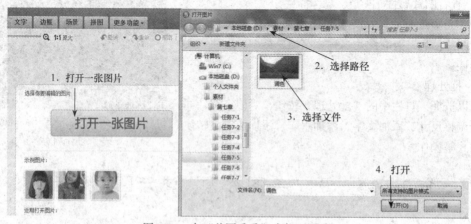

图 7-24　在"美图秀秀"中打开图片

3. 拖动"亮度"滑块到最右，单击"对比"可以查看调整亮度前后效果。如图 7-25 所示。

4. 单击"原图"，拖动"对比度"滑块到最右，单击"对比"可以查看调整对比度前后效果。如图 7-26 所示。

图 7-25　在"美图秀秀"中调整亮度

图 7-26　在"美图秀秀"中调整对比度

5. 单击"原图"，拖动"色彩饱和度"滑块到最右，单击"对比"可以查看调整色彩饱和度前后效果，如图 7-27 所示。

图 7-27　在"美图秀秀"中调整饱和度

6. 单击"原图"，拖动"清晰度"滑块到最右，单击"对比"可以查看调整清晰度前后效果。如图 7-28 所示。

图 7-28 在"美图秀秀"中调整清晰度

7. 单击"原图",选择"高级"选项,向右拖动"智能补光"滑块,单击"对比"可以查看智能补光前后效果。如图 7-29 所示。

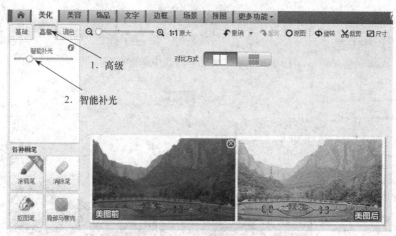

图 7-29 在"美图秀秀"中智能补光

8. 单击"原图",选择"调色"选项,向左拖动"色相"滑块到绿色区,单击"对比"可以查看调色前后效果。如图 7-30 所示。

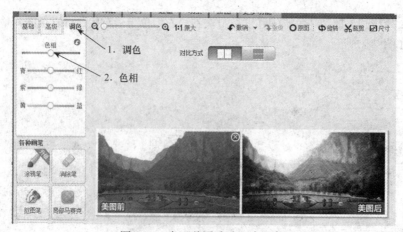

图 7-30 在"美图秀秀"中调色

9. 单击"原图",选择右侧"特效"中的"经典 lomo"选项,单击"保存与分享",路径选择为"个人文件夹",文件名输入"调色",单击"保存"按钮。如图 7-31 所示。

图 7-31 在 "美图秀秀" 中使用特效

（三）相关知识点

1. 基础调色

在 "美化图片" 页面左侧的 "基础" 选项下，可以通过左右拖动滑块来进行亮度、对比度、色彩饱和度、清晰度的调整。调整图片的 "亮度"，即在图片色调偏暗或者是太亮的时候可以进行调整。调整 "对比度"，可以更加突出图片，图片会显得更加清晰生动。调整 "色彩饱和度" 可以使色彩更加鲜明，饱和度越高色彩越浓烈鲜明，反之则比较清淡。调整 "清晰度" 就是使图片清晰或者模糊。如果想要朦胧的感觉的话可以把清晰度调低一些。可通过单击 "对比" 查看图片的前后对比效果。

2. 智能补光

在 "美化图片" 页面左侧 "高级" 选项下，可以通过左右拖动滑块来进行智能补光。当光线不好，拍出来的照片偏暗的时候，可以尝试使用这个智能补光的功能。

3. 调色

在 "美化图片" 页面左侧 "调色" 选项下，可以通过左右拖动滑块来进行调色。有时候我们遇到图片色彩偏向不是自己喜欢的时候，就可以通过调色功能来实现调整，可以根据自己的喜好或者是想要的效果，左右拖动色彩轴尝试调出自己满意的效果。

4. 特效

在 "美化图片" 页面右侧的 "特效" 中，可以选择自己满意的效果，单击即可。

任务 7-6 用 "美图秀秀" 美化照片

（一）任务描述

对 "美图秀秀" 对 "素材\第 7 章\任务 7-5" 文件夹下的照片进行美化处理，并保存到个人文件夹下。

【操作要求】

1. 将照片 "1 小鱼.jpg" 中的 "小鱼和珊瑚" 元素更换不同背景。

2. 将照片"2 女孩.jpg"制作成摇头娃娃效果。

（二）任务实现

1. 启动"美图秀秀"，打开"素材\第 7 章\任务 7-5"文件夹下的照片"1 小鱼"，单击"抠图笔"按钮，选择"自动抠图"。如图 7-32 所示。

图 7-32 "美图秀秀"中的"抠图笔"功能

2. 打开"抠图"窗口，在需要抠图的区域上划线，软件自动用蚂蚁线圈出划线区域的边框线，单击"完成抠图"按钮。如图 7-33 所示。

图 7-33 "美图秀秀"中的"自动抠图"完成效果

3. 在"抠图换背景"窗口中，于切换分类中选择"桌面背景"，在效果区选择一个背景效果，调整抠图的大小和位置，完成后单击"保存"按钮保存到个人文件夹。如图 7-34 所示。

4. 打开"素材\第 7 章\任务 7-5"文件夹下的照片"2 女孩"，单击"更多功能"下拉菜单，选择"摇头娃娃"。如图 7-35 所示。

5. 单击"开始抠图"按钮。如图 7-36 所示。

6. 单击"手动抠图"，用抠图笔圈出目标区域，单击"完成抠图"按钮。如图 7-37 所示。

7. 抠图完成后，在素材区选择一个效果即可。如图 7-38 所示，保存到个人文件夹。

（三）相关知识点

1. 抠图操作

可通过"美化"选项卡中"抠图笔"工具按钮进行抠图操作。当使用"自动抠图"时，只要

图 7-34　"美图秀秀"中的"抠图换背景"窗口

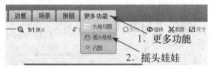

图 7-35　"美图秀秀"中的"更多功能"之"摇头娃娃"选项

图 7-36　开始抠图

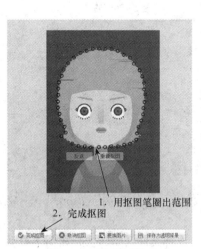

图 7-37　手动抠图

图 7-38　"美图秀秀"中的"摇头娃娃"效果

在需抠取的图像上划线即可。当使用"手动抠图"时要用"抠图笔"圈出想要的图像部分。"形状抠图"可以选择圆形、圆角矩形、矩形区域进行抠图。

2. 改变场景操作

抠图后可以在右侧直接单击选定场景。

第3节 音视频基础

多媒体素材中，除文本、图片外，音频、视频都是必不可少的内容。对获取到的音频、视频素材进行查看处理，必然要用到相关的音频、视频播放器和相关的音频、视频处理软件。

任务 7-7 用"格式工厂"改变音视频格式

（一）任务描述

用格式工厂对"素材\第 7 章\任务 7-7"文件夹下的一个视频文件和一个音频文件进行编辑处理。

【操作要求】

1. 将输出文件夹设置为"个人文件夹"。

2. 将音频文件"声音.mp3"转换为"声音.WMA"。

3. 将视频文件"新年快乐.f4v"转换为"新年快乐.MP4"。

（二）任务实现

1. 启动"格式工厂"，单击"选项"按钮，在弹出的"选项"对话框中单击"改变"按钮，选择"个人文件夹"为输出文件夹，单击"确定"。如图 7-39 所示。

图 7-39 "格式工厂"中改变输出文件夹

2. 单击"音频"→"WMA"→"添加文件"→"素材\第 7 章\任务 7-7\声音.mp3"→"打开"→"确定"。如图 7-40 所示。

3. 在文件列表中选择"声音.mp3"，单击"开始"按钮，声音文件开始转换，如图 7-41 所示，转换状态显示"完成"即可。

4. 单击"视频"→"MP4"→"添加文件"→"素材\第 7 章\任务 7-7\新年快乐.f4v"→"打开"→"确定"。如图 7-42 所示。

5. 在文件列表中选择"新年快乐.f4v"，单击"开始"按钮，视频文件即可开始转换，待转换状态显示"完成"表示转换完毕。

图 7-40 "格式工厂"中转换音频文件格式

图 7-41 "格式工厂"中"开始转换"示意图

图 7-42 "格式工厂"中转换视频文件格式

（三）相关知识点

1. 音频文件格式

音频数据是以文件的形式保存在计算机中的，也就是我们通常所说的音频文件，常用的音频文件格式有以下几种。

（1）CD-DA 文件格式：此文件为标准激光盘文件，即 CD 音轨，扩展名为 ".cda"，该格式的文件数据量大、音质好。

（2）波形音频文件格式：这是一种最直接的表达声波的数字形式，文件扩展名是 ".wav"。该文件主要用于自然声的保存与重放，其特点是：声音层次丰富、还原性好、表现力强。但对存储空间需求太大，不便于交流和传播。

（3）MP3 音频文件格式：优势是拥有优美的音质。

（4）WMA 文件格式：WMA 支持音频流（Stream）技术，适合在网络上在线播放。

（5）MID 音乐文件格式：MIDI 是由电子乐器制造商建立起来的、编曲界使用最广泛的音乐标准格式，是用以确定计算机音乐程序、合成器和其他电子音响设备互相交换信息与控制信号的方法，以".MI"".RMI"为扩展名。

2．视频文件格式

视频封装格式决定了视频的文件格式，采用与之一致的后缀名，如".avi"".mp4"等。但由于视频格式的复杂性，具有相同编码方式的视频文件其后缀名可能会不一样，而具有相同后缀名的视频文件其编码方式也未必相同。这就是为什么一个播放器有可能无法播放具有相同后缀名的所有视频的原因。

（1）AVI：是 Microsoft 公司开发的一种音/视频文件格式，特点是图像清楚，但容量大。

（2）MPEG：使用这种格式的文件可以让一部 120 分钟的电影（原始视频文件）"瘦身"到 300MB 左右，由于其小巧便于传播，故成为网上在线观看的主要方式之一。

（3）MOV：是美国苹果公司开发的一种视频格式，默认的播放器是苹果的 Quick TimePlayer。

（4）ASF：用于播放网上全动态影像，让用户可以在下载的同时同步播放影像，无需等候下载完毕。

（5）WMV：体积非常小，很适合在网上播放和传输。

（6）RMVB：使用了更低的压缩比特率，这样制成的文件体积更小，而且画质并没有太大的变化。

（7）3GP：是目前手机中最为常用的一种视频格式。优点是文件体积小、移动性强、适合移动设备使用。缺点是在 PC 机上兼容性差、支持软件少，且播放质量差。

3．常用的音频/视频播放器

（1）windows media player：它是 Windows 操作系统自带的媒体播放器，能够播放大多数格式的音频、视频文件，是放映 WMA 和 WMV 类型视音频文件的最好伙伴。

（2）realPLAYER：可放映现在流行的 RM、RMVB 的网络视频压缩文件，放映效果非常好。

（3）暴风影音：全能播放器，几乎支持所有的视频音频文件。

（4）超级解霸：可放映大多数视频文件，是放映 VCD 的最佳伙伴。

（5）WINDVD：放映 MOV 等 DVD 文件。

（6）千千静听：可播放 MP3、WMV 等音频文件，占用系统资源少，效果也不错。

4．常见的音频/视频技术用语

（1）帧和场：视频信号的扫描从图像左上角开始，水平向右到达图像右边后迅速返回左边，并另起一行重新扫描，这样每次的扫描称为场。帧是视频技术常用的最小单位，一帧是指由两次扫描获得的一幅完整图像的模拟信号，帧频表示每秒扫描多少帧。

（2）分辨率：分辨率指帧的大小，表示单位区域内垂直和水平的像素数。在单位区域内，像素数越大，图像显示越清晰，分辨率越高。

（3）视频帧率：视频帧率是指视频每秒记录/播放的静态影像的数量。视频帧率越大，动作记录就越精细，视频的观看效果就越流畅。但视频帧率越大，视频数据量也会相应增大，加之人眼观看到的视觉精细度是有限的，一旦达到了人眼的极限程度，视频流畅度和细致度的感觉就不可能无限提升了。因此，视频帧率控制在合适的范围即可。在电影视频的制作中，视频帧率为

24fps（frames per second），中国电视节目的帧率为 25FPS。制作 PPT 录屏视频时，考虑到 PPT 画面变化较慢，可以选择较小的帧率进行录制。

第 4 节　常见视频软件的使用

除了通过观看电视、电影、网络视频享受视频带来的快乐外，"鲁滨"还希望将自己保存的视频通过编辑后制作成视频片段，导入手机等移动设备，或发布到视频共享网络，与他人分享。

本节以视频处理软件"会声会影 X9"为例，介绍视频简单处理的操作方法。

任务 7-8　给音视频文件添加转场效果

（一）任务描述

用"会声会影 X9"对"素材\第 7 章\任务 7-8"下的两个视频文件"风景.mp4"和"新年快乐.mp4"进行合并并添加转场效果。

【操作要求】

1. 合并两个视频文件，令"风景.mp4"在前。

2. 在合并的两个视频文件间添加"箭头"转场效果。

3. 将合并后的视频文件命名为"合并视频.mp4"并保存到个人文件夹。

（二）任务实现

1. 启动"会声会影 X9"，同时自动创建新项目，单击"导入媒体文件"按钮。在"浏览媒体文件"对话框同时选择"素材\第 7 章\任务 7-8"文件夹下的两个视频文件"风景.mp4"和"新年快乐.mp4"，单击"打开"按钮，如图 7-43 所示。

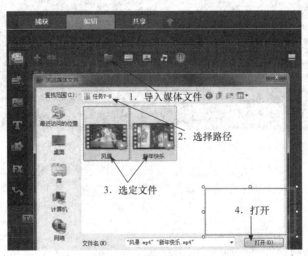

图 7-43　"会声会影"中导入素材

2. 导入的视频文件显示在素材库面板中呈选定状态，单击工具栏中的"故事版视图"按钮，将视频文件拖拽到"将视频素材拖到此处位置"。如图 7-44 所示。

3. 将视频素材拖到"故事版视图"后，显示在"预览"窗口中。在"素材库面板"单击"转场"按钮，双击"箭头"效果，即可为两个视频添加转场效果。如图 7-45 所示。

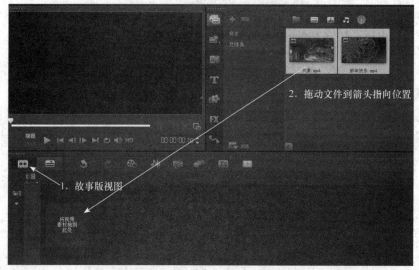

图 7-44 "会声会影"中故事版视图

图 7-45 "会声会影"中添加转场

4. 单击"共享"选项卡，单击"计算机"按钮，在视频格式中选择"MPEG-4"按钮，录入文件名"合并视频"，选择个人文件夹，单击"开始"按钮进行导出。如图 7-46 所示。

（三）相关知识点

1. "会声会影"的工作界面

"会声会影"通过将控件整理到 3 个工作区中来简化影片创建流程。这 3 个工作区分别对应视频编辑过程中的不同步骤：捕获、编辑和分享。

（1）"捕获"工作区：用于把视频源中的影片素材捕获到计算机中。

（2）"编辑"工作区：用于给视频加上滤镜、转场、字幕、音频等。

（3）"共享"工作区：把视频以 MPEG、AVI、WMV 等格式文件或 DVD 等形式输出。

单击工作界面顶部的选项卡，可以在 3 个工作区之间切换。

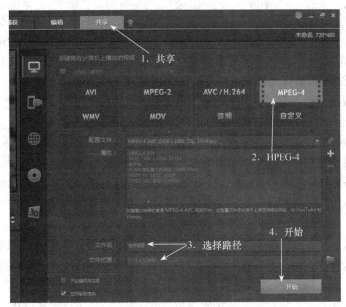

图 7-46 "会声会影"中导出视频

2．新建项目

"会声会影"中视频的编辑与处理是通过项目进行的，因此，要新建视频项目，新建项目文件的扩展名为".vsp"。

（1）方法一：启动"会声会影"时，它会基于应用程序的默认设置自动打开一个新项目。

（2）方法二：选择"文件"→"新建项目"命令。

3．视图模式

在时间轴面板中，"会声会影"提供了两种视图模式。

（1）故事板视图：在此视图中，用户可以直接把图片、视频、转场拖到视频轨中，每个素材都以一个缩略图表示，是一种比较简单的编辑模式。故事板中的每个缩略图代表影片中的一个事件，事件可以是素材或转场。缩略图是按时间顺序显示的事件的画面，对于视频素材来说，默认显示为视频的第一个画面。素材的时间显示在每个缩略图的底部。对整个视频结构进行调整时一般采用故事板视图，但在故事板视图中，无法显示覆叠轨的素材和字幕。

（2）时间轴视图：时间轴视图是最常用的视图编辑形式，能最清楚地显示视频项目中的元素。轨道是时间轴的重要组成，用于放置不同的素材并允许对精确到帧的素材进行编辑。

4．导入素材

在"编辑"工作区中，单击素材库左侧的"媒体"标签，在库导航面板中单击"添加"按钮，新建工作文件夹，用于存放该项目的所有素材。接着，单击"导入媒体文件"按钮，把需要编辑的视频、图片、声音等素材文件导入到"文件夹"素材库中。拖动需要的素材放到时间轴的相应轨道上，开始视频编辑。

5．捕获视频

（1）捕获视频前的准备：一是为工作文件所在的磁盘留出足够的空间。二是打开硬盘的 DMA 传送模式。

（2）捕获视频：单击"捕获"选项卡，切换到"捕获"工作区，单击"捕获视频"按钮，弹出捕获视频选项面板，在"区间"框中输入数值，设置捕获视频的时间长度，指定捕获区间。在

"来源"下拉列表中选取捕获设备,在"格式"下拉列表中选取用于保存捕获视频的文件格式。若选择"DV"项,则捕获的视频将被保存为质量最好、文件最大的 AVI 原始格式文件。按场景分割,选中该项,将根据录制的日期和时间,自动把捕获的视频分割为多个文件(该功能仅用于从 DV 机中捕获视频)。捕获文件夹可用于指定保存视频文件的捕获文件夹。单击"选项"按钮用于更多捕获设置的调整。选中要捕获的位置后,单击"捕获视频"按钮,即可开始捕获,这时,"捕获视频"按钮会变为"停止捕获"按钮,单击该按钮或按"Esc"键可停止捕获。

6. 在素材间添加转场

转场需要在两段视频中间添加,从素材库中拖动两段视频片段到视频轨中。

(1)单击素材库导航面板中的"转场"按钮,在转场素材库中选择需要添加的转场,在左侧的预览窗口中将显示出所选择转场的动画效果。拖动预览窗口下方导览区域中的滑轨,可以预览转场效果。

(2)添加转场:拖动该转场至时间轴中两段素材之间;也可以双击素材库中的转场效果,自动将它插入当前选择的素材与下一个素材之间没有转场效果的位置,重复该操作可以继续在下一个无转场效果的位置上插入转场。需要注意的是:一次只能拖动一个转场效果置于两段素材之间。

(3)替换转场效果:直接将新的转场效果拖放到时间轴中,即要替换的转场效果缩略图上。

7. 分享输出

所制作的影片最终需要根据不同的用途,以分享的方式把项目渲染为不同格式的视频文件进行输出。单击"会声会影"工作界面顶部的"共享"选项卡,切换至"共享"工作区,可以看到"会声会影"提供了计算机、设备、网络、光盘和 3D 影片共 5 种媒体输出方式,每种媒体输出方式又提供多种输出格式,覆盖了主流的媒体应用。

任务 7-9 剪辑音视频文件

(一)任务描述

用"会声会影 X9"对"素材\第 7 章\任务 7-9"文件夹下的视频文件"新年快乐.mp4"进行剪辑处理。

【操作要求】

1. 导入视频文件"新年快乐.mp4"。

2. 播放"新年快乐.mp4"。

3. 截取视频文件"新年快乐.mp4"第 1 分钟到第 2 分钟的视频保存到个人文件夹。

(二)任务实现

1. 启动"会声会影 X9",同时自动创建新项目,导入"素材\第 7 章\任务 7-9"文件夹下的视频文件"新年快乐.mp4"。

2. 导入的视频文件将显示在素材库面板中,将视频文件拖拽到"时间轴面板"的"视频轨"上。如图 7-47 所示。

3. 将视频素材拖到"时间轴"(时间轴视图)后,视频素材会在"预览"窗口显示出来。单击"预览"窗口的"播放"按钮即可播放视频。如图 7-48 所示。

4. 将"预览"窗口左侧的"修整标记"拖动到视频 1 分钟位置,将窗口右侧的"修整标记"拖动到视频 2 分钟位置,如图 7-49 所示。单击"预览"窗口的"播放"按钮即可播放视频检验视频素材,剪辑完成后保存到个人文件夹。

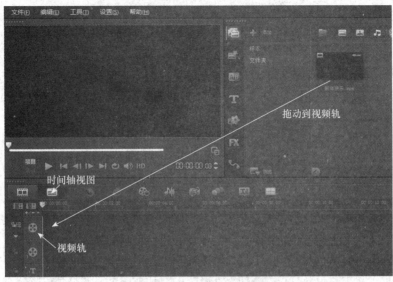

图 7-47 "会声会影"中时间轴视图

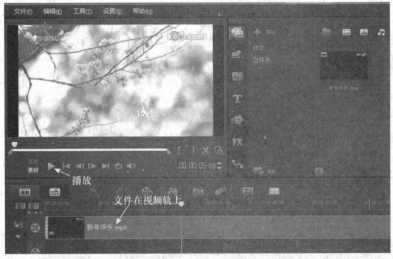

图 7-48 "会声会影"中播放音视频

（三）相关知识点

1. 时间轴

从上至下，会声会影的时间轴主要包括以下 5 个轨道。

图 7-49 "会声会影"中修整标记

（1）视频轨：用于执行插入、编辑、修剪、管理视频和图像素材等操作。

（2）覆叠轨：把覆叠轨上的视频或图像叠加到视频轨中的主视频上，在屏幕上同时显示具有多个画面的画中画效果。

（3）标题轨：用于字幕的添加、特效制作、显示长度设置等。

（4）语音轨：同步显示视频中所自带的音频，或者给视频录音，并进行该轨道声音的编辑和管理操作。

（5）音乐轨：一般用于放置视频的背景音乐。

2．播放视频

单击预览窗口的"播放"按钮可以预览整个项目或所选素材。

3．编辑视频长度

即裁剪视频中的某个片段，在播放器面板的导览区域中，拖动"开始标记"至裁剪的起点，在素材上设置"开始标记"。拖动"结束标记"至裁剪的终点，在素材上设置"结束标记"。单击剪刀形按钮直接删除该片段。

4．改变视频的播放速度

视频选项面板中的"速度时间流逝"和"变速"可以放大或缩小视频的长度，起到快速或慢速播放的效果。

5．分割音频

在时间轴视频轨中，选择要分割音频的视频，单击视频选项面板中的"分割音频"，把音频从视频中分离出来，放置在音频轨中，以便对于音频进行单独的处理。

6．调整视频和图像素材的色彩和亮度

选中素材后，单击"色彩校正"按钮，在弹出的对话框中可以调整其色彩与对比度。

任务 7-10　给视频添加标题和音乐

（一）任务描述

用"会声会影 X9"为"素材\第 7 章\任务 7-10"文件夹下的视频文件"风景.wmv"添加标题和音乐，并保存到个人文件夹中。

【操作要求】

1．将视频文件"风景.wmv"添加标题"美丽的风景"。

2．给视频添加音频文件"音乐.mp3"。

（二）任务实现

1．启动"会声会影 X9"，同时自动创建新项目，导入"素材\第 7 章\任务 7-10"文件夹下的视频文件"风景.wmv"并将其拖动到"时间轴面板"。

2．当视频素材"风景.wmv"在"时间轴面板"上显示出来时，此时滑轨在视频的起始位置（如若不在，可以拖到视频起始位置），单击"素材库面板"，单击"标题"按钮。如图 7-50 所示。

3．双击"预览"窗口。如图 7-51 所示。

图 7-50　"会声会影"中"标题"按钮　　图 7-51　"会声会影"中双击添加标题

4．输入标题"美丽的风景"后，标题同时显示在"预览"窗口和"时间轴面板"上。标题文本的格式显示在"预览"窗口右侧。如图 7-52 所示。

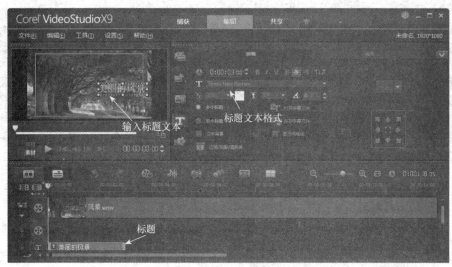

图 7-52　"会声会影"中显示标题效果

5. 选择"颜色"按钮中的"红色"，拖动标题将其移动到"预览"窗口中间位置，要拖到白框内。如图 7-53 所示。

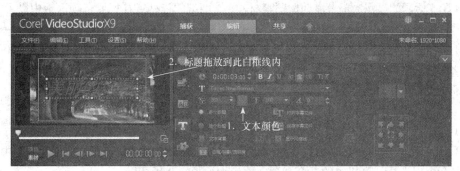

图 7-53　"会声会影"中调整标题格式

6. 单击"预览"窗口右侧"属性"选项，在"应用"列表框选择"淡化"效果。如图 7-54 所示。

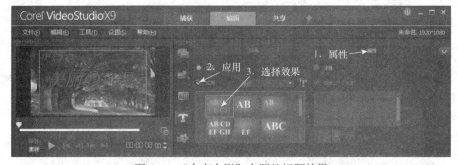

图 7-54　"会声会影"中调整标题效果

7. 导入"素材\第 7 章\任务 7-10"文件夹下的视频文件"音乐.mp3"并将其拖动到"时间轴面板"的"声音轨道"上，把鼠标指针放"声音.mp3"文件右侧拖柄上拖动，以调整声音文件时间与插入视频长度相同，如图 7-55 所示。操作完毕后，将文件保存至个人文件夹。

图 7-55　"会声会影"中调整音频文件时间

（三）相关知识点

1．给影片创建标题

（1）添加和编辑标题：打开标题选项面板。在标题轨道上双击，出现标题选项面板。左侧的预览窗口将出现提示"双击这里可以添加标题"，双击后在文本输入框内输入需要的标题。输入完后，单击文字框以外的地方，结束文字的输入。

在标题选项面板中，可以修改标题在影片中的停留时间、标题样式、行间距及标题大小，修改文字的属性，包括设置文字的样式和对齐方式、为文字添加边框、透明度、阴影及文字背景等。

（2）设置标题的显示时间：拖动标题素材左、右两端的拖柄或在标题选项面板中设置"区间"值，调整标题的显示区间。

（3）添加标题文字的动画效果：选择需要添加动画效果的标题文字，在标题选项面板的"属性"选项卡中选中"应用动画"复选框，在"类型"下拉列表中选择要使用的动画类别，在打开的对话框中设置文字动画的属性设置。

2．给影片添加背景音乐

（1）方法一：可将导入的音乐素材直接拖动到"时间轴"中的"音乐轨"。

（2）方法二：在"时间轴"的"音乐轨"上右击，从快捷菜单中选择"插入音频"中的"到音乐轨"命令，选择计算机中的某个音频文件作为视频的背景音乐。

任务 7-11　制作电子相册

（一）任务描述

用"会声会影 X9"制作电子相册并保存到个人文件夹中。有关素材在"素材\第 7 章\任务 7-11"文件夹下。

【操作要求】

1．使用"会声会影"中样本视频"SP-V02"作为电子相册片头。

2．在样本视频文件后，导入视频文件"风景"，在两视频文件之间添加转场效果。

3．将"素材\第 7 章\任务 7-11"文件夹下的 4 张图片添加到覆叠轨，使其在视频文件"风景"中出现。

4．将"素材\第 7 章\任务 7-11"文件夹下的音频文件"音乐.mp3"添加到电子相册，添加标题"我们的相册"，将电子相册命名为"我们的相册.mp4"导出到个人文件夹。

（二）任务实现

1．启动"会声会影 X9"，同时自动创建新项目，在"素材库面板"中选择样本视频"SP-V02"

作为片头视频，可以把样本视频 "SP-V02" 直接拖到 "视频轨道" 上。

2. 导入 "素材\第 7 章\任务 7-11" 中的视频文件 "风景.wmv" 并将其拖到 "视频轴" 上样本视频结束的位置，在两个视频间添加转场效果。

3. 把滑轨移动到 "时间轴标尺" 6 秒处，单击 "导入媒体文件" 按钮，导入 "素材\第 7 章\任务 7-11" 中的 4 个图片文件，导入的图片文件显示在 "素材库面板" 中。如图 7-56 所示。

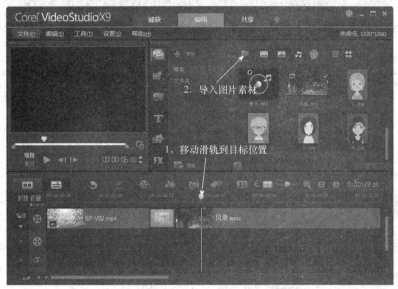

图 7-56 "会声会影" 中导入图片素材

4. 将图片文件 "1.jpg" 拖到覆叠轨，通过 "预览区" 拖动图片控点改变图片大小，也可拖动图片边框移动图片到合适的位置。如图 7-57 所示。

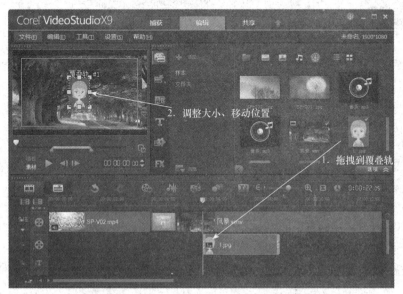

图 7-57 "会声会影" 中添加图片文件到覆叠轨

5. 单击 "素材库面板" 中的 "滤镜" 按钮，选定 "FX 涟漪" 效果，"覆叠轨" 上图片将显示为 "FX 涟漪"。如图 7-58 所示。

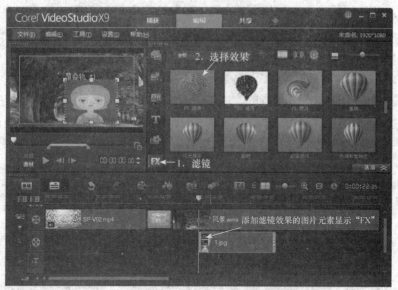

图 7-58 "会声会影"中给图片添加效果

6. 重复 7、8、9 操作，将图片"2.jpg""3.jpg""4.jpg"分别放在"覆叠轨"不同位置上，并添加滤镜效果。

7. 添加"素材\第 7 章\任务 7-11"文件夹下的音频文件"音乐.mp3"，添加标题"我们的相册"，保存到个人文件夹。

（三）相关知识点

1. 创建影片的覆叠效果（画中画效果）

（1）把覆叠素材添加到覆叠轨上：选择样本素材库中的覆叠素材，将其拖动至时间轴中的覆叠轨上。选择覆叠素材，单击"选项"按钮，将跳转至滤镜选项面板。

（2）给覆叠素材应用动画效果：打开覆叠素材的选项面板，在"方向/样式"栏目中，设置覆叠素材进入和退出屏幕的方式及停留在屏幕上的位置。

（3）设置覆叠素材的透明度：在选项面板的"属性"选项卡中，单击"遮罩和色度键"按钮，弹出覆叠项对话框。单击透明度按钮右边的上/下箭头，或者拖动透明度设置条的滑块，设置整个覆叠素材的透明度。

2. 添加滤镜

在视频上应用视频滤镜，可以改变素材的外观和样式，掩饰视频素材的瑕疵，也可以制作一些特效，如风、光、马赛克等。还可以美化视频，使视频更具表现力，创作出更好的视觉效果。为视频添加滤镜的操作步骤如下。

（1）选择时间轴中需要添加滤镜的视频或图像。

（2）单击素材库导航面板中的滤镜按钮，从滤镜库中拖动需要的滤镜效果到时间轴中的视频或图像缩略图上进行滤镜的应用。

可以在视频上添加多个视频滤镜，最多可在同一个素材上叠加 5 个视频滤镜，产生变幻莫测的视觉效果。

本章小结

多媒体技术给人们的工作、生活和学习带来了深刻的变化，多媒体的开发与应用使计算机改变了单一的人机格局，转向多种媒体协同工作的环境，从而让用户感受一个丰富多彩的计算机世界。本章主要介绍了图形图像的基本知识、图像的处理和制作、音频视频的基本知识、音视频编辑处理软件的应用。

自测题

一、单项选择题

1. 有人从网下载了若干幅有关奥运会历史的老照片，需要对其进行旋转，裁切，色彩调校，滤镜调整等加工，可选择的工具是（   ）。

A. 画图　　　　　　B. Photoshop

C. Flash　　　　　D. COOL3D

2. 以下列文件格式存储的图像，在图像缩放过程中不易失真的是（   ）。

A. *.BMP　　　　　B. *.PSD

C. *.JPG　　　　　D. *.SWF

3. 下列哪个文件格式既可以存储静态图像，又可以存储动画（   ）。

A. Bmp　　　　　　B. Jpg

C. Psd　　　　　　D. Gif

4. 图像既可以利用图像输入设备获取，也可以用（   ）获取。

A. 软件工具　　　　B. 图像输出设备

C. 画图工具　　　　D. 图像处理工具

5. 图像输出包括显示（   ）或以某种文件格式存储等多种方式。

A. 输入　　　　　　B. 打印

C. 输出　　　　　　D. 编辑

6. 下列（   ）属于多媒体的范畴。

①交互式视频游戏；②有声图书；③彩色画报；④彩色电视

A. ①

B. ①，②

C. ①，②，③

D. 全部

7. 下述声音分类中，质量最好的是（   ）。

A. 数字激光唱盘

B. 调频无线电广播

C. 调幅无线电广播

D. 电话

8. 位图与矢量图比较，可以看出（   ）。

A. 对于复杂图形，位图比矢量图画对象更快

B. 对于复杂图形，位图比矢量图画对象更慢

C. 位图与矢量图占用空间相同

D. 位图比矢量图占用空间更少

9. 下列关于 dpi 的叙述（   ）是正确的。

①每英寸的 bit 数；②每英寸像素点；

③dpi 越高图像质量越低；④描述分辨率的单位

A. ①③　　　　　　B. ②④

C. ①④　　　　　　D. 全部

10. 在多媒体计算机中常用的图像输入设备是（   ）。

①数码照相机；②彩色扫描仪；③视频信号数字化仪；④彩色摄像机

A. ①　　　　　　　B. ①②

C. ①②③　　　　　D. 全部

11. Gold Wave 是一款（   ）编辑软件，功能丰富，操作简单。

A. 动画　　　　　　B. 图像

C. 音乐　　　　　　D. 视频

12. MP3 音频文件格式利用了（   ）音频编码技术，削减音乐中人耳听不到的成分，同时尽可能地维持原来的声音质量。

A. 听觉　　　　　　B. 感觉

C. 触觉　　　　　　D. 知觉

13. ASF 文件特别适合在（   ）网上传输。

A. 万维网　　　　　B. IP

C. WWW　　　　　D. Internet

14. 视频信号的每次扫描称为（   ）。

A. 帧　　　　　　　B. 帧率

C. 场　　　　　　　D. 高帧率

15. 波形音频文件格式是一种最直接的表达（　　）的数字形式，文件扩展名是.wav。

A. 声波　　　　　　B. 电波

C. 音频　　　　　　D. 超声波

16. "会声会影"中视频的编辑与处理是通过（　　）进行。

A. 场　　　　　　　B. 项目

C. 帧　　　　　　　D. 片断

17. 给影片加上背景音乐时需要在（　　）的"背景音乐"轨道上右击进行操作。

A. 视频轴　　　　　B. 覆叠轴

C. 时间轴　　　　　D. 音乐轴

18. "会声会影"支持精确到（　　）的素材剪辑方式。

A. 场　　　　　　　B. 项目

C. 帧　　　　　　　D. 片断

19. 所制作的影片最终以分享的方式把（　　）渲染为不同格式的视频文件输出。

A. 场　　　　　　　B. 项目

C. 帧　　　　　　　D. 片断

20. 图像数据压缩的主要目的是（　　）。

A. 提高图像的清晰度

B. 提高图像的对比度

C. 使图像更鲜艳

D. 减少存储空间

二、多项选择题

1. Windows 操作系统自带了（　　）等。

A. 画图程序

B. 截图工具

C. Windows 图片和传真查看器

D. 图片工厂

2. 计算机处理图像的过程可归纳为（　　）等几个步骤。

A. 图像编辑处理　　B. 图像浏览

C. 图像获取　　　　D. 图像输出

3. 要把一台普通的计算机变成多媒体计算机要解决的关键技术是：（　　）。

A. 视频音频信号的获取

B. 多媒体数据压编码和解码技术

C. 视频音频数据的实时处理和特技

D. 视频音频数据的输出技术

4. 分辨率是影响图像质量的重要参数，主要包括（　　）等。

A. 打印分辨率　　　B. 显示分辨率

C. 扫描分辨率　　　D. 图像分辨率

5. 位图的特性（　　）。

A. 数据量大　　　　B. 灵活性高

C. 对硬件要求低　　D. 逼真

6. 声音三要素包括（　　）。

A. 音质　　　　　　B. 音色

C. 音强　　　　　　D. 音调

7. 图像分辨率错误的说法有（　　）。

A. 屏幕上能够显示的像素

B. 用像素表示的数字化图像的际大小

C. 用厘米表的图像的实际尺寸大小

D. 图像所包含的颜色数

8. 图像数据压缩的主要目的的描述错误的是（　　）。

A. 提高图像的清晰度

B. 提高图像的对比度

C. 使图像更鲜艳

D. 减少存储空间

9. 下面设备中（　　）是常用的图像输入设备

A. 数码照相机　　　B. 扫描仪

C. 打印机　　　　　D. 摄像机

10. 扫描仪可以应用于（　　）。

A. 拍数字照片　　　B. 图像输入

C. 光学字符识别　　D. 图像输出

11. 除能截取音乐片断外，Gold Wave 还有（　　）等功能。

A. 音量调节　　　　B. 格式转换

C. 声道分离　　　　D. 录音

12. 视频格式进行转换，转换的软件很多，主要包括（　　）等。

A. Video Converter

B. 格式工厂（Format Factory）

C. 思优视频转换器

D. ACDSee

13. CD 光盘可以在（　　　）中播放。

A. CD 唱机 　　　B. 播放软件

C. 光驱 　　　D. USB 插口

14. 属于音频文件格式的有（　　　）。

A. .MID 　　　B. .MP3

C. .CDA 　　　D. .RMI

15. 属于常用的视频编辑术语有（　　　）。

A. 帧 　　　B. 场

C. 分辨率 　　　D. 视频帧率

16. 会声会影分三个工作区中，分别是（　　　）。

A. 捕获 　　　B. 选项

C. 编辑 　　　D. 分享

17. 会声会影提供了两种视图模式（　　　）。

A. 片断视图 　　　B. 故事板视图

C. 浏览视图 　　　D. 时间轴视图

18. 会声会影的时间轴主要包括视频轨和（　　　）轨道。

A. 覆叠轨 　　　B. 标题轨

C. 语音轨 　　　D. 音乐轨

19. 视频选项面板中的（　　　），可以放大或缩小视频的长度，起到快速或慢速播放的效果。

A. 速度时间流逝 　　　B. 场

C. 变速 　　　D. 时间轴

20. 在视频上应用视频滤镜，可以达到的效果有（　　　）。

A. 改变素材的外观和样式

B. 掩饰视频素材的瑕疵

C. 制作一些特效

D. 美化视频

三、操作题

1. 对人物图像红眼进行处理。

2. 剪裁图像。

3. 设置图像水印效果。

4. 为图像添加文字。

5. 自拍照片，更换照片背景颜色白色，设置像素为宽 600、高 800，将其保存为 ".gif" 格式。

6. 将几个喜欢的音乐文件的一部分做一个音乐串烧。

7. 将视频文件格式改变为 ".mp4"。

8. 利用"会声会影"软件把照片或图片编辑为一个影片，要求影片具有背景音乐、标题字幕，添加转场效果、滤镜效果，并以 ".mp4" 格式保存。

《计算机应用基础》教学基本要求
（必修 92 课时，选修 52 课时）

一、课程性质和课程任务

　　本课程是中等职业学校学生必修的公共基础课程，具有很强的实践性和应用性。学生通过本课程的学习，了解计算机文化及计算机应用基础知识，掌握 Windows 操作系统、Office 办公软件、网络应用软件及常用多媒体软件的使用方法，熟练进行文件管理、字表处理、信息搜集与处理和多媒体制作等操作；在独立或协作完成情境化的任务中提高信息素养和信息技术应用能力，增强对信息社会的适应性、责任感和使命感，为职业生涯发展奠定必要的基础。

二、课程教学目标

（一）知识目标

1. 初步认识计算机，了解计算机发展历史，熟悉计算机系统组成及常见办公设备。

2. 了解操作系统的相关概念，掌握 Windows 操作系统的基本操作和文件管理的操作方法。

3. 学习使用 Office 办公软件中的 Word、Excel、PowerPoint，掌握文档的创建和编辑、文档格式设置、表格设置等操作，熟悉图文混排，了解邮件合并等高效办公知识；掌握工作簿文档的创建和编辑、工作表的美化，能够进行数据筛选、排序、创建图表等操作；掌握幻灯片文档的创建和编辑，会美化幻灯片，并能进行幻灯片动画效果设置，能够演示与发布演示文稿等。

4. 初步认识网络，了解网络的基本知识及网络前沿技术，掌握计算机安全知识和网络安全防范措施。

5. 掌握多媒体软件的应用，了解图形图像软件、音视频软件的使用方法。

（二）能力目标

1. 通过计算机基础知识的学习，会识别计算机的主要硬件，能安装并使用常用外部设备并对常见办公设备进行简单的日常维护。

2. 通过 Windows 操作系统的学习，能进行菜单、窗口及对话框的操作，能对文件及文件夹进行有效的管理操作，会使用中英文输入法录入文字。

3. 通过 Office 办公软件的学习，能对文字进行录入编辑、综合排版及文档打印等；能对数据进行录入编辑、数据处理和数据分析；能创建主题幻灯片，对幻灯片进行美化、动画效果设置等，并能对演示文稿进行放映和发布。

4. 通过网络应用知识的学习，能使用搜索引擎进行信息检索、邮件收发等，会利用电子商务类网站进行网上交易活动及利用网络平台进行网上求职，会使用云盘等网络存储资源。

5. 学习多媒体软件的应用学习，会进行图形图像、音/视频文档的处理。

三、素质目标

1. 体验计算机基础知识及应用软件所蕴含的文化内涵，激发和保持学生对信息技术的求知欲，形成主动学习、参与信息活动的积极态度，遵守相关的道德与法律法规。

2．感受网络应用的巨大作用，能辩证地看待网络交流对社会发展、科技进步和日常生活学习造成的正负面影响，形成防范意识，能应对各种侵害，养成文明、安全、健康地使用网络的习惯。

3．对计算机领域产生浓厚兴趣，培养利用信息技术解决实际问题的意识，培养可迁移学习的能力，树立自主学习、终身学习的理念。

4．感受多媒体技术对人类社会生活、文化的影响，体会多媒体技术在人类表达、交流中的重要作用，激发对多媒体技术应用探索的兴趣，提高审美能力，陶冶高尚情操。

5．在独立或协同完成任务的过程中体验与人交流、团队协作的重要性，正确认识合作与竞争，理解创新的价值，形成团结协作的观念和创新意识。

四、教学内容和要求

教学内容	了解	熟悉	掌握	教学活动参考	教学内容	了解	熟悉	掌握	教学活动参考
第1章　计算机基础知识				建议运用多种信息化教学手段，采用教学做评一体化教学模式	任务 2-7　使用写字板编辑文档	√			
第1节　计算机的发展	√				第3章　文字处理软件Word 2010				建议运用多种信息化教学手段，采用教学做评一体化教学模式
任务 1-1　了解计算机的前世和今生	√				第1节　创建 Word 文档			√	
第2节　计算机的组装与维护			√		任务 3-1　创建"社团纳新宣传"文档			√	
任务 1-2　安装计算机硬件			√		任务 3-2　编辑"社团纳新宣传"文档			√	
任务 1-3　安装计算机软件			√		第2节　文本的格式化			√	
任务 1-4　计算机的维护	√				任务 3-3　美化"社团纳新宣传"文档—设置字符格式（一）			√	
第3节　使用常用的外围设备			√		任务 3-4　美化"社团纳新宣传"文档—设置字符格式（二）			√	
任务 1-5　正确使用常用的外围设备		√			任务 3-5　美化"社团纳新宣传"文档—设置段落格式（一）			√	
第2章　Windows 7 操作系统				建议运用多种信息化教学手段，采用教学做评一体化教学模式	任务 3-6　美化"社团纳新宣传"文档—设置段落格式（二）			√	
第1节　认识 Windows 7	√				第3节　在文档中插入并编辑表格			√	
任务 2-1　启动和关闭Windows 7			√		任务 3-7　制作"社团纳新报名表"			√	
任务 2-2　调整 Windows 7 窗口			√		任务 3-8　制作"学生成绩统计表"			√	
任务 2-3　录入中英文字符			√		第4节　用 Word 2010 实现图文混排				
第2节　使用 Windows 7			√						
任务 2-4　管理文件和文件夹			√						
第3节　管理和应用Windows 7	√								
任务 2-5　设置Windows 7		√							
			√						
任务 2-6　使用画图程序绘图		√							

续表

教学内容	了解	熟悉	掌握	教学活动参考	教学内容	了解	熟悉	掌握	教学活动参考
		教学要求					教学要求		
任务 3-9　制作"社团纳新宣传海报"（一）			√		任务 4-4　管理"学生信息表"			√	
任务 3-10　制作"社团纳新宣传海报"（二）			√		第 2 节　格式化表格				
任务 3-11　制作"社团组织机构图"			√		任务 4-5　格式化"学生基本信息表"			√	
第 5 节　编辑一个多页文档		√			第 3 节　表格的数据处理				
任务 3-12　使用样式对"数码摄影基础概念"设置标题格式			√		任务 4-6　计算"学生期末成绩表"中的数据			√	
任务 3-13　给文档"数码摄影基础概念"自动生成目录	√				任务 4-7　学生成绩表中的数据统计			√	
任务 3-14　使用主控文档合并文件	√				任务 4-8　根据成绩给学生排名			√	
任务 3-15　给文档"数码摄影基础概念"添加批注	√				任务 4-9　对学生成绩表中的数据进行分析			√	
第 6 节　打印你的文档	√				任务 4-10　使用条件格式选取"学生期末成绩表"中符合条件的数据			√	
任务 3-16　调整"社团纳新宣传"的页面布局并打印文档		√			任务 4-11　创建"学生成绩单"透视图			√	
第 7 节　Word 2010 的其他功能及操作技巧					第 4 节　表格的高级应用				
任务 3-17　给文档"数码摄影基础概念"中的图片添加题注	√				任务 4-12　使用 Excel 文档制作"图书销售分析"表			√	
任务 3-18　给文档《钱塘湖春行》添加脚注和尾注	√				第 5 节　Word 2010 和 Excel 2010 协同工作			√	
第 4 章　表格处理软件 Excel 2010				建议运用多种信息化教学手段，采用教学做评一体化教学模式	任务 4-13　批量制作学生成绩单和信封		√		
第 1 节　Excel 文档的建立与基本操作					第 5 章　演示文稿软件 PowerPoint 2010				建议运用多种信息化教学手段，采用教学做评一体化教学模式
任务 4-1　创建"学生成绩表"	√				第 1 节　PowerPoint 2010 基本操作				
任务 4-2　给"学生信息表"填充数据		√			任务 5-1　创建"滨职拍客"演示文稿		√		
任务 4-3　编辑处理"学生信息表"			√		任务 5-2　把 Word 文档转换成演示文稿			√	
					任务 5-3　编辑"滨职拍客"演示文稿			√	
					第 2 节　给演示文稿添加多媒体对象				
					任务 5-4　给"滨职拍客"添加多媒体对象			√	

续表

教学内容	教学要求			教学活动参考	教学内容	教学要求			教学活动参考
	了解	熟悉	掌握			了解	熟悉	掌握	
任务5-5　编辑并完善"滨职拍客"的多媒体资源			√		任务6-7　使用百度网盘存储和下载文件			√	
任务5-6　把"滨职拍客5-5效果"保存为幻灯片模板并编辑		√			任务6-8　在智联招聘网站投放简历		√		
第3节　演示文稿的动画设置		√			第4节　云端生活				
任务5-7　给你的演示文稿添加"进入"和"退出"动画效果			√		任务6-9　网上购物		√		
任务5-8　给演示文稿添加"强调"动画效果		√			任务6-10　注册和使用石墨账号		√		
任务5-9　给演示文稿添加"组合"动画效果		√			任务6-11　物联网应用		√		
第4节　制作个性化影集					第7章　多媒体应用				建议采用教学做评一体化教学；运用多种手段采集素材，利用软件完成创意作品，引导学生之间的沟通协作，增强团队合作意识
任务5-10　制作"滨职的春天"相册		√			第1节　图形图像的基础知识		√		
第5节　演示文稿的放映					任务7-1　查看图像基本属性		√		
任务5-11　给演示文稿添加幻灯片切换效果		√			第2节　常见美图软件的使用				
任务5-12　播放演示文稿		√			任务7-2　用"截图工具"进行屏幕截图			√	
第6章　应用网络资源				建议运用多种信息化教学手段，采用教学做评一体化教学模式	任务7-3　用"光影魔术手"对图片进行简单处理			√	
第1节　计算机网络基础					任务7-4　用"光影魔术手"批量处理图片			√	
任务6-1　配置无线路由器		√			任务7-5　用"美图秀秀"进行图片调色		√		
任务6-2　网络漫游		√			任务7-6　用"美图秀秀"美化照片		√		
任务6-3　下载网络资源		√			第3节　音视频基础		√		
第2节　电子邮件与网络安全					任务7-7　用"格式工厂"改变音视频格式		√		
任务6-4　申请和使用电子邮箱		√			第4节　常见视频软件的使用		√		
任务6-5　防范网络风险	√				任务7-8　给音视频文件添加转场效果		√		
第3节　网眼看世界					任务7-9　剪辑音视频文件		√		
任务6-6　使用腾讯QQ传送文件和远程协助		√			任务7-10　给视频文件添加标题和音乐		√		
					任务7-11　制作电子相册		√		

五、学时分配建议（144 学时）

教学内容	学时数		
	理论	实践	合计
第 1 章　计算机基础知识	2	4	6
第 2 章　Windows 7 操作系统	4	8	12
第 3 章　文字处理软件 Word 2010	14	20	34
第 4 章　表格处理软件 Excel 2010	14	20	34
第 5 章　演示文稿软件 PowerPoint 2010	10	18	28
第 6 章　应用网络资源	6	8	14
第 7 章　多媒体应用	6	8	14
机动	2	0	2
合计	58	86	144

六、教学实施建议

（一）适用对象与参考学时

本教学要求可供中等职业学校各类专业使用，总学时为 144 学时，其中理论教学 58 学时，实践教学 86 学时。

（二）教学要求

1. 本课程对理论教学部分要求有掌握、熟悉、了解三个层次。"掌握"是指对计算机应用基础中所学的基本知识、基本理论具有深刻的认识，并能灵活地应用所学知识分析、解决工作和生活中遇到的各种问题。"熟悉"是指能够解释、领会概念的基本含义并会应用所学技能。"了解"是指能够简单理解、记忆所学知识。

2. 在教学过程中要积极采用现代化教学手段，加强直观教学，充分发挥教师的主导作用和学生的主体作用。注重理论联系实际，并组织学生开展必要的案例分析讨论，以培养学生的分析问题和解决问题的能力，使学生加深对教学内容的熟悉和掌握。

3. 实践教学要充分利用教学资源，案例分析讨论等教学形式，充分调动学生学习的积极性和主观能动性，强化学生的动手能力和实践操作。

（三）评价建议

本课程的教学评价应有利于营造良好的育人环境，有利于本课程的教与学活动过程的调控，有利于学生和教师的共同成长。评价应遵循以下四个原则。

1. 评价主体多元化

考核评价坚持学生自评、组内互评、教师评价的多元化评价。

2. 评价内容综合化

评价内容既包括计算机应用基础知识、计算机应用能力，也包括学生学习态度和情感。

3. 评价形式多样化

采用考试模拟系统、笔试、调查问卷、综合实训项目考量等方式进行。

4. 过程评价差异化

教师要关注学生在学习过程中所表现出来的情感与态度，及时针对学生的个性差异和学习效果做出纵向评价，保护学生的自尊心，帮助学生树立自信心。

本课程建议推行"以证代考"制度。为了客观、公正地评价学生的学习效果，可组织学生参加全国计算机等级考试（一级 MSOffice）或同等级别的考试。

自测题选择题参考答案

第1章

一、单项选择题

1. D 2. D 3. D 4. C 5. B

二、多项选择题

1. BC 2. ABCD 3. ABC 4. AB

第2章

一、单项选择题

1. C 2. C 3. B 4. C 5. A

二、多项选择题

1. ACD 2. ABC 3. ABCD 4. ABCD

5. ABCD

第3章

一、单项选择题

1. B 2. A 3. D 4. B 5. C 6. C

7. B 8. C 9. C 10. B 11. A 12. A

13. C 14. A 15. D 16. B 17. A

18. D 19. C 20. B 21. B 22. D

23. B 24. C

二、多项选择题

1. ACD 2. ABC 3. ABCD 4. AB

5. ABC 6. ABCD 7. ABD 8. ABCD

9. ABC 10. BD 11. BD 12. ABCD

13. ABC 14. ABC 15. ACD

第4章

一、单项选择题

1. B 2. A 3. C 4. A 5. C 6. B

7. C 8. A 9. C 10. A

二、多项选择题

1. ABC 2. BC 3. ABC 4. AD 5. BD

6. ABCD 7. BCD 8. ACD 9. AD

10. AB

第5章

一、单项选择题

1. B 2. C 3. D 4. D 5. C 6. B

7. D 8. A 9. C 10. C 11. A

12. D 13. D 14. D 15. C

二、多项选择题

1. ABCD 2. ABCD 3. ABC 4. ABCD

5. ACD

第6章

一、单项选择题

1. B 2. A 3. B 4. B 5. A

二、多项选择题

1. ABC 2. BCD 3. ABC 4. ABCD

5. ABCD

第7章

一、单项选择题

1. B 2. D 3. D 4. A 5. B 6. C

7. A 8. B 9. B 10. D 11. C 12. D

13. B 14. C 15. A 16. B 17. C

18. C 19. B 20. D

二、多项选择题

1. ABCD 2. ABCD 3. ABCD

4. ABCD 5. AD 6. BCD 7. ACD

8. ABC 9. ABD 10. BC 11. ABCD

12. ABC 13. ABC 14. ABCD

15. ABCD 16. ACD 17. BD

18. ABCD 19. AC 20. ABCD